猪场兽医记事

吴增坚 周 斌 苏小齐 编 著

金盾出版社

内容提要

本书是一位农业大学毕业生的自述,其中记录了他毕业后十多年来在职场奋斗的经历。全书共分3个阶段150节,以每节一个小故事的形式,详细记录了主人公在猪场做兽医、在外企做销售员和自主创业时的经历。本书的创意源于笔者的实践,其内容取自猪场,反映了当前一些规模猪场的现状,揭露了猪场管理和疾病防治方面存在的问题,并提出了笔者的意见和建议。本书内容与时俱进、实用、可操作性强、通俗易懂,适合养猪生产一线的畜牧兽医技术人员、养猪专业户以及从事养猪生产的工作人员和管理人员阅读,亦可供农业院校畜牧兽医专业师生参考。

图书在版编目(CIP)数据

猪场兽医记事/吴增坚,周斌,苏小齐编著. -- 北京:金盾出版社,2013.6

ISBN 978-7-5082-8253-4

Ⅰ.①猪… Ⅱ.①吴…②周…③苏… Ⅲ.①养猪场—管理—通俗读物②猪病—防治—通俗读物 Ⅳ.① S828-49② S858.28-49

中国版本图书馆 CIP 数据核字(2013)第 065553 号

金盾出版社出版、总发行

北京太平路 5 号(地铁万寿路站往南)

邮政编码:100036 电话:68214039 83219215

传真:68276683 网址:www.jdcbs.cn

封面印刷:北京精美彩色印刷有限公司

正文印刷:北京万友印刷有限公司

装订:北京万友印刷有限公司

各地新华书店经销

开本:850×1168 1/32 印张:9.75 字数:203 千字

2013 年 6 月第 1 版第 1 次印刷

印数:1~8 000 册 定价:19.00 元

(凡购买金盾出版社的图书,如有缺页、
倒页、脱页者,本社发行部负责调换)

"猪场兽医记事"是农业大学毕业生朱乐生的自述,其中记载了他十几年来在职场奋斗的经历,全书共分150节,每节都有一个标题,用两句话概括了其中的主要内容,既便于读者翻阅,也起到了目录的作用。"记事"的编排虽有一定的顺序,但上下节之间没有很紧密的联系,每节的内容基本上是独立的。如果读者工作较忙,只要看看目录,便可知道本书的大概内容,随便翻阅几页,就能看到自己想了解的与养猪有关的人和事。如果读者对本书感兴趣,不妨从头到尾阅读一遍,就可发现主人公朱乐生在职场生涯中经历的3个不同阶段。

第一阶段(猪场兽医,第1节至第92节):朱乐生大学毕业后应聘到猪场工作,成了一名猪场兽医,他初进猪场,对于规模猪场的生产流程、饲养管理、疾病治疗等都缺乏理性的认识,对所见所闻感到新鲜。猪场的生活虽然艰苦,但是他能安心工作,勤奋好学,几年下来,各方面都有明显的进步,成了一名既有理论知识又有实践经验的猪场兽医。

第二阶段(市场营销,第93节至第131节):他在猪场工作5年之后,跳槽到某外资企业成为一名兽药和疫苗的销售员,为了开拓市场,与其他业务人员一道,奔波于各个大、小猪场,期间尝尽了销售工作的酸、甜、苦、辣,遇到了许多困难和问题,同时也开阔了眼界,积累了经验。凭着在大学期间所学到的专业知识和在猪场工作的经历,不久之后他的销售业绩便脱颖而出,成为公司的销售状元。接着他就得到公司的提升,个人收入也大幅提高,同时还得到了幸福的爱情,过着令人羡慕的"蓝领"生活。

第三阶段(创业办场,第132节至第150节):正当朱乐生的事业蒸蒸日上,并得到了上司的赏识时,他为了实现自主创业的梦想,夫妻俩双双宣布辞职,不惜放弃安逸的城市生活,想方设法筹集资金,去农村开办猪场。由于他对养猪事业的执着,克服了种种意想不到的困难,成功地创办了一个属于他自己的猪场。但是他的目的并不是为了做场长,而是致力于推行他酝酿已久的猪场改革和创新,几年之后,已初见成效。

本书用较多的篇幅记述了规模猪场的防疫工作和常见猪病的诊疗技术。与一般科技书不同的是,本书从实践出发,内容客观真实,措施切实可行,规程、规章有一定的参考价值,其中还加入了猪病防治的经验、教训和笔者的防疫理念,这在其他科技书中是找不到的,可以说,本书为猪场兽医提供了一本实用手册。

本书还介绍了一批既有专业知识,又能吃苦耐劳的年轻营销人员,他们日夜奔波于地处偏僻地区的各个大、小猪场,在努力推销各自公司的产品(疫苗、兽药和饲料等)的同时,还开展售后服务工作,给猪场带去了信息,提供了新产品、新技术和新理念。书中交流了产品销售的技巧,畅谈了销售工作的苦与乐,是有关销售业务人员的一册"休闲读物"。

本书的主人公是一位大学生,他主动选择到猪场去做一名兽医,在工作中,他不怕艰苦,勇于实践,敢于改革和创新。由于他有知识、有理想、有信念,经过十几年的奋斗,终于实现了自主创业的梦想,成为一名规模猪场的场长。笔者认为,这个事例对于即将走上工作岗位的大学生来说,也有一定的启示作用。

本书的创意源于笔者的实践,其内容取自猪场,反映了一些规模猪场的现状,宏扬了猪场内的好人好事,揭露了猪场管理和疾病防治方面存在的问题,传递了猪场员工们的呼声,推崇"善以待猪,宽以待人"的管理理念,这一切对猪场领导也有一定的参考价值。

本书写的是规模猪场,讲的是与养猪有关的人和事,其实笔者最终的意图,是为了促进猪场的改革与创新。当前规模猪场的管理存在诸多问题,猪病防治也遇到重重困难,解决的办法可以提出千万条,但是改革创新乃是最首要的任务。改革要从我做起、从现在做起,因此本书在创意和写法上也算做出了一点改革。但是写完之后,笔者总是感到心有余而力不足,写得不尽如人意。这使笔者深刻体会到转变观念、改革创新并非是件易事。

本书是由吴增坚、周斌和苏小齐三位作者共同完成的,三人的工作岗位各不相同,但都从事同样的事业,而且对于当前猪场猪病防治有相似的观点。三人年龄差距较大,经历各异,对事物观察的角度也不尽相同,但是年龄的代沟并不妨碍本书的编写,因为大家都有改革的愿望和包容的心态,能够采纳各种不同的见解和建议,从而使本书的内容变得更加丰富多彩。在编写过程中,笔者遵循实事求是、因人制宜的写作原则,采取了各尽所能、各取所长、闲者多劳的写作方法,充分发挥了老、中、青三代结合的优势。

　　书中所写的人和事,虽然是真人真事,但也并不是特指某人或某猪场,请读者切勿对号入座,以免引起误会。书中所提到的人名和场名,都是虚构的,如有雷同,纯属巧合,请勿介意。由于笔者水平所限,书中错误和遗漏之处在所难免,敬请广大读者批评指正。

南京农业大学　吴增坚　周　斌
中牧实业股份有限公司　苏小齐

第一阶段　猪场兽医

第一阶段　猪场兽医

第1节　毕业招聘岗位多,自愿选择到猪场

　　我叫朱乐生,出生在我国东部一个贫困的山村,家里世代务农,父母虽然只有小学文化,但知书达理,能看书读报、写信算账。父亲是个老实巴交的农民,种田却是一把好手,每天日出而耕,日落而归,终年都是这样辛勤劳作。母亲是一位贤妻良母,农忙时是父亲的帮手,平时在家种菜、养鸡、喂猪。我家经济虽不富裕,但温饱不愁,一家人过得其乐融融。父母都能意识到读书的重要性,为了改变我们这代人的命运,以后不再过他们那种艰苦而又清贫的生活,所以千方百计地供我读书。我也很幸运,还在上小学时,就遇上了改革开放的好时机,以后顺利考上大学,成为一所农业大学兽医专业的本科生,凭着在校期间获得的奖学金和助学贷款,于1996年顺利毕业。

　　人生旅途,长路漫漫,大学毕业仅仅是迈开了第一步,紧接着要过就业关。虽然我们学校是一所重点大学,毕业生就业并不难,但要找一个好的工作单位也不容易。我深知自己是一个农家子弟,无依无靠,要想当公务员或进入其他热门工作单位机会不多。我的学习成绩平平,家庭经济困难,目前急需参加工作赚钱,考研也暂不能考虑。我又不善交际,性格内

1

向,不适合去大公司搞营销工作。在一次毕业生招聘会上,遇到了向阳种猪场前来招聘,我考虑了再三,才下定决心与这个猪场签订了劳动合同。当时许多同学对猪场工作都不屑一顾,而我则认为自己出生在农村,学的是兽医专业,去猪场做一名兽医,既可结合所学专业,又适合自己的性格,退一步讲,如果不行的话还可以回农村去养猪呢!于是下定了决心,与这个猪场签订了劳动合同。

离校之际,同学之间依依惜别,各奔东西,我在报到之前回家一趟,告知父母我已参加工作,他们都非常高兴。村里的亲朋好友,左右邻居,都纷纷前来祝贺。从此,我成了我家乃至全村第一个大学毕业生,但他们都不知道我要去猪场工作。父母再三告诫我,要好好工作,为我家争气,为全村争光。在家休息几天之后,我怀着忐忑的心情,又一次离开家乡,去向阳猪场报到。

向阳猪场离家较远,坐了火车,又转乘汽车,下了汽车再坐三轮车,才到达目的地。下车后一阵猪粪臭味扑面而来,再看四周有监狱似的高高围墙,大门口有门卫看守,我向门卫说明来意后,才让我进入,但必须通过一个消毒池。到了猪场的生活区,里面只有几间破旧的小平房和一个食堂。我当时感到这个猪场的环境是脏兮兮的,空气也是臭臭的,自然怀念起五年的大学生活,那里有熟悉的同学、美丽的校园、繁华的都市,而今天只身一人来到这个陌生的地方,想到后半辈子可能将要在这里度过,使我感到后悔莫及,但是此时后悔已经为时过晚,事到如今,已经没有退路了,只能顺其自然。

第2节　场长谈话受鼓舞，愿在猪场干下去

向阳猪场的场长热情地接待了我。我和这位场长并不陌生，上次在人才招聘会上已与他打过交道。他直接了当地对我说，那次在你们美丽的校园里，见到众多的毕业学生在求职，我听说有的同学宁可找不到工作，也不愿来猪场，这让我很失望。但值得欣慰的是我没有空手而归，终于招聘到了你，所以我对你的印象特别深刻，期望也很大。

接着场长滔滔不绝地向我介绍了猪场的情况。向阳猪场是民营企业，建场历史虽然不长，但是由于投入大、起点高，种猪品种优良，猪场设备先进，所以发展很快，现在已成为全市乃至全省都数得上的大猪场了。全场现有3个部门，即饲养场、饲料厂和管理部，有近百名员工。场里饲养3个优良的当家品种，即大约克夏猪、长白猪和杜洛克猪，都是从国外引进的。场长自豪地对我说："我们的种猪销售到全国许多省份，深受各养猪场的欢迎，目前种猪还常常供不应求呢。我场的二期工程即将启动，将扩建一个规模更大、设备更现代化的猪场。"

种猪场不同于一般商品肉猪场，对猪群的疾病防治、选种育种、猪场管理等方面都有较高的要求，需要大量技术人才，尤其是畜牧、兽医专业的大学生、研究生甚至是博士生，但是现在场里只有从乡镇兽医站聘请来了一位退休的老兽医和几位职校毕业的大专生，今后打算每年都要引进几位高学历的科技人才。

场长虽然不是搞养猪的行家出身，却是一个成功的企业

家,在当地工商界有较高的威望,猪场只不过是他众多产业中的一项。他接着对我说,我们欢迎大学生来场工作,不仅是看中你们的专业对口,而是觉得你们年轻人好学上进,接受新事物快,知识面广,观念新、思路宽,是一支有希望的潜力股。说实话,如果要比起猪病的诊疗技术,你们不及乡村兽医;论工作能力,你们比不上中专生;如果要你们来养猪,可能还不如农民工。但是只要你们能够放下架子,虚心向老兽医和饲养员们学习,理论和实践相结合,脚踏实地干上几年,我相信你们的前途是无量的。

听了场长的这番话,我感到心情豁然开朗,原来的忧心忡忡和闷闷不乐,一下子烟消云散了,顿时觉得这条路并没有走错。同时,我也暗暗地下定决心,今后无论遇到多大困难,环境再艰苦、工作再劳累,也要坚持下去。

场长最后又向我谈了工资和待遇等具体问题,他还说随着猪场经济效益的提高,我们的经济收入也会相应地增加。最后他强调规模猪场的特殊性和防疫工作的需要,猪场是与外界隔离的,员工们必须遵守猪场的规章制度,从今天开始我就不能随便外出了,进出猪场必须严格消毒。随后场长打电话叫仓库保管员小芹过来,带我去仓库领取了工作服、胶靴及一些劳保用品,又带我到集体宿舍为我安置了一个铺位。

第3节 参加工作第一天,召开小组欢迎会

上班第一天,早饭后我随场长和其他工作人员一道进入生产区,先在消毒室里穿上工作服,换上胶靴,在紫外线灯光下照射15分钟后,然后通过消毒池,进入了生产区。一眼望

去生产区内地域开阔，一栋栋猪舍数也数不清，道路两旁绿树成荫，花草林木，错落有致，饲养人员进进出出，忙忙碌碌。场长带我走进兽医室，召集兽医组的成员开了一个欢迎会，场长首先把我介绍给大家，他说朱乐生毕业于重点农业大学，是兽医专业五年制的本科生，夸奖了我一番之后，又将本场的几位兽医介绍给我，他指着一位年长的同志说："他叫张富友，我们都叫他张师傅，是一位退休的老兽医，他有丰富的临床经验，在本地区小有名气，你们都要好好向他学习。"场长又指着坐在张师傅旁边的一位小伙子说："他叫宋金，虽然不是兽医科班出身，但进我场之前，他养过鸡、喂过猪，能看猪病，动手能力强。"接着场长又介绍了其他同事，坐在场长左边的叫王大明，因为他的块头较大，大家都叫他王大，去年农校毕业的。坐在场长右边的叫何江水，大家都叫他小何，农专毕业，这样连我在内共有5位兽医。接着场长把兽医组的分工情况对我说了一遍，张师傅是兽医组组长，也是猪场负责生产的副场长，宋金和王大的主要任务是猪群日常检疫和病猪治疗，我和小何搞防疫，主要任务是消毒和免疫接种等工作。

最后场长对张师傅说："小朱刚从学校毕业，初进猪场，对猪场的情况还不熟悉，请你将兽医组的具体业务向他介绍介绍，这几天暂不要安排小朱的具体工作，带他到各栋猪舍去转一转、看一看，了解一点猪场的生产情况，熟悉一下场内的工作人员。"张师傅点头表示领会，场长说他有事，先离开了，我们继续开会。

接下来由张师傅主持会议，他首先表示欢迎我来场工作，充实了猪场的兽医技术力量，这是一个兽医例会，同事们纷纷反映近来的工作情况，有的遇到疑难病例，有的说饲料可能有问题(霉变),有的说猪瘟疫苗快要断货了,你一言,我一语,会议时间不长,谈论的问题不少,张师傅都一一记下,表示都要尽快地逐个解决。散会之后,兽医们都回到了各自的岗位。

会后张师傅对我说,猪场的情况慢慢就会熟悉,他说上大学一直是他所向往的,当时因家境贫寒,没有条件,遗憾了一辈子。他是20世纪60年代初毕业于中等农业学校的中兽医专业,30多年来都在农村兽医站工作,天天背着药箱,走村串户,为农民的牛、猪和家禽防病、治病。那时的猪是散养的,每户养1~2头,吃的是三水饲料(水葫芦、水花生、水浮萍),精饲料是有啥吃啥,一般是剩饭、剩菜及自家的农副产品,根本没有什么全价的饲料,但是猪的体质很好,疾病也很少,即使得了病也容易治疗。现在是规模养殖,猪吃住无忧,但是体质差、疾病多。他觉得老经验现在不管用了,今后要依靠我们的新技术。其实我自己心中有数,在大学里只学到了一点兽医的基础理论知识,没有通过实践,也感觉不到自己有什么新技术,今后还是要虚心向老同志们学习实践经验和操作技能。

第4节　猪场好像大观园,所见所闻都新鲜

我们走出兽医组的办公室,隔壁就是畜牧技术员的办公室,张师傅说:"作为一个大型的种猪场,必须要有良好的饲养管理技术和科学的杂交繁育体系,才能选育出优良的种猪。"张师傅向我介绍,畜牧组共有4位技术员,都是科班出身的年轻人,小周和胡放专管种猪的选育工作,沈明是搞繁殖和人工授精的,他是畜牧组的组长,还有一位叫邹久的同事,专门负责营养和饲料配方工作,现在他去饲料车间了,他和沈明是大

专毕业生,另两位是中专毕业生,他们都是去年招聘来场的。这时小周坐在电脑前,我走近一看,他正在向电脑里输入一些数据。他说本场共有1000多头生产母猪,每头母猪都有详细的档案材料,如出生年月、父母代的耳号及品种、同胎的兄弟姐妹有几个、打过那些防疫针、生过什么病等都记录得一清二楚,若将种猪售出,该档案材料随猪同往,从档案材料中可了解到该猪的身份和健康状况,这使我大开眼界。

由于我们几位都是从学校出来不久的年轻人,有共同的语言,谈起话来都很投机,无拘无束。首先胡放好奇地问我:"你是重点大学的本科生,到猪场工作不是大材小用了吗?"我说:"不见得吧,我对猪场的兽医工作很感兴趣,但一窍不通,一切都要从头学起。"沈明说:"对我们学畜牧兽医专业的人来讲,到猪场工作还算是专业对口的,这里的工资虽不高,但管吃管住,还发放工作服和卫生用品,不过比起政府的公务员,待遇那就差得很多了,只能说比饲养员稍好一点而已。"这时小周放下手上的鼠标,站起来有点激动地说:"这点福利算个啥? 我们在猪场工作不仅工资待遇低,在生活上也十分枯燥,我们整天被关在猪场内,像劳改犯似的,一点自由也没有,真是要闷死了。"胡放说:"这些问题对我来讲都无所谓,最苦恼的还是找不到女朋友。由于猪场与外界隔绝,痛失了许多谈恋爱的机会,况且现在社会上大多数人认为猪场是又脏又臭的代名词,在猪场工作被人家瞧不起。"听了他们这些诉说,无疑当头给我泼了一盆冷水,使我的情绪一下子又低落下去,但是我也看出他们虽然发了几句牢骚,但工作还是照干的,生活也是过得很开心。我就安慰自己不必去自寻烦恼,现在刚进猪场,多交几个朋友,多了解一些情况是必要的,至于找女朋友嘛,暂时不着急,以后再说吧。

兽医室后面的一排平房是药库、药房和检验室,新同事们拉上我去看向阳猪场唯一的美女,她是沈明的女朋友,名叫小芳,负责管理药房兼统计工作,他们在学校期间就恋爱了,毕业后一起分配来猪场工作。

我大致看了一下药架上的兽药,真是琳琅满目,品种繁多,但以抗生素为主,其数量之多,不亚于我们大学校医院的药房。我又看了小芳正在填写的统计表,她拿了一张刚填好的统计表格给我看,她说现在我场有不同大小、用途和品种的猪几千头,分布在几十栋猪舍内,从这张报表中都可以反映出今天本场共出生多少头仔猪、卖掉多少头种猪、多少头肥育猪,各猪舍间猪群调进、调出的情况如何,以及发病、淘汰和死亡猪有多少,甚至每栋猪舍吃了多少饲料、用了多少药,都可以一目了然。小芳每天下班后将此统计表格交给场长,这样场长即使不常进猪场,也能对场内的生产情况了如指掌。

第5节　母猪产前进产房,高床分娩哺育栏

张师傅把我带进了母猪产房,见到里面有许多体型硕大的母猪,都被关在狭小的笼子里,转不了身,进、退也只有一步的余地。面前有一个饲槽、一个饮水器,母猪低头可以吃料,抬头就能饮水。栏底为漏缝地板,粪便可以从缝隙漏下去。母猪栏的两侧是哺乳仔猪的补料、饮水区,仔猪可以跑来跑去,自由活动,即使母猪躺下,也不会压到仔猪。旁边还有一个木箱,是仔猪的保温箱,上面安装了一个红外线灯泡,是取暖用的。张师傅说这叫"高床分娩哺育栏",它的优点是,使母

仔脱离了阴湿的地面,栏内温暖而干燥,改善了母仔的生活条件,也便于饲养员接产和助产。当然缺点也不少,主要是母猪的活动空间没有了,母仔亲热的机会也被限制了,而且母猪卧倒时髋骨两侧的皮肤往往被擦破,蹄病也增加了。总之,这种哺育栏对母仔的健康都有很大的影响。一栋猪舍内共有 20 个床位,妊娠母猪于临产前 1 周入住,至断奶后迁出,每个床位前都有一个档案袋,便于饲养员了解该母猪的情况。产房的卫生要求较高,必须实行"全进全出"制度,以便于开展彻底的清洁消毒工作,要保持产房内适宜的小气候,做到冬暖夏凉,空气新鲜。

　　这时我看到旁边床位上的一头母猪正在分娩,饲养员忙于接产,我是第一次看到生小猪,颇感新奇,便停下来仔细观察。这头母猪一个接一个地产出胎儿,饲养员将新生胎儿身上的黏液擦干,剪断脐带,然后将仔猪放在保温箱内,动作熟练、干脆利落。

　　正当我看得出神时,张师傅指着接产的饲养员对我说:"她叫韩大嫂,在产房养猪多年,有丰富的养猪经验。"我随即过去向她请教,首先礼貌地说了一声韩大嫂你辛苦啦,然后简要地做了自我介绍,又虚心地向她请教产房的工作经验。我尊重她,韩大嫂感到很高兴,毫无保留地将她的经验告诉我,从母猪的临产前的征兆到接产的过程,一股脑儿地都向我讲了。她告诉我,母猪何时分娩,只要看乳头的变化即可知道,母猪临产前 1 周,乳房开始下垂,乳头呈"八"字形分开并挺直,乳房周围皮肤紧张、发红、发亮。若是胸前 1～2 对乳头可挤出乳汁,则大约在 24 小时内可能产仔;中间乳头挤出乳汁时,12 小时内就要产仔;最后 1 对乳头挤出乳汁时,则 4～6 小时内就会产仔或即将分娩了。

母猪分娩时一般侧卧，经几次剧烈阵缩与努责后，胎衣破裂，血水、羊水流出，随后产出仔猪，一般每5～25分钟产出1头仔猪，整个分娩过程为1～4个小时，超过8个小时可能是难产，就要报告场内兽医，请他们来解决。仔猪全部产出后，胎衣一般在2～3小时内全部排出，如果超过3个小时胎衣还未排出，就要采取措施了，如注射垂体后叶素等催产激素，最后还要清点胎衣内脐带头的数目是否与仔猪数相等，可以判定胎衣是否已排尽。

韩大嫂还对我说，接产人员在接产前，要准备好消毒液和器械，先对母猪的乳房、乳头进行擦洗消毒，待仔猪出生后要迅速擦干仔猪嘴、鼻和全身的黏液，剪断脐带，连接仔猪躯体一端的脐带要用碘酊消毒。说到这里她看看周围没人，又神秘兮兮地对我说："在剪脐带前，要将脐带中的血液往上捋回到仔猪体内，因为脐血很宝贵，一口奶难换一滴血。滞留在脐带内的血液至少有十几毫升，这对仔猪的健康很重要。"这是她在产房工作几年来积累的经验，对一般人她是不说的。

接着她又向我介绍了管理新生仔猪的注意事项，如要及早让仔猪吃上初乳。由于仔猪怕冷，所以在寒冬季节舍内要加温，舍温要保持在25℃～28℃。保温箱内的温度还要高一些，刚出生的仔猪要在35℃左右的保温箱中培育。分娩结束后，勿忘给仔猪称重、登记，如实填写产仔数（包括存活数、弱仔数和死胎数）。由于我初进猪场，对许多问题认识不足，以为这些工作是饲养员的事，对我的关系不大，所以一听而过，毫不在意。

我又见到其他床位内的几头母猪侧卧着，并伸开四肢发出哼哼声，一群又白又胖的仔猪争先恐后地吮奶。有的仔猪在保温箱内，互相重叠着睡觉，十分可爱。张师傅对我说，在产房内的仔猪也很容易患病，最常见的疾病是仔猪黄痢，母猪的常见病是子宫内膜炎、乳房炎等。

在此附带补充一件有意义的事，在猪场漫长的工作过程中，有一天我忽然想起了韩大嫂曾对我说过的给新生仔猪剪脐带时挤回脐带血的经验，当时毫无感觉，后来回想起此事，觉得可能是个好经验。于是我设计了一个试验方案，对新生仔猪做了挤回脐血与不挤回脐血的对比试验，结果挤回脐血的仔猪比对照组仔猪增重快，抗病力也强。于是在以后的日子里，对于韩大嫂的这个经验，我不但没有给她保密，反而做了大力的宣传。凡遇到母猪分娩时，我都要手把手地教饲养员，如何挤回新生仔猪的脐带血。

第6节　断奶仔猪称保育，保育入住保育舍

今天我们走进了保育舍，仔猪断奶后，就要转移到这里来饲养了。张师傅说："我场的哺乳仔猪一般是 21～25 日龄断奶，断奶的方法是先将母猪迁出产房，转入配种舍内等待配种，准备孕育下一胎，仔猪仍留在原地，在产房内再生活 1 周左右的时间，目的是使其逐步适应独立生活。当转移至保育舍时，仔猪已经到了 30 日龄左右了，若按人来比喻的话，即从婴儿成长为儿童了，体重一般可达到 7～8 千克或以上，在保育舍里至少要呆上 30～40 天。当离开保育舍时，猪已有 70 日龄左右了，体重应该达到 20 千克以上了，由儿童转变成少年了。"

保育舍内的猪圈结构与产房不同,叫"高床保育栏",呈双列式栏圈,每圈关养10～15头仔猪(每头仔猪占0.5米²的面积),猪圈的地板有2/3面积是漏缝地板,便于粪、尿自动漏下去,可保持猪圈的清洁干燥,另1/3面积的地板是水泥结构,是放置饲槽的地方,即使饲料被猪拱出来,仔猪还可再吃进去,避免了饲料的浪费。每栋保育舍有20余个栏圈,可饲养200～300头仔猪,保育舍实行"全进全出"的饲养方式。

我看到每个栏圈内都有1块约1米²大小的铁皮,小猪都挤在一起睡觉,我问张师傅这块铁皮有何作用,他说保育猪仍属于仔猪,还是怕冷的,在寒冷季节需要保温,这是一块电热板,作用可大呢。我看到栏内睡着的仔猪都是白白胖胖的,十分活泼可爱,我用手触摸一下,大概惊醒了这头小猪的黄粱美梦,一声惊叫,跳起来在圈内奔跑,惊醒了全栋猪舍内300多头仔猪同时也跳起来,沿栏圈跑了两圈才安定下来。我被吓了一大跳,饲养员却哈哈大笑。张师傅说这表明猪群反应灵敏,是健康的表现,若是病猪,你拉它它都不愿起来。

不过保育猪的发病率和死亡率在全场各类猪群中的比例是最高的,张师傅分析保育猪难养的原因包括以下几点:一是仔猪刚离开温暖的母猪怀抱,特别是温度(低温)应激因素影响较大。二是从吮吸母乳突然转变到吃配合饲料,营养和消化功能都受到影响,对仔猪又是一种应激。三是母乳中的母源抗体(被动免疫)逐渐消失,而主动免疫的抗体尚未完全建立,这时处于免疫力的空白期,所以保育仔猪的抵抗力较差,保育期成为疾病的高发时期。

仔猪在保育期间还要接种多种疫苗,如猪瘟疫苗、口蹄疫疫苗等。在这期间,为了防止细菌性疾病的感染(沙门氏菌病、链球菌病等),还要在饲料中添加一些抗菌药物。当一批仔猪饲养到期后(60～70日龄),猪群要全部迁出,一只不留,这叫"全进全出",便于对猪舍进行彻底的大消毒,而且至少间隔1周后才能迁进下一批仔猪。对保育猪管理的重点仍是保温,同时提供优质的饲料,兽医和饲养员平时都要注意巡查和观察猪群的健康状况,以便及时发现病猪,并对可疑病猪做出初步诊断,该隔离的立即隔离、需治疗的尽快治疗,要淘汰的果断淘汰,这样就可以将疫病消灭在萌芽中。这就是所谓的临床检疫,是兽医和饲养员都要重视的一项工作。

第7节　师傅教我看猪病,病猪健猪要分清

　　临床检疫有哪些内容,如何进行,我还是不太清楚,回到办公室后,我向张师傅提出询问,他说:"临床检疫就是要我们深入到猪舍去,对一个个猪圈、一头头猪进行细致的观察。一般肉眼就能看出哪头猪有病,哪头猪是健康的,必要时测一下体温就可以判定了。我们长期在猪场,与猪接触多了,健猪还是病猪一目了然。你们刚进猪场,若要判断某头猪是否患病,首先还是要了解健康猪的种种表现和病猪的特点。"张师傅说着从桌上的书堆中找出一份猪群临床检疫的参考资料给我看,这份资料是我场制订的,是供饲养员们学习参考的,我看后觉得对自己很有帮助,将其中的实用部分摘录于下。

　　1. 猪的静态观察　检查者位于猪栏外边,观察猪的站立和睡卧姿态。健康的猪神态自若,站立平稳或来回走动,精神活泼,被毛光顺,不时发出"哼哼"声。若有响动或见到生人进来,表现出凝视而警惕的姿态。睡下时多呈侧卧,四肢舒展伸

直,呈胸腹式呼吸,平稳自如,节奏均匀。吻突湿润,鼻孔清洁。粪便圆粗有光泽,尿色淡黄,体温38℃~40℃。

病猪常常独立一隅或卧于一角,鼻端触地,全身颤抖。当体温升高时(40℃以上),喜卧于阴湿或排粪便处,睡姿多呈蜷缩或伏卧状,鼻镜干燥,眼结膜充血,有眼眵。若肺部有病变时,常将两前肢着地伏卧,并且将嘴置于前肢上或枕在其他猪体上,有时呈犬坐姿势,呼吸促迫,呈腹式呼吸或张口喘息,流鼻液或口涎。肢体末端的皮肤(尾、耳尖、嘴、四蹄和下腹部)呈暗紫色。若患有消化器官疾病,则可见尾根和后躯有粪便污物,地面可见到粒状或稀薄恶臭的粪便,并附有黏液或血液。当发现有上述症状的病猪,应做好记号及时隔离,以便进一步检查。

2. 运动时的检查　当猪群转栏或有意驱赶其运动时,检查者位于通道一侧进行观察。健康猪精神活泼,行走平稳,步态矫健,两眼前视,摇头摆尾地随大群猪前进,若是有意拍打猪体,则发出洪亮的叫声。

病猪表现精神沉郁,低头垂尾,弓腰曲背,腹部蜷缩,行动迟缓,步态跟跄,靠边行走或出现跛行。离群独处,也有的表现兴奋不安,转圈行走,全身发抖,倒地后四肢划动。有的病猪在驱赶后表现连续咳嗽、呻吟或发出异常的鼻音。对于有异常表现的猪,应及时做出记号,剔出隔离,便于进一步诊断。

3. 摄食饮水时的检查　在运动和休息之后,可能还有的病猪未被发现,因此必须进行摄食和饮水状态的观察。健康猪摄食时,争先恐后,急奔向饲槽,到饲槽后嘴巴直入槽底,大口吞食,全身鬃毛震动,并发出吃食的响声。

病猪则往往不主动走近饲槽,即使勉强走近饲槽,也不是真正吃食,只是嗅尝一点饲料或喝1～2口水便自动退槽,低头垂尾,腹侧塌陷。凡发现上述症状的猪,要做出记号及时隔离。

4. 问询检查　饲养员与猪的接触最密切,对每头猪的吃、喝、拉、撒情况都很清楚,向饲养员问询可节省许多检查时间。兽医了解到病情后,再做进一步的临床检查。

第8节　临诊病猪第一例,师傅说是气喘病

第二天很早我就进入猪场了,根据猪群临床检疫资料所介绍的方法,首先是静态观察猪的健康状况,我轻轻地走进保育猪舍,见到大部分仔猪还在熟睡,有的侧卧,四肢伸直舒展。有的伏卧,呈胸腹式呼吸,节奏均匀,吻突湿润,鼻孔清洁,说明都是健康的。但也见到个别猪离群独睡一隅,呼吸困难,腹部起伏很明显,还有个别猪表现呼吸急促,每分钟的呼吸频率达70～80次,我将猪群驱赶起来之后,有几只猪站立咳嗽,连咳十几下,好像一定要将痰液吞下之后方可罢休,我统计了一下表现这种呼吸困难的病例约有10%,我认为这应该是一种呼吸道疾病的表现。我向饲养员询问,这些猪患了什么病,他们回答说这种现象常可见到,不会引起猪只死亡,没有关系,不用理会。

这时张师傅来了,我指着一头呼吸急促的病猪问他是什么病,他很有把握地说:"这是猪支原体肺炎,我们俗称猪气喘病。"我好奇地问他是如何诊断的,他回答说这是猪场的常见病,我们都很熟悉,有以下几点诊断依据。一是气喘病是猪场的常见病,本地区是老疫区,常呈慢性、散发性流行。二是病

猪的主要表现是呼吸急促和困难,时见连续的咳嗽,但食欲和体温一般正常。三是若无并发症很少死亡,但生长发育会受到严重的影响。四是特征性的剖检病变在肺部,肺的心叶、尖叶和中间叶呈实变。接着他马上抓住一头有典型症状的病猪,拿到后院去剖检,果然其病变与张师傅讲的完全一致。

回到办公室,我们还在谈论气喘病。张师傅说他对气喘病有很深刻地体会,在20世纪60年代,他参加工作时首先遇到的就是气喘病,本病当时在我国流行极其广泛,病猪的临床症状比现在严重得多,特别是断奶仔猪和妊娠后期的母猪有较高的病死率,有的猪场因气喘病得不到有效控制而倒闭。

当年气喘病为什么比现在还严重呢?根据张师傅分析:一是那个年代猪的品种是以地方土种猪为主,本地猪对气喘病的易感性较洋种猪高。二是当年猪的饲料质量较差,营养不良,加重了猪的病情。三是那时还没有气喘病疫苗,也没有较好的治疗药物。

张师傅接着说,气喘病至今虽未消灭,但其临床症状和病死率较以前轻得多了,不过并不意味着没有危害,本病若与其他疾病并发(如胸膜肺炎等),病死率还是很高的,何况这种慢性病导致猪的生长缓慢,饲料的利用率可下降20%左右。由于本病在肺部有特征性的肉眼病变,所以很容易确诊,一个猪场只要发现一头病猪,就可说明该场存在本病了。对规模猪场来讲,剖检几头可疑的病猪,是一件轻而易举的事,所以凭临床检查就可以确诊本病了,我场对气喘病采取了以下几点防治措施。

第一,免疫接种。当前我场使用的是进口的灭活疫苗,7日龄首免,肌内注射,由于该疫苗的价格较贵,场长只同意给种猪接种。由于使用本疫苗的时间不长,其效果如何,要待下一代仔猪成长后才能判断。我国自行研制的弱毒疫苗也上市了,据说保护率也很好,价格较低,但要进行胸腔注射,有人怕麻烦,不过若对7～8日龄的仔猪进行接种,易于保定,也并不困难。

第二,发现有气喘病症状的病猪,一律不能作为种用,经治疗后可作商品肉猪处理。

第三,本病的病原是猪肺炎支原体,常用于呼吸系统的抗菌药物如强力霉素、卡那霉素、泰乐菌素、泰妙菌素等对其都有治疗效果,但只能减轻症状,不能根治。

第9节　长白大约杜洛克,都是外国良种猪

"这是后备母猪舍。"张师傅指着一栋宽大、明亮的猪舍对我说。我进去一看,觉得与一般的肉猪舍也没有什么不同。但张师傅说还是有区别的,因为种猪的经济价值较高,虽然这些猪的体重至少都在70千克以上了,这样大的猪在我们这个地区,即使在冬天也不怕冷,但夏季怕热,所以猪舍内要安装通风、降温设备,如水帘和大功率的排风扇等。这时正巧遇到了小周在此选育种猪,张师傅就请小周向我介绍一下种猪的情况。小周说:"我场是一个大型的种猪场,主要繁殖、培育3个外来品种的种猪,即大约克夏猪、长白猪和杜洛克猪。"

小周指着我们面前一头猪问我:"这头是什么品种的猪你认识吗?"我哪里认识,记得小时候母亲养的猪,只有黑猪、白猪之分,现在我也只能认出是公猪、母猪之别,至于什么品种的猪我是搞不清的。

我们走到一个猪圈前停下来,小周告诉我说里面饲养的是大约克夏猪。这种猪原产于英国北部的约克郡及附近地区,可分为大、中、小 3 型,以大型约克夏猪最受欢迎,通常称大约克或大白猪。这种猪的特点是体型大而匀称,头颈较长,耳竖立,鼻直,颜面宽而微凹,背腰微弓,四肢结实、肌肉发达,体质强壮,皮毛全白。在良好的饲养条件下,成年公猪体重可达 250～300 千克,体长可达 169 厘米,体高 92 厘米;成年母猪体重为 230～250 千克,体长 168 厘米,体高 87 厘米。大约克夏猪性成熟期较晚,初情期在 170 日龄左右,但以 10 龄前后初配为宜。经产母猪平均每窝产活仔数 10 头,20 日龄平均窝重 46.5 千克。大约克夏猪的增重速度较快,饲料利用率高,从断奶养到 90 千克左右,平均日增重 689 克,料肉比为 3.09:1。但在我国南方炎热季节,增重速度受到一定的影响。引入本品种一般是作为父本与地方品种杂交,或在引入品种三元杂交中作母本或第一父本,效果都很好。

另一个圈内养的是长白猪。在我看来与大约克夏猪也差不多,都是白毛。长白猪原名叫兰德瑞斯猪,原产于丹麦。外貌清秀,头狭长,颜面直,耳大,耳根稍卷向前或向上平伸,颈部与肩部较短,背腰长,体侧长深,肋骨 16～17 对(其他猪种为 14 对),大腿丰满充实,皮毛白色,骨细皮薄,乳头 6～7 对。成年公猪平均体重 246 千克,体长 175 厘米,6 月龄体重达 80～85 千克时出现性行为,10 月龄体重在 130 千克左右,开始配种。成年母猪平均体重 219 千克,体长 163 厘米,6 月龄开始发情,10 月龄体重达 130～140 千克时开始配种,窝产仔数 8～11 头。长白猪的杂交利用评价与大约克夏猪相似。

还有一个品种叫杜洛克,被毛呈红棕色,与以上两个品种很易区分开来。小周说："杜洛克猪原产于美国,其特点是体躯深广,肌肉丰满,耳中等大小,略向前倾,颜面稍凹,毛色呈红棕色,但深浅不一,这在许多猪种中较为少见。"

成年杜洛克公猪体重在 260 千克以上,成年母猪体重可达 250 千克左右,体长 158 厘米左右,以 10 月龄时体重达 160 千克以上时初配为宜。平均窝产活仔数 10 头。杜洛克猪生长速度快,达 90 千克重的日龄为 175 天,每千克增重耗料 3 千克。屠宰率高,胴体瘦肉率达 62%。引入本品种一般用作二元杂交父本或三元杂交终端父本,增重和提高瘦肉率效果好,可提高肌肉脂肪含量,改善肉的风味。

小周又说,有的猪场还引进托佩克、皮特兰等国外品种,其实在我们国内也有许多优良的地方猪种,值得很好地开发利用。由于我场目前只饲养这 3 个品种,所以其他的品种就不介绍了。对于这 3 个外来品种和一连串数字我一下子记不住,但是考虑到今后天天都要同这些猪打交道,了解一些基本知识肯定是必要的,所以我认真地将小周讲的要点都记录了下来。

第 10 节　为了母猪多产仔,把好繁殖配种关

配种舍的结构与其他猪舍又有不同,两侧的墙很低,只有 1 米多高,上半截全是空的,四面通风。我问这种猪舍冬天如何保温,张师傅说不用担心,凡进入配种舍的猪,其体重至少在 90 千克以上,即使在冬天这些成年母猪也不怕冷,如果在数九寒天,只要将塑料棚拉下来即可。

配种舍内共有 3 列猪圈,每列各不相同,左列共有 10 个

大猪圈,与肉猪圈没有太大差别,里面关养着5～6头待配母猪,一旦见到它们有发情的表现,就将其迁至中间一列的配种猪圈。这里既有单个的定位栏,也有一块自由活动的场地,待第二次配种过后(一个情期内要配种2次),又将其转移到右列栏内,那里是一猪一栏的定位栏,配种后的母猪在这里要饲养1个月左右,期间要注意观察,若是不再发情或经超声波妊娠诊断仪检测后,确定已经妊娠,再将其迁入妊娠猪舍内饲养。

张师傅说,在配种舍内,都是年轻力壮的种猪,抵抗力很强,疾病较少,不过这里有许多有关母猪发情与配种方面的知识,如有关生殖方面的一些生理指标,我们是应该了解的,这些知识对于正确诊断与治疗产科方面的疾病是很重要的。于是我拿出本子边听、边看、边记。新母猪首次出现发情征候的时期称为初情期,我国地方品种猪的初情期较早,100日龄左右即可出现,而洋种猪,如长白猪要在180日龄以后才出现。新母猪第一次发情后,一般经15天左右再次发情,以后发情逐渐规律化,间隔18～21天发情1次,这一过程称为性周期。若不予配种或配种后未妊娠,该母猪可以周期性发情。

健康的经产母猪,于产后2～4周就可以出现发情征候,但这时发情一般不排卵,称为假发情。产后6周左右或仔猪断奶1周后,才出现真正的发情与排卵。

母猪在发情期,食欲忽高忽低,卧立不安,频频排尿,爬跨别的母猪或等待别的猪来爬跨,不时发出音调柔和而有节律的哼哼声。

母猪发情期的生理变化特征是:发情开始后2～6小时外阴肿胀,黏膜充血,颜色潮红,有黏液流出,阴道酸碱度随之发生变化。发情中期,在性欲高度强烈时期的母猪,当公猪或管理人员接触时,若压其背部,立即出现静立不动的交配姿势,这种不动反应是母猪发情的一个关键行为,常以此来确定配种的最佳时期。

母猪发情开始 24 小时后排卵,排卵持续期为 10~15 小时或更长,卵子在输卵管内经 8~12 小时仍有受精能力。

公猪和母猪交配后,精子要经过 2~3 小时才能移行到输卵管上端,与卵子受精,由此可推算出配种的适宜时间应是母猪排卵前 2~3 小时,即开始发情后 21~22 小时。母猪在一次发情期内的排卵数为 5~40 枚不等。

如果母猪在配种后 20 天左右不再发情,并出现食欲旺盛、性情温驯、贪睡等表现,一般可认为已妊娠(亦可使用 B 超测孕仪在配种后 28~34 天测定),这时的胎儿发育很慢,因为胎儿 50% 以上的重量是在妊娠最后 1 个月内增加的,所以妊娠前期不必加料。

张师傅还向我介绍了推算预产期的经验,母猪的妊娠期为 114 天,为了方便记忆,可记为 333,即 3 个月加 3 周再加 3 天。预产期是将配种时间的月份加 4,日期减 10。例如,某号母猪于 4 月 20 日配种,预产期为 8 月 10 日。不过公式是以每个月 30 天计算的,若遇到 2 月份和连续两个大月(31 天)的情况下,要做适当调整。

第 11 节　纯种繁殖称原种,杂交一代叫二元

在配种舍我们还遇到了畜牧组的技术员胡放,他是搞选种、育种的,这里是他们的重要基地。他见到我们过来就放下

手头的工作,带我在配种舍内走了一圈,看到有一对公、母猪在自然配种,在采精房内又见到一位工人正在给一头体型硕大的种公猪采精,还见到另外几头公猪也养在这里。我有点疑惑,询问小胡本场到底是采用人工授精还是自然交配。他说两者均采用,但以人工授精为主,我又问:"公、母猪都关在配种舍内行吗?"他回答说种公猪和待配母猪合养在一栋舍内,其好处有以下几方面:一是便于配种。二是在同一舍内的公、母猪不时可嗅到异性的气味,能激发双方的性欲,当见到其他公、母猪配种的动作和发出的声音,还能触景生情,有利于待配母猪的发情和配种。

但为了避免种公猪之间的斗殴和对母猪的骚扰,种公猪应一猪一栏。为了增强种公猪的体质和性功能,公猪圈应宽畅一些,有运动的余地。在夏季公猪怕热,如果长期生活在高温环境中,必然影响种公猪精子的质量。所以,在炎热季节对种公猪要给予特殊照顾,提供阴凉的生活环境。

接着胡放又给我介绍了什么是纯种繁殖和杂交优势,什么是大长、长大二元猪等,他说我们猪场以生产和销售二元猪为主,现在各地的养猪场和农村的养猪专业户发展很快,但他们饲养的大部分都是商品肉猪,通常称为洋三元猪,他们的母本是洋二元猪(大长或长大种猪),父本一般是用杜洛克公猪。

胡放很认真地向我介绍什么叫三元杂交:3个品种(系)参加的杂交称为三元杂交。从两个品种杂交所得到的杂交一代母猪中,选留优良个体,与作为终端的第三品种公猪进行杂交,产生的三元杂种作为商品肉猪。这种杂交方式既可充分利用二元杂交母猪的母本杂种优势,又能获得子代个体杂种优势。但在挑选第一父本时应考虑到 F_1 代母猪应仍具有较好的繁殖性能,所以要选择与纯种母本在产肉性能上可互补的,而且产仔性较好的猪种。根据我国引入猪种的情况,选择了大约克夏猪和长白猪作为母系,而终端父本选择了产肉性能优异的杜洛克猪,在子代商品猪血缘成分上占到一半,对商品肉猪的产量与质量影响较大。几年来的实践证实,这种三元杂交猪,能充分利用各类杂种优势,并能明显地利用遗传互补效应,适应市场需求,商品价值高,竞争力强,综合经济效益好。

胡放讲得头头是道,我却听得一头雾水。我是学兽医的,以往对畜牧知识根本不去关心,真是隔行如隔山,如今还得补上这一课。回到办公室,我借了一本有关养猪方面的书来看,我越来越感到自己要学的东西太多了。

第12节 妊娠猪舍定位栏,一猪一栏运动难

我们和胡放一边谈、一边看,不觉又走到了妊娠母猪舍。一排排的笼舍,每个笼舍内都躺着一头体型硕大的妊娠母猪,胡放说这叫"妊娠母猪单体限位栏",其实就是一个固定的猪笼子。被关在里面的猪,不能转弯,无法调头,进一步才能退两步,只能做睡倒和站立两种姿势,妊娠母猪在这个笼子里要生活约3个月的时间。别看笼子小,母猪的吃、喝、拉、撒全在里面,前面有饲槽、自动饮水器,后端地板有漏缝,下设粪尿沟。我说这些母猪长期生活在这样囚笼里多可怜啊!但胡放说这种定位栏有很多优点:一是可以避免母猪之间相互咬斗、挤撞、强抢弱食。二是能及时了解每头母猪的食欲、排便和健康状况,便于控料和疾病的防治,避免妊娠母猪发生机械性流

产。三是方便猪舍的清洁卫生工作,减少了饲养员的工作量。但也存在不少缺点,如耗用钢材多,猪舍投资大;母猪的活动受限,体质下降,肢蹄病多,母猪使用年限减少等。我看到有不少母猪的髋关节两侧各有一块溃疡面,胡放说这是母猪在起卧过程中与栏杆碰撞造成的,其实这种养猪方式严重地损害了母猪的福利,有虐待动物之嫌。据说这种限位饲养的栏圈在西方国家已受到动物保护者的谴责。

由于妊娠母猪的体重至少都在 100 千克以上了,这些种猪怕热不怕冷,所以猪舍的结构要有利于夏季的通风降温,猪舍内都安装了负压通风湿帘(湿帘装在进风口)降温。

胡放还说,妊娠母猪饲养管理的目标是做好保胎工作,提高仔猪的初生重,为分娩和泌乳做好准备。妊娠初期要提供适当条件,保证胚胎的最大存活,从而保证较多的窝产仔数。妊娠中期要保证胎儿生长,增加青年母猪达到其成熟体重期间体内的养分储备,或经产母猪恢复其上一泌乳期丧失的体内养分储备。在妊娠后期要保证胎儿的迅速生长,同时母猪乳腺开始发育,以迎接即将到来的泌乳。综上所述,在喂料时要根据每头母猪的体重、体况、环境温度和妊娠的不同阶段灵活调整,对需特殊照顾的母猪可做标记或挂牌,以便提醒饲养员注意。

成功的饲养管理方案,应该保证产出一窝数量多、体重均匀、活力强的仔猪,保证妊娠母猪体内养分的储备,以利于分泌大量的乳汁,并能使泌乳期母猪采食大量饲料,达到适度膘情。

因为我是搞兽医工作的,所以他又将话题转到如何保胎、防止流产和疾病防治等方面。胡放说,对妊娠母猪要注意以下几个问题:一是要避免饲喂霉变饲料,因为真菌毒素可使胚胎死亡。二是在炎热的夏季,舍内要防止高温、高湿,妊娠母猪如果长期遭受热应激,可能导致流产或死产。三是妊娠初期要防止各种机械性的应激,特别要提醒的是,母猪配种后3～28天期间,是生理上的不稳定期,容易导致流产,为了保胎,在这期间要避免换圈、斗殴和接种疫苗等人为的应激,若必须换圈或接种疫苗,可提前到配种后3天之内或28天以后进行。至于引起繁殖障碍方面的疾病就很多了,如流行性乙型脑炎、细小病毒病、伪狂犬病、非典型猪瘟等。

第13节 提高猪场生产力,人工授精见效益

张师傅带我走进人工授精室,他向我介绍负责这方面工作的沈明,这个小伙子好学肯干,对猪人工授精技术每个环节的操作都十分熟悉。我虽然对此一窍不通,但人工授精既然是猪场的一个生产环节,也应该了解一些相关知识。

我首先询问沈明,过去我们养猪都是公、母猪自然交配,为什么现在要搞人工授精?他很快就回答我说,猪的人工授精有七大好处:一是可充分利用和发挥优秀种公猪最佳的遗传效应,使其最大地体现到繁殖种猪群和商品肉猪群。二是减少了公猪的饲养头数,降低了生产成本。三是避免了公、母猪之间直接接触的机会,提高了猪场的生物安全性。四是节省了赶猪配种的麻烦,省时、省力。五是通过精液检查可及时发现不育和低繁殖性能的种公猪。六是人工授精技术如与诱导分娩和同期发情等繁殖控制技术相结合,可使猪群的管理更加方便,有利于"全进全出"的现代化养猪生产体系的建立。

七是人工授精能为引种和种猪交流提供方便,可通过运输精液,使跨地区母猪配种成为可能。特别是选择顶级优秀公猪的精液实行人工授精是提高养猪效益的关键性措施之一。

我们又走进了人工授精实验室,首先见到一台电脑屏幕上,许许多多的精子在颤动,沈明说这是刚采出的精液,正在检查精子活力与密度。他还说有许多传染病,如流行性乙型脑炎、非典型猪瘟、伪狂犬病等,都可通过公猪的精液进行传播,但这项检测工作场内尚未开展,以后就是我们这些兽医的工作任务了。

沈明说,人工授精是一项应用技术,操作并不复杂,包括6个环节,即采精、精液检查、精液稀释、精液保存、精液运输和输精。猪的人工授精成功与否,主要取决于公猪的精液质量、精液处理操作及贮存条件、消毒卫生状况、母猪本身的繁殖能力及配种是否适时、人工授精操作技术是否准确等。

这时张师傅问沈明:"据说猪的人工授精技术水平可分为合格、良好和优秀3个等级,这3个等级是如何判定的? 我们猪场是属于什么水平?"沈明马上拿出一份材料给我们看,并介绍了3个衡量指标。

1. 公、母猪之比　即1头公猪能配多少头母猪,在1:100头以上为合格,1:150头以上为良好,1:250头以上为优秀。

2. 受胎率和分娩率　受胎率85%、分娩率80%为合格,87%和83%为良好,90%和86%以上为优秀。

3. 窝产活仔数　与自然配种数相当为合格,高于0.1~0.5头为良好,超过0.5头以上为优秀。

沈明说,我场开展人工授精工作不久,它的效益就已经显示出来了,各项指标均已合格,有的指标已达到良好,所以我场在人工授精工作中还是大有潜力可挖的。最近场长已同意我们再添置一些设备,如由分光光度计、电脑处理机、数字显示和打印机组成的精子密度仪,既准确又快速。随着我们技术水平的提高,猪人工授精的优势便会更加明显。

第14节 猪场免疫任务重,新来兽医搞接种

张师傅分配给我的工作任务是注射疫苗,在我们猪场有个不成文的规定,不管学历多高,新来猪场工作的兽医都要先从事防疫工作。对于免疫接种的重要性,在理论上我是了解的,我知道导致传染病发生和流行必须具备 3 个环节,即传染源、传播途径和易感动物,如果缺少其中任何一个环节,传染病就不易发生,即使个别猪感染了某种传染病,也不至于引起流行。我还记得在我大学期间,这是传染病学科必考的一道题目。

对猪群进行免疫接种,就是使猪群对某种传染病产生特异性的免疫力,由易感变为不易感,所以人工免疫是猪场防疫工作的一个重要组成部分。但在实践中,自己从未给猪打过一针疫苗,面对这些不同大小的猪只和种类繁多的疫苗,我真的不知从何着手。所幸我与小何分在同一小组,他在本场工作已有 1 年多时间,打防疫针很熟练,我得拜他为师。

小何说,根据本场免疫程序的安排,今天的任务是到东三栋和西五栋产房给一批 20～25 日龄即将断奶的仔猪注射猪瘟疫苗,估计共有 200 余头。说完他从药房内领出几盒疫苗,我看了一下疫苗的说明书,上面注明疫苗为猪瘟活疫苗(细胞

苗),呈乳白色海绵状疏松团块,在-15℃以下保存,有效期为1年,肌内或皮下注射,注射疫苗4天后即可产生免疫力,断奶后、无猪瘟母源抗体仔猪的免疫期为1年。每瓶40头份,配备专用的稀释液以及注意事项等。我将这些免疫接种的基本知识一一记下。这时小何正在做疫苗接种前的准备工作,于是我主动过去做他的助手,清洗注射器和注射针头,并进行煮沸消毒,然后带上一个铝饭盒,装有镊子、酒精棉球、体温计和记录表格等,我们就出发了。走进猪舍,发现饲养员早已做好准备,待接种疫苗的仔猪没有喂料,猪圈也未打扫。开始注射时,饲养员主动过来捉猪保定,这种小猪当然无力反抗,乖乖地让我们打针,老母猪虽然凶猛,但被关在定位栏内,也无计可施,只能恶狠狠地望着我们。不到1个小时的时间,200多头仔猪的注射任务就完成了。

产房内的环境还不错,冬暖夏凉,臭味也不浓,小何说我们就地休息一会,主要是观察一下免疫仔猪有无过敏反应,而我则乘机向小何请教。小何说:"你是本科生,我是专科生,怎能回答你的问题呢?"我说:"你就别客气了,从工作上来讲,你是师傅,我是徒弟。"于是我提出了第一个问题——给哺乳仔猪接种疫苗要注意哪些问题。小何马上回答我说,哺乳仔猪体小皮薄,注射针头要细而短,我们使用的是9×12号的针头,保育猪使用14×25号针头,配用连续注射器,有时也用硬质塑料注射器,注射时必须请饲养员保定仔猪。打针要慢,放猪要轻,仔猪易发生过敏反应,所以在注射后1小时内,要注意观察反应。我又询问免疫的仔猪(21日龄)猪瘟母源抗体是否已经消失了?小何说不知道,因为场内从未检测过猪瘟抗体。我再问,对21日龄的仔猪为何要打4头份的猪瘟疫苗？小何有理有据地解释说,这时的小猪尚未断奶,体内还存在母源抗体,多打一点疫苗,是因为一部分疫苗被小猪体内的母源抗体中和了,余下的疫苗才能产生免疫力。初听我觉得他讲得还有点道理,但仔细想想免疫是一个复杂的生物学过程,用这样简单的加减法就能解释得了吗？虽对他的回答有质疑,但我也提不出反对的根据,心想就留待以后慢慢研究吧。

　　我又问小何,哺乳仔猪除了注射猪瘟疫苗外,还要注射哪些疫苗？小何屈指一算说,在 7 日龄和 15 日龄还要各注射 1 次气喘病疫苗,18 日龄要注射 1 次链球菌病疫苗,此外还要给仔猪补铁(注射 2 针牲血素),有时还要注射三鲜汤。我感到不解,三鲜汤不是喝的么？怎么能注射呢？小何笑着回答说,其实是给仔猪注射 3 针抗菌药物,目的是防治仔猪黄、白痢等细菌性疾病。我说这些小猪要打那么多的针,也够可怜的。小何说,与别的猪场相比,我场给仔猪打的针还不算多。

第 15 节　仔猪震颤啥原因,师傅诊断抖抖病

　　东二栋产房有几窝仔猪需要接种气喘病疫苗,因数量不多,小何让我一个人去。我才走进产房,饲养员马大嫂就说:"小朱,你来得正好,刚发现一窝仔猪发病呢。"我随即跟着她走到 7 号产床旁,她指着这头母猪说:"它是昨天下午分娩的,产出 12 头仔猪,个个健康、活泼,母猪的食欲正常,奶水也很好。但今天上班后发现其中 8 头仔猪有不同程度地发抖,有的病猪头部、肋部和后肢微颤,有的病猪全身肌肉阵挛收缩,状似跳跃,病猪难以站立和行走,也无法吮乳,另外 4 头仍是

正常的。"对于这种病猪,我的脑子里一片空白,不过心里也不慌张,先了解病情后再说,因为在诊治的技术上,还有几位师傅做后盾呢!

我问马大嫂这种病常发生吗? 她说很少见到,记得去年曾发生过一例。又询问该母猪生过几胎了,回答说这是一头新母猪,这次产的是头胎。我又查看了左邻右舍的仔猪,日龄仅相差 1~2 天,但都未发现异常。检查几头发病的仔猪都较肥胖,估计体重都超过 1 千克了,而 4 头未发病的仔猪体型相对较瘦小。马大嫂焦急地问我:"这是什么病? 如何治疗?"其实我比她更着急,在脑子里曾怀疑是中毒病或传染病,但随即又被自己否定了。出生才 2 天的仔猪就发病,可能是遗传病,但到底是哪种遗传呢? 我一时拿不定主意,于是对马大嫂说回去拿点药来治治看。

回到兽医室找到张师傅,我将病情详细地向他进行了汇报,他听完很有把握地说:"这个病叫仔猪先天性肌阵挛,我们俗称抖抖病或跳跳病,我场曾发生过好几例,过去我在农村行医时,农民散养的猪也有发生。你说得不错,这可能是一种遗传性疾病,有人说是由于母猪感染了一种病毒,母猪本身没有症状,而生下来的仔猪却发病了。"我问是感染了什么病毒,张师傅他也说不清,只说有人说是一种抖抖病病毒,也有报道是细小病毒、伪狂犬病毒,还有人认为是母猪在妊娠期间接种猪瘟活疫苗所致。总之,众说纷纭,至今还没有一个公认的结论。

张师傅说这种病呈散发性,不会引起流行,同时该母猪生过一胎之后,再次配种生下的仔猪通常不会发病,所以不必害怕。我们立即赶到现场,从临床症状来看,也基本符合张师傅的诊断,这时见到一头病仔猪已经死亡了,我们随即进行了剖检,但详细检查之后,未发现任何肉眼可见的病变,张师傅说据书本上介绍,要做组织学检查,可以见到脊髓的横切面白质和灰质减少。

马大嫂最关心的是如何治疗,张师傅说目前还没有特效的治疗药物,可试用奶粉进行人工哺乳,又叫我去药房领点氯丙嗪注射液来试试,每头仔猪肌内注射5～10毫克,可能会起到镇静作用。马大嫂对工作非常负责,之后对病猪每天坚持人工哺乳5～6次,3天后8头病猪中死亡6头,另外3头病猪逐渐痊愈了。但我们也说不清是被治好的,还是自行康复的。另外,同窝的4头体质较瘦小的仔猪,一直都未发病。

第16节　免疫接种有风险,过敏反应死得快

今天的任务是给保育舍内的仔猪注射口蹄疫灭活苗,我首先看了疫苗的说明书,注明猪口蹄疫O型灭活疫苗(浓缩型)应在耳根后深部肌内注射。小何告诉我这种油乳剂灭活苗不需要稀释,保存在常温下就行了。这次注射的对象是保育仔猪,体重至少都在10千克左右了。当我们走进保育舍,还未开始打针,这些淘气的小猪就跑来跑去,很难捕捉,更别提保定了。小何看出我的顾虑,让我别担心,他自有办法对付。说完他从墙边拿起一块早已准备好的旧门板,将圈内的仔猪赶至一角,他叫饲养员阿宝挡住木板,使猪群挤在一起,这样我们就可以进行注射,不必捉猪,也不需要保定了。注射者的左手抓住猪的耳朵,右手拿着注射器注射疫苗,注射后随即在被注射猪的背上涂上一点颜色(我们是用紫药水),做上

记号可避免漏注或重复注射。一个圈饲养10~15头猪，不到10分钟就注射完毕，一圈猪注射完了，我们就迅速来到另一猪圈继续接种，不到半天时间，300余头仔猪的注射任务就完成了。小何说下午还要对后备种猪注射疫苗，如果拖拖拉拉的话时间就根本不够用。我很佩服他动作敏捷，操作熟练，不过速度虽快，质量上也出现了一些问题。例如，我发现接种部位的消毒被忽略了，注射疫苗的数量时多时少，保定猪的动作有些粗暴，还曾发现针头被折断了，也弄不清针头是留在猪的肌肉内还是掉在地上，每头猪换1根针头也根本没有做到，我觉得这些问题都可能留下严重的后遗症。

注射完疫苗我们都十分疲惫，正想坐下好好休息一会儿，突然饲养员阿宝说刚才发现第五圈有2头猪发病了。我们立即前往，发现一头猪卧倒在地，四肢抽搐，呼吸困难，口吐白沫，病情十分危急，另一猪立于一隅，精神沉郁，全身阵阵发抖，在其他圈内也发现几头症状类似的病猪，但病情较轻。我首次遇到这种情况，十分慌张，束手无策。小何说别紧张，这是疫苗的过敏反应，叫我赶快去药房领取盐酸肾上腺素注射液，可以抢救。大约过了10分钟，当我将领回药物后，还未来得及注射，两头反应较重的病猪就死亡了，我感到很内疚，如果是早有准备的话，这两头仔猪也许不会死亡。我们接着对反应较轻的几头病猪肌内注射1毫升(1毫克)肾上腺素，这些仔猪不久后都恢复了正常。

小何告诉我，这次是由于工作疏忽，免疫接种时没有带上肾上腺素，由于抢救不及时而导致死亡。关于疫苗的过敏反应，是常有的事情，特别是接种猪瘟、口蹄疫疫苗时较为常见，而且以保育猪发生过敏反应的比例较高。

通过这次免疫注射,我体会到给猪打防疫针并不困难,技术要求也并不很高,但是在免疫接种的过程中,需要饲养员帮忙保定,这样必然影响他们的日常工作,同时猪群受到刺激,轻则是一种应激,重则发生过敏反应致死,对猪的健康也有不利的一面。我问小何猪群在保育期内还要接种那些疫苗,他说根据我场目前免疫程序的安排,至少还要接种 3～4 次疫苗(猪瘟二免、口蹄疫二免、链球菌病疫苗等),冬季还要注射 2 次传染性胃肠炎、流行性腹泻二联苗等。根据疫情的发展,免疫接种疫苗的种类和次数有增无减。

第17节 进入猪场要消毒,何必照射紫外灯

这些日子以来,我的眼睛总感到不舒服,眼睑红肿、流泪、疼痛难忍。最初我以为是患上了红眼病或有什么异物进入眼内了,并不在意,可是病情一天比一天严重,我不得不请假到医院去看病。

眼科医师诊断我为急性结膜炎,医师问我周围人群有无同样的眼病,我说没有。当他得知我在猪场工作后,怀疑我眼内可能沾上过消毒剂或其他刺激性物品,我仔细回想了一下,也没有发生过这种情况。"不过我每天两次进入消毒室,都要经过紫外灯下照射消毒。"这句话引起了医师的注意,他又对我做了详细检查,询问我紫外灯的强度、距离和照射时间,然后做出结论是由于紫外线灼伤引起的结膜炎。医师还对我说了一些有关紫外线知识,他说紫外灯长时间照射眼睛,能穿透角膜,如果作用在晶体视网膜上,可导致白内障和失明。紫外灯的光害还可使皮肤变黑,毛发脱落,甚至发生癌变。听了医

师的话，我真是大吃一惊，最后医师开了一些消炎药和止痛药给我，并说今后要避免紫外灯的直接照射。

回场之后，我首先向场长讲述了我发生的眼病和医师做出的诊断，并建议取消紫外灯对人体的消毒，改用别的消毒方法。场长却不以为然地说："在消毒室内使用紫外灯消毒，既方便又省钱，目前许多规模猪场都在使用，况且我场也已经使用多年了，过去从来没有听说过紫外灯光线会灼伤眼睛，你可以去请教那些老员工，看他们是如何进行自我防护的。"

我想场长的话也有道理，就去询问张师傅。张师傅笑着说："当初我们也发生过红眼病，但没有你那样严重，后来再也没有发生过。我的经验是进了消毒室，就要低头，眼睛不能直视紫外灯，再把工作衣披在头上，肌肤不要外露就行了。"王大接着介绍他的经验："进入消毒室要头戴帽子、眼戴太阳镜，远离紫外灯，在消毒室内逗留的时间越短越安全，我是不到1分钟就溜过去了，谁像你一进消毒室，眼睛就对着紫外灯管，呆呆地看了10多分钟，这样非得红眼病不可。"听了大家的话，我学会了他们的"防紫"经验，以后再也没有发生过红眼病。

后来我查阅了一些资料，其实紫外灯的消毒杀菌作用是很有限的，通常只适用于某些物体的表面和室内空气的消毒。紫外线的穿透力并不强，只要一张报纸就能阻挡其穿透作用，紫外灯消毒杀菌作用的效果还与紫外灯灯管的瓦数大小、照射距离的远近、照射时间的长短、气温的高低、室内灰尘的多少等因素有关，所以紫外灯并不适宜用于猪场进出口对人体的消毒，使用起来弊大于利。但是现在紫外灯消毒人体在很多猪场还在继续使用，希望大家都能注意做好自身防护，以免伤害身体。

第18节　母猪产后服草药,原来就是益母草

在产房进行免疫接种,常常见到饲养员给产后母猪喂料时,随手从一个蛇皮口袋中抓一把草粉混于饲料中,拌和后投喂。我问这是何物? 饲养员老陆说这是一种中草药,叫益母草,是张师傅拿来的,专给产后的母猪服用,每日1次,连用7天,每次用手抓一大把混料服用,他们已经使用了1年多。我问饲养员添加这种益母草有什么好处,他们说以前未服益母草时,母猪产后胎衣滞留、子宫或阴道流脓等现象较常见,现在少得多了,如今使用益母草已经习以为常了。

我对益母草不大了解,于是去请教张师傅。他谈起这些中草药来可是头头是道。张师傅说,益母草顾名思义是一种有益于母亲的中草药,其性味辛苦,微寒,对子宫有强而持久的兴奋作用,能增强其收缩力,主要功效是祛淤、活血、消肿利尿等,对于产后淤滞、炎症、化脓、腹痛、排除恶露、胎衣不下等病症都有效。

益母草是一种1年生或2年生的草本植物,夏季开花,生于山野、田埂和麦田中,我国大部地区都有自然生长,夏季生长茂盛,花开全时收获适时。还有一种制剂是益母草浸膏,是经过加工提炼制成的,使用方便。益母草价格便宜,中药批发市场或中药店都有出售。

我记得在大学期间,我们学校也有中兽医这门课程,但我们都不重视,没有认真学习,现在看来中医、中药在猪病防治上还是用得上的。张师傅是中兽医专业科班出身,益母草的

推广和使用是他的成功之作,他有许多防治猪病的经验,例如他自配了许多健胃的酊剂,如大黄酊、龙胆酊、陈皮酊等,对于猪的健胃,增加猪的食欲效果很好,既经济又方便。据说这些药物是我场治疗猪食欲不振、消化不良的常用药物,兽医和饲养员都喜欢使用。

还有针灸疗法对某些疾病的效果也很好,我亲眼看到张师傅用小宽针在穴位上进行放血治疗,对中暑、中毒病以及前肢或后肢瘫痪等疾病的疗效很好,有的病例几乎达到立竿见影的效果。

但张师傅也明白,中医、中药在猪病防治上的作用是有限的,现在都是规模饲养的猪群,密度高,体质弱,传染性疾病多,特别是那些病毒性疾病,若用老办法防治根本无效。因此,现在要与时俱进,重视免疫接种、隔离消毒等工作,在治疗传染性的病猪时,他也需要经常使用抗菌药物。

第19节　猪场消毒种类多,全进全出大消毒

我还有一个任务就是负责全场的消毒工作。小何说这个任务是很轻松的,具体工作不要我们去做,只要督促和检查一下就行了,如猪场大门口的消毒是由门卫来完成的;猪舍内的带猪消毒,由专职消毒员承担,配备有专用的电动高压喷雾器,轮流到各栋猪舍内去喷雾消毒。根据疫情,每栋猪舍每周消毒1～2次;而猪舍内外的消毒,是饲养员的责任,如当某栋猪舍内的猪全部出清时,需要彻底打扫猪舍和全面的消毒,这叫"全进全出"的大消毒,是饲养员一项繁重的、基本的工作任务,特别是对产房和保育猪舍的消毒,要求更为严格。

今天我没有打防疫针的任务,张师傅要我到东3号保育舍去协助老林进行大消毒,因为这一批保育猪刚出清,下一批猪还未进来,在这期间有1周的空闲,必须进行1次"全进全出"的大消毒。由于近期保育舍周转不过来,要求提早1~2天进猪,所以只有4~5天的时间用于消毒。当我走进保育舍时,饲养员老林已经在打扫猪圈了,我立即动手清理圈内的粪便,疏通舍内、外的排粪沟,然后用高压水枪冲洗猪圈地面、围栏及四周墙壁。冲完之后我们还要用刷子、毛巾,提着水桶,一个一个猪圈仔细擦拭清洗,见到地面有粪垢未冲净,就用刷子刷。发现栏杆上有污渍就用毛巾去擦。我们3个人整整忙了1天,终于使舍内达到一尘不染、嗅不到一点臭味的要求。老林将猪舍的门窗统统打开,通风1夜。

第二天保育舍内已基本干燥了,可进行消毒,消毒后还要干燥、净化2~3天后才能进猪。这对规模猪场来讲,是一项十分重要的卫生防疫工作,要求高、任务重。我是第一次参加猪舍的"全进全出"大消毒,一天工作下来非常劳累,我体会到,清洁卫生工作是一项体力活,而消毒工作则是一项细致的工作。在这次消毒时,老林领取了一桶消毒剂(10千克,20%过氧乙酸溶液)。我问老林如何使用,他说一桶药水加一大桶清水就行了。这样的回答让我感到困惑,一桶消毒剂是多少毫升? 一大桶清水又是多少升,我进一步问他,他也搞不清楚,只说过去都是这样配的。

于是我查阅了有关资料,过氧乙酸用于猪圈消毒,常用0.5%溶液,应将20%过氧乙酸溶液做40倍稀释。我估计这栋猪舍面积为400米²,以每平方米喷洒1千克消毒液计算,共计要用400千克0.5%过氧乙酸溶液,这样就需要20%过氧乙酸溶液 10 千克。

猪场的清洁卫生工作是看得见、摸得着的,质量好坏容易判定,而猪圈的消毒质量如何,肉眼是看不出来的。因此,正确配制消毒药液的浓度,才能达到应有的消毒效果。鉴于这种情况,我利用空余时间,按我场常用的消毒剂种类,设计了一个稀释浓度的配制表,便于大家使用参考。

因为这件事,张师傅在一次兽医小组会上表扬了我,说我会动脑子,设计的消毒剂稀释浓度配制表很实用,既可充分发挥消毒剂的作用,又可避免消毒剂的浪费。现在这张配制表就贴在我们办公室内,随时可供大家参考。

第 20 节 产期已过三十天,母猪为啥不分娩

这一天去产房给哺乳仔猪注射疫苗,饲养员反映 2 号床位的母猪入住已近 1 个月了,还未分娩,饲养员很着急,它不出去,别的猪就进不来,要我检查一下它是否妊娠了。我看看母猪的精神还不错,食欲也正常,摸摸母猪的肚子又大又硬,又查看了一下母猪的档案卡,发现它早已超过了预产期,但细看之后我发现了一些问题,如终配种日期被涂改多次,配种公猪也不清楚。

我拿了档案卡去找配种员,配种员说这是一头新母猪,从后备猪舍转过来时已经妊娠了,根据是同批母猪早已发情配上种了,唯有这头母猪未见发情,但细看却发现该母猪的肚子也同其他母猪一样,逐渐大起来了。估计是在饲养人员不注意时或在夜间,被公猪偷配了,这种事情过去也曾发生过,于是便将这头母猪转到了妊娠舍去了。因此,配种日期不明,被

涂改多次。在以后的日子里,该母猪与其他妊娠母猪没有什么区别,食量增加,腹围增大,妊娠表现非常明显。

看来这头母猪是否已经妊娠,现在仍然是个谜,我去请教张师傅,他说早些时候就怀疑该母猪可能发生了难产或死胎,曾注射过催产针,但至今仍无反应,现在看来肯定是有问题了。于是我们对该母猪又做了进一步检查,发现它与其他妊娠母猪还是有区别的;如被毛粗乱,腹大体瘦,腹部坚实。我们在腹下部进行了穿刺,流出来的不是羊水,而是鲜血。张师傅这时做出结论,这头母猪肯定未妊娠,至于腹中生长的是何物,要剖腹检查才能知道。

请示场长后,立即将其宰杀,剖开腹腔,真相大白,原来是长了一个大肿瘤,重达8千克。场长听到是肿瘤,吓了一大跳,肿瘤不就是癌症吗?这头猪从表面上看还是好好的,不知是否会传染给其他猪?我赶忙查阅了有关的病理资料,然后告诉他们,肿瘤可分良性和恶性两大类,良性肿瘤细胞分化较好,生长慢,常有包膜,以膨胀方式向外扩张,不发生转移,切除后一般不再发。恶性肿瘤又称癌症,其细胞分化程度较低,生长快,无包膜,向周围组织浸润生长,常转移,切除后易再发,至于这头猪发生的是何种肿瘤,是良性的还是恶性的,需要做组织切片检查才能定论。我们立即采样送有关单位化验,结果诊断为良性肾乳头状肿瘤。

事后我们分析,本病若能早期进行超声波妊娠诊断,是很容易被发现的,而且我场也具备这个条件,可是我们被该猪腹部逐渐增大的表面现象所迷惑,忽略了进一步的确诊。今后要吸取教训,对于可疑病例应该做到早发现、早确诊、早淘汰,可避免或减少经济损失。

第 21 节　大门消毒流形式，带猪消毒不科学

前面提到我设计了一个消毒剂稀释浓度配制表，得到了张师傅的好评，也激发了我的工作积极性，对于猪场的消毒工作更加关心了。我曾对猪场消毒的各个环节做了一些调查，发现一些问题，提出了几点建议，但因为我无权指挥其他同事，于是写了一个简要的书面报告，打算供场长参考，主要包括以下两方面内容。

第一，进出猪场大门的消毒池把关不严，领导和熟人可以不从消毒池通过，而是从边门进出，即免于消毒。也有人在消毒池中放了几块砖头，踩着砖头通过消毒池，避免鞋子接触消毒液。进出大门的消毒流于形式，自欺欺人。

消毒池内的消毒药液，配制不规范，更换无制度，有时长期不换，特别是在暴雨之后，大量雨水和泥沙落入池中，消毒池成了污水潭，不仅没有起到消毒作用，反而成了细菌的孳生地。

猪场的后门往往不设消毒池，而购猪者、宰猪的小刀手都是从后门自由进出，这些人是最危险的病原传播者，是猪场防疫上的一个漏洞。

猪场大门的进出消毒，只注意到鞋底的消毒，而忽略了进出人员双手的消毒。猪场消毒每个细节都要注意到，这样才能使猪场的防疫工作万无一失。

第二，所谓带猪消毒，即对每栋猪舍用高压喷雾器带猪进行喷雾消毒。每次消毒时，猪圈内气雾腾腾，潮湿异常，猪群被高压喷雾器的马达声闹得惊恐不安，给猪群带来严重的人为应激。我们给猪场消毒的目的，是杀灭外界环境中的病原

微生物,消毒没有治疗作用。若是猪场发生了传染病,不首先切断传染源(隔离或淘汰病猪),这样的消毒是无效的、徒劳的,因为病原仍不断地从病猪体内排出,我认为带猪消毒是不科学的,因此建议取消此项消毒。

对大门口进出的消毒工作,我首先向凌大爷提点意见,因为大门消毒池是由他负责管理。我对他说,进出猪场的消毒是猪场防疫的第一关,对于进出人员的消毒,必须按章办事,要一视同仁,马虎不得,不能看人情,一次疏忽,就可能将病原带进猪场,导致疾病暴发。

谁知道,这位凌大爷根本不买我的账,他不仅不接受我的意见,反而将我痛骂了一顿,说我这个小子不知天高地厚,批评到他头上来了,还好他原谅我初次犯错,叫我以后少管闲事。这让我感到十分尴尬,我想我是兽医,监督与指导消毒工作是我的职责,怎能不管呢?我将此事告诉了张师傅,他说:"小朱啊,你对这里的情况还不太了解,你可知道那个凌老头虽然是门卫,可他是镇长的亲戚,连场长也要让他三分,我们都不敢得罪他。"

张师傅还说你提到的那个"带猪消毒",是场长从别的猪场学来的先进经验,你也不要去反对了,并提醒我,对某些事情我们只能睁一只眼,闭一只眼,多干事,少提意见,要知道我们的身份是打工者。听了张师傅的忠告,我只能将这份报告锁进了自己的抽屉。

第 22 节 师傅治疝有独创,病猪倒挂在梯上

我看到张师傅给一头猪的两条后腿扎紧,倒挂在梯子上,

我以为他在杀猪，走近一看才知道是在给猪做手术。我问师傅在做什么手术，他说是给猪治疗脐疝（脐赫尔尼亚）。我发现在这头猪的脐部有一个拳头大的囊状物，用手触摸囊部感觉柔软，这是由于腹腔脏器经脐孔脱出于皮下所致。囊内多为小肠和网膜，有时是盲肠、子宫或膀胱，猪饱食之后囊增大，饥饿时会缩小。虽然疝不是一个大毛病，病猪也能照吃不误，但有时能发生肠粘连。如果脱出的肠管增多，可发展成嵌闭疝，若不及时进行手术治疗，可能引起死亡。我在一旁认真观察，张师傅首先在脐部剃毛，用碘酊消毒，术部注射0.25％盐酸普鲁卡因注射液20毫升做浸润麻醉，接着小心地纵向切开皮肤，钝性分离皮肤，将肠管送回腹腔后，再把多余的囊壁和皮肤做对称切除，疝环做荷包缝合，以封闭疝轮。肌层用结节缝合，撒上青霉素、链霉素（也可用其他可溶性抗菌药物），然后再缝合皮肤，外涂碘酊消毒。

张师傅手术操作很熟练，不需要助手，前后不到30分钟就完成了。他把猪解开放回猪舍后还对我讲了几点注意事项：一是病猪术前要停食1～2顿，以降低腹内压，便于手术。二是手术后病猪应饲养在干燥清洁的猪圈内，喂给易消化的稀薄饲料，术后1～2天内不要喂得太饱，限制剧烈运动，防止腹压过高。

张师傅看我虚心学习，也越讲越有劲。他说猪的疝气分为好几种，除了常见的脐疝外，还有腹股沟阴囊疝和外伤性腹壁疝等，疝的病因与遗传因素有关，但他认为更多的是后天性的人为因素造成的，如新生仔猪断脐时，有的饲养员不是剪断脐带，而是直接拉断脐带，这样易损伤腹膜，给断奶后的仔猪带来患脐疝的隐患。

随后张师傅又带我到产房教我如何正确接产,在一头正在分娩的母猪前,他抱起一只刚产出的仔猪,熟练地用毛巾擦干嘴和鼻腔内的黏液,又将脐带内的血液自下而上地挤回仔猪的腹腔内,然后将脐带绕几圈,用消毒后的剪刀剪断脐带,对连体一段的脐带用碘酊消毒后,将新生仔猪放进保温箱内,即完成接产程序。我对张师傅这一操作过程,印象很深刻,我曾到猪圈内巡视一下,还有2头脐疝病猪,我向师傅提出在他的指导下让我做一次脐疝治疗手术,他答应明天进行。

第23节　接种疫苗受锻炼,实践才能出经验

今天我们兽医小组召开例会,同往常一样,主要交流猪病防治情况,布置下一阶段的工作任务。张师傅说近来我场的猪群,虽没有发生什么大病,但小病不断,当前我们一要保持警惕,防止大病的传入,二要提高对常见病的防治水平。之后宋金首先发言说,近来产房内仔猪黄痢的发病率较高,饲养员为了给仔猪治病,整天忙于灌药、打针,严重影响了他们的日常工作。他指责防疫组没有把黄痢疫苗注射好。王大也说他在妊娠舍内曾见到几头流产的病例,他怀疑发生了流行性乙型脑炎或细小病毒病,在保育舍还常见到有高热、腹泻或呼吸困难等症状的病猪,虽然是散发性的,但据他诊断可能存在慢性猪瘟、链球菌病和气喘病等几种传染病,并说这几种疾病都有疫苗可以预防,质疑我们免疫接种工作没有搞好,这下子把场内存在的疾病问题,都推到我们防疫组了。

张师傅看问题比较全面,他说这几种常见病的疫苗我场都注射了,但有些疾病不能完全依靠疫苗预防,如仔猪黄痢病

的发生,与管理和环境就有密切的关系,至于个别母猪发生流产,要进行具体分析,他认为妊娠母猪即使有1%~2%发生流产或早产,也属于正常范围之内,况且任何一种疫苗都不可能达到百分之百的保护率。当然他也指出免疫接种也存在一些问题,有待改进和提高。

我在防疫组已做了几个月的免疫接种工作,对疫苗和免疫情况有些了解,对此我是有发言权的。我说,在今天的会上,各位对防疫组的批评我们表示接受,对于免疫接种工作,我们确实有做得不到位之处,今后我们会努力改正。但也有几个问题需要说明一下:一是疫苗免疫效果的好坏,其影响因素有很多,如疫苗生产、保存的质量,免疫抑制性疾病的干扰,动物个体的差异及免疫接种技术等。二是有许多因素不是我们所能解决的,如疫苗的质量、免疫抑制等。而免疫接种技术上存在的问题,是我们推卸不了的责任,借此机会,讨论一下存在的问题,希望得到大家的帮助和监督。

第一,免疫程序不固定,随意性大,特别是场长有时听到疫苗厂家销售人员的宣传,随时增减疫苗,改变程序,使我们无所适从。

第二,有的疫苗效果并不理想或不适合我场使用,如大肠杆菌病疫苗、链球菌病疫苗等,经对我们免疫对照试验的结果表明,其效果不好。

第三,建议对于既定的猪瘟、流行性乙型脑炎、细小病毒病、腹泻二联苗等疫苗的免疫程序和剂量要进行校正和改动,同时做出具体说明。

第四,免疫技术不规范,没有统一的免疫接种规程,应该马上制订。目前免疫任务繁重时,注射疫苗的任务就下放给饲养员,导致出现了很多问题。

第五,疫苗使用不当,如疫苗稀释液混用,免疫剂量多少不定,疫苗打打停停,一瓶疫苗稀释后用1~2天,重复注苗、少注、漏注疫苗的情况,并不罕见。

第六,野蛮接种,保定方法各显神通,若给哺乳仔猪免疫,一手可捕捉3~4头小猪,打一头抛一头,使得小猪痛上加伤。给保育、后备猪打针,你追我赶,打飞针,消毒不严,注射的部位不正确,针头常常折断或掉在地上等。

第七,疫苗保管不善,进货计划不周,缺乏专人管理,使用过期、失效疫苗的事常有发生,特别是对活疫苗影响更大。

毫无疑问,免疫程序和免疫接种技术上存在的这些问题,必然影响疫苗的免疫效果,有时细节可决定成败,所以规模猪场的兽医必须重视和规范免疫接种工作。

第24节　新购种猪需隔离,隔离环境要适宜

场长通知我和张师傅立即到附近一个仓库内去诊治猪病。场长说不久前他亲自从外地购进20头优良的原种猪,按本场防疫的要求,凡从外地引进的猪,都要隔离观察1个月,确认健康之后,才能与本场的猪混群,由于场内没有合适的隔离猪舍,场长决定临时关养在猪场附近的一间仓库内,已有1周时间了。今天饲养员报告,隔离的种猪全部发病了,病情还很严重,有几头病猪快要死了。场长十分着急,要我们赶快去诊治,找出病因,做出诊断,若是对方责任,在隔离期内是可以退赔的。我们到了隔离猪的仓库,见到仓库门窗紧闭,门口还贴了"闲人莫入"四个醒目的大字。此时正值江南梅雨季节,

湿度很高,气候炎热。我们进入仓库之后,都有一种闷热的感觉。房内通风不良,光线暗淡,地面潮湿。猪只个个都卧地不起,驱赶后,部分猪能勉强起立行走,似有痛感,步行拘谨,步幅短小,跛行明显,仔细观察,每头猪的病情轻重不一,地面上还躺着 4 头病猪,病情较重,呈昏迷状态,后躯肌肉增温、震颤,测量两头病猪的体温,分别是 39.5℃ 和 40.3℃,强行将其拉起,发出嘶哑的惊叫声,臀部肌肉发红,另有两头病猪立于一隅,精神沉郁,站立不稳,有 5~6 头猪病情较轻,但食欲普遍下降。

张师傅看了之后,告诉我凭他的经验判断,这些猪是发生了急性肌肉风湿症。他说风湿症可分肌肉风湿和关节风湿两类,以肌肉风湿较为常见。本病的发生与猪体受风、湿、寒等应激因素的侵袭有关,如猪长时间被关在阴暗、潮湿、闷热、寒冷或气温突变、缺乏运动的环境是诱发本病的主要因素。张师傅指着这间房子说,具体分析这批猪的发病原因显然是由于阴暗潮湿、空气闷热、睡的又是水泥地面等因素有关。他说本病以冬、夏季节多发,预防风湿症必须对症,冬季要注意防寒、防贼风袭击,夏季应重视通风、防潮。本病属于急性病例,发现及时,治疗效果一般是良好的,若是发展成慢性或病变扩展到关节部位,就难以治疗了。他还附带给我介绍了一些有关关节风湿的知识,病猪关节风湿常发生在肩、肘、髋、膝等活动性较大的关节,表现关节肿胀、增温、疼痛,关节腔积液,穿刺液为纤维素性絮状浑浊液,运动时呈现明显的跛行,常呈对称性并有转移性。

针对这些猪的情况,张师傅提出几点防治措施,并要我执行治疗。

第一,改善环境。立即将20头猪全部迁出仓库,临时安置在附近一个通风良好的小屋内,白天可到院内晒晒太阳、啃啃野草、拱拱泥土,并添喂青绿饲料和瓜果。

第二,对病情较轻的病猪(喜卧,不愿起立和行走,精神委顿),每日每头肌内注射地塞米松注射液4毫升(20毫克),连用3天。

第三,对病情较重的病猪(强迫赶起时痛苦惨叫,明显跛行),每日每头肌内注射2.5%醋酸可的松混悬液5～10毫升(125～250毫克),连用3天。

第四,对其中4头病情较重的病猪(卧地不起,臀部肌肉僵硬、增温,触之敏感,食欲消失),静脉滴注5%糖盐水注射液1000毫升,10%水杨酸钠注射液50毫升,同时肌内注射30%安乃近注射液10毫升,2.5%醋酸可的松混悬液5～10毫升,每日1次,连用3天。

经过以上方法治疗,除第二天死亡2头外,其余18头猪在3天后病情明显好转,1周后全部康复,2周后隔离期限已到,转入猪场混群饲养。

第25节　仔猪发生神经病,跌跌撞撞站不稳

西4栋产房今天又死了2头即将断奶的哺乳仔猪,这两只仔猪体重已有5～6千克了,日龄20天左右,十分可惜。现在还有几头病猪,我同张师傅前往诊治,我第一次见到这种奇怪的病状,两头病猪都按顺时针方向不停地旋转,另一头病猪躺在圈内四肢不停划动,呈间歇性痉挛,后躯麻痹,只能做前进或后退转动,被毛已被汗水湿透,呼吸急促,头部、眼眶周围

的皮肤已磨破，眼球直视，呈惊恐状态。饲养员说，这头病猪开始也是旋转的，转累了就倒地不起。他还说这种病以前也发生过，在其他产房和保育舍内也见到过类似的病猪，饲养员章嫂说这种病猪从未治好过，她随即将这几头病猪拖到舍外处理掉了。

这是什么病呢？我是一头雾水，脑子一片空白，几位兽医的意见也不一致，张师傅认为是水肿病，王大说是脑炎型链球菌病，宋金怀疑是中毒病。随后我们又去剖检两头病死猪，结果什么病变都没见到，肠系膜淋巴结和胃大弯部位没有水肿，内脏器官也没有充血或出血变化，他们各自都否定了自己的诊断。场长对本病很重视，他说没有准确的诊断，就不能进行有效的防治，要我们认真地讨论一下。

我虽提不出新的见解，但翻阅了有关书籍，觉得猪伪狂犬病是值得怀疑，但又拿不出有说服力的证据。我向场长提出能否将病料和血清送到我的母校进行实验室诊断，场长同意了。我日夜兼程送检病料，到校并向老师汇报病情后，李老师立即应用聚合酶链式反应（PCR）检测病料抗原，用酶联免疫吸附试验（ELISA）检测血清抗体，结果猪伪狂犬病野毒和抗体均为阳性，确诊为猪伪狂犬病。

李老师说，近年来猪伪狂犬病在我国的某些猪场流行较普遍，其主要危害一是导致妊娠母猪流产或死产，二是引起2月龄以内的仔猪发生神经症状而死亡。三是对于2月龄以上的商品肉猪或后备猪，感染后仅表现一过性发热，往往不被人们发觉，但这种猪终生带毒或排毒，而其本身则可终生免疫。李老师还说，你场至今未进行猪伪狂犬病疫苗接种，是很危险的。目前防治本病的主要措施还是依赖于疫苗。猪伪狂犬病疫苗可分为两类,一是油乳剂灭活疫苗,二是弱毒疫苗(包括基因缺失苗和非缺失疫苗)。李老师说:"你场属大型的种猪繁育场,建议你们选用伪狂犬病基因缺失疫苗,其好处在于检测抗原或抗体时,便于区分伪狂犬病的野毒和苗毒。"

李老师还向我介绍了伪狂犬病疫苗的两种免疫程序:若要控制或减轻本病的危害,只要对后备种猪(种公猪和种母猪)进行 2 次免疫接种(4 月龄、6 月龄各接种 1 次疫苗),以后每年补注 1 次伪狂犬病疫苗;若要消灭本病,后备母猪于 3 月龄、6 月龄、9 月龄各接种 1 次疫苗,以后每隔 6 个月补注 1 次,新生仔猪于 2～5 日龄滴鼻 1 次。商品肉猪于 3 月龄时免疫 1 次。

李老师最后说,由于你场过去未曾使用本疫苗,所以对近几个月内所产的仔猪,在 2～3 日龄时可采用猪伪狂犬病疫苗,以滴鼻的途径,进行紧急免疫接种。回到猪场后我将检测结果及李老师的意见向场长做了汇报,场长完全接受,并要求我们认真执行,尽快对全场猪群进行 1 次猪伪狂犬病疫苗普防,同时制订了一个适合本场的猪伪狂犬病疫苗的免疫程序。从此以后,我场再也未见到过以神经症状为主要表现的急性伪狂犬病。

第 26 节　小猪拒食啥毛病,原来断水猪无病

东 9 栋保育舍的饲养员老伍来叫我们兽医去看病,正巧几位兽医都不在,我就随老伍过去了。他说 8 号圈整圈的猪全都发病了。我数了一下共有 12 头约 50 日龄左右的保育仔猪。

我进入猪圈检查，发现这群病猪的体膘很好，皮毛光泽，只是精神稍差，老伍说主要表现是食欲下降，今天基本都不吃料了。他指着饲槽说："你看，从昨天起到今天一点料也未加，饲槽还是满满的（保育猪吃的是干粉料，平时每日加 2 次料）。"我看看周围其他圈内的猪都是生龙活虎的，唯有这圈猪死气沉沉，再跨进猪圈，摸摸猪体，反应不很灵活，但毛色和体膘正常，有个别猪来回走动，烦躁不安，有的昏睡不动，眼球有点凹陷，测量了两头病猪的体温，分别是 37.6℃和 38.2℃ ，属正常范围。猪圈内清洁、干燥，粪便干硬，呈果子状。

饲养员焦急地问我是何病？如何治疗？我心中没底，就胡乱地应付一下，说可能是感冒了，回去拿点药，其实是到兽医室去翻书找答案，结果在几本猪病的书中都找不到类似的猪病。我心想青霉素是万能药，不管什么病都可以用，先用上再说。

下午我正在办公室与王大闲聊，饲养员老伍又来找我了，他不耐烦地说："病猪仍然不吃料，精神更差了，病情更重了。"这时我才意识到问题的严重性，于是拉着王大一起去看病。到了发病猪圈，王大先听饲养员介绍了病情，之后就跨进猪圈，摸一下猪的耳根，说体温不高，翻一下眼结膜，又说没有炎症，但眼球凹陷，说明严重脱水，又用脚踩了踩干硬的粪便，没有发现黏液或血迹，也没有恶臭，说明不存在肠炎。于是他将目光放在饮水器上，用手指压了一下鸭嘴饮水器，不见水出来，于是王大认为，可能是饮水器堵塞。他让老伍拿了一根铁丝，疏通了一下，饮水器畅通了，这些"病猪"争先恐后地前去饮水，12 头猪排起了长队，场面十分有趣，饮足水之后都来吃料了。

　　老伍见到这圈内的猪又蹦又跳,十分高兴,竖起大拇指,夸奖了王大,同时也不客气地批评了我,他说:"如果小朱再来打青霉素,这些猪都要死光了。"我顿时脸发红,觉得羞愧难言,还好王大给我打了个圆场,他说:"加料、喂水,是你饲养员的职责,你们要经常检查饮水器是否堵塞,流水是否通畅,仔猪长时间断水会引起脱水死亡的,所以你们要吸取教训。"

　　回到兽医室,我好奇地请教王大,这种病书本上并无记载,你是从哪里学来的? 王大说:"我体会到诊断猪病既要观察临床症状,更要了解流行的情况,这对诊断猪病起着至关重要的作用,根据本病已知的材料,我当初怀疑3种疾病,即传染病、中毒病和环境因素,经过一一分析,排除了前两类疾病,初步认为是环境因素,然后进行实地调查,才发现病因是由断水引起的,虽然饮水器是我瞎碰上去的,但是你不去碰它,也不可能发现真相,所以说实践出真知,实践也出经验嘛!"最后王大又补充一句说:"其实这种断水或不同程度的缺水现象在规模猪场是常发生的,一定要引起我们的注意。"

第27节　员工老徐急回家,儿子逃学上网吧

　　我到西4栋产房去巡查,见到饲养员韩大嫂一人在忙忙碌碌,又要接产,又要喂料,还要打扫卫生,我问她:"老徐呢?(老徐是她丈夫,一般都是夫妻俩共同管理两栋产房)"她说因家里有急事,请假回家去了。于是我主动去帮忙。工作之余,我看韩大嫂独自坐着发呆,我看出她有什么心事,就有意询问。她唉声叹气地说都是为了孩子。接着她把话闸打开了,她说儿子今年15岁了,留在老家,跟爷爷、奶奶生活,但是二

老年纪已大,体弱多病,根本管不住他。儿子今年上初二,前几天学校老师打电话来说儿子已有3天未到学校上课了,天天都在网吧玩游戏。老师还说如果再不去学校的话,就要被开除了。他爸爸接到这个电话后坐立不安,心急如焚,马上请假回家,现在还未来电话,不知情况如何。

接着韩大嫂和我拉起了家常,她说他的家乡在山区,很贫穷,人均年收入不足千元,出来打工就是想赚点钱,培养儿子,孝敬老人,一晃四五年过去了,算一算钱也没有赚多少,反而让儿子变坏了,不仅没有孝敬二老,还给他们添麻烦。她说过去我们在家时,儿子对我们很亲热,现在我们1年回家1次,只见面几天,儿子同我们疏远了,也没有话可说了。去年暑假,儿子要来猪场看我们,场长不同意,说是为了防疫,闲人不得随意进入,这件事使他很伤心,我们也感到很内疚,如果再这样下去的话,我们出来打工是得不偿失的。为了下一代,我们打算还是回家去种田吧!

其实像韩大嫂这种情况,在我们猪场也不是个别的。由于猪场工作的特殊性,饲养员一般都招聘夫妻两人同时进场,一是可以长期安心工作,二是劳逸结合好、矛盾少。但是年轻的夫妻不愿来养猪,年龄过大的夫妻体力又不行,中年夫妻较适合,但是人到中年,上有老、下有小,家庭负担重,特别是子女正是成长的关键年龄,如果缺少父母的关爱,放任自流,很容易交上坏朋友,染上恶习,走向歧途。这个问题如何解决,我也无可奈何,况且自己也是一个打工者,除了同情和理解之外,也是爱莫能助。

过了几天老徐回来了,我急忙去问他们儿子的事,老徐无奈地摇摇头说,我对儿子骂也骂过、打也打过,我们一旦离开,他还是老样子,有什么办法啊！其他猪舍的饲养员,工作之余也都过来交流过,有的是老乡、有的是同病相怜的兄嫂们,你一言,我一语都是谈论同一话题,我们出来打工,子女的教育问题咋办！有的说场长要我们好好养猪,要关心猪的福利,而我们的福利谁来关心呢？有的说养猪还不如到城里去扫马路,据说他们可以带着孩子,孩子还可进城里的学校读书。老徐去找场长,说要辞职回乡了,场长虽然同意他辞职,但是又说老徐违反合同在先,余下的一半工资不能给他(我场规定饲养员每月只发 50% 工资,另一半到年底一次性结清)。老徐屈指一算,现在已经 10 月份了,只得再咬咬牙,坚持到年底,拿到全部工资后再回家。其实老徐夫妇是一对很好的饲养员,工作认真负责,养猪经验丰富,他俩辞职对猪场来说是一个损失。

第 28 节　防治内外寄生虫,伊维菌素都可用

近年来,凡是规模较大、饲养数百头以上母猪的猪场,都能吸引许多公司的业务人员来场推销他们的产品如兽药、疫苗、饲料等,我场饲养上千头种猪,有时一天能来几批人,忙得应接不暇,只能马马虎虎地应付了事。一次某公司的业务员小施,带来一种新产品,叫伊维菌素,他说这种新药对猪体内、外的寄生虫都有特效,而且对寄生虫病既能治又能防,使用方法也很简便,拌料口服或肌内注射均可以。小施不仅说得头头是道,产品的质量也是过硬的,他还免费送给场长一些样品,先让我们试用,证实有效之后再确定是否购买。场长高兴地接受了,并将这个任务交给我们兽医组来完成。

今天张师傅召集我们开会,讨论两个问题:一是我场猪体内、外的寄生虫和寄生虫病的状况和危害程度。二是如何开展伊维菌素的药效试验。小宋首先发言,他说在猪的粪便中都曾见到过蛔虫,据说1条雌蛔虫每天可排出10万~20万个卵,所以只要见到1条蛔虫,就可证实我场存在千万条蛔虫。小王说在剖检保育猪时,常在大肠和小肠肠壁上见到许多结节,还发现过棉线样粗细的小虫,不知是什么寄生虫。我说这可能是食道口线虫,这种寄生虫严重时可引起仔猪腹泻,此外在肠道内还有小袋纤毛虫等有多种线虫,其个体较小,需仔细观察才能见到的,亦可取粪便做虫卵检查。小何说我场猪的体外寄生虫也很严重,特别是疥螨病,其病变是看得见、摸得着的,药物效果的好坏是可以一目了然的。宋金说,我过去治疗疥螨是用0.5%~1%敌百虫溶液在患部涂搽或喷洒,效果还可以,但使用很麻烦,这种老办法在规模猪场不适用。

张师傅最后做总结性发言。他说通过讨论肯定了我场的猪群存在体内、外寄生虫,场长要求我们做伊维菌素的药效试验,必须要有前后对比的资料,这个任务就交给小朱去完成了。具体的试验工作,由大家来做。我们根据该产品说明书的要求,制订了两个试验方案,按猪群的情况,任选一种。

方案一:一次口服,0.3毫克/千克体重,每年2次。

方案二:一次皮下注射,0.3毫克/千克体重,每年2次。

我们按以上方案实施以后,经过几个月的观察,觉得效果明显,见不到蛔虫和疥螨了,我对保育猪的粪便进行抽查(查虫卵),仅在个别猪的粪便中,见到少量线虫卵,对猪已不构成危害了。此后使用驱虫药物成为我场的一项防疫制度,一直沿用下去。

第 29 节　辣妹勤劳又肯干,种菜喂猪当模范

　　产房有一对中年夫妻饲养员,来自四川省的贫困山区,近来他们成了场里的明星。他俩管理两栋产房,共有 100 余头生产母猪,由于他俩工作认真负责,生产业绩是全场最好的。她们的经济收入也是全场最高的,不过在他们的经济收入中,有一小部分是从他们的"副业"收入中得来的,饲养员有什么副业呢?

　　先拿妻子阿妹来说吧,我们都叫她辣妹子,她是一个闲不住的人,在她饲养的那栋猪舍的前后左右有一小片空闲地,原先杂草丛生,她觉得荒废土地是一种浪费,就利用空闲时间,在空闲的土地上种了一些辣椒和蔬菜。她种辣椒的初衷是觉得这里的辣椒不辣,吃着不过瘾,特地从老家带来了辣椒种子,蔬菜的种类可多啦,有大白菜、包心菜等。由于她的精心管理,猪场的土地又肥沃,所以她种的蔬菜总是获得大丰收,自己吃不完,就送给同事吃,蔬菜的边皮给猪吃,菜心卖给食堂,价格当然比市场便宜,质量又好,食堂采购员老王非常愿意买他的菜。时间一久其他饲养员眼红了,议论纷纷,有的说饲养员种菜不务正业,菜地是猪场的,也不该卖钱啊,也有人支持她,说她是利用业余时间利用空闲地种菜有什么不好呢?种菜卖钱是劳动所得嘛! 你一句、我一句,到底辣妹子的行为是好还是坏,谁也不好下结论。

　　辣妹子种菜的争议传到场长那里去了,其实场长早已知道,并经过较长时间的观察,发现种菜并未影响她的养猪工作,相反她养的猪比别人的都好,场长请张师傅及其他技术员

总结一下辣妹子的养猪经验,他们分析,除了这对夫妻工作细心、认真以外,主要是辣妹子给刚进产房的待产母猪都补充一些青绿饲料,增加了维生素、矿物质和纤维素等,这对保证母仔健康、提高母乳质量等无疑起到了很重要的作用,值得推广。

在一次员工大会上,场长为此事特别做了说明,凡是有利于猪的健康、对猪场有好处的事情,我都支持,对猪场生产做出贡献的人,我们都要奖励。辣妹子利用下班时间种菜喂猪,对猪有利,值得表扬,是我场的模范饲养员,并号召全场饲养员向她学习。同时,还宣布了几点关于种菜的具体措施:一是允许本场饲养员在自愿的前提下,利用业余时间在自己猪舍周围的空闲地上种菜。二是要以种植适合猪吃的青绿饲料为主,同时也可适当种一点自己食用的蔬菜。三是所种植的青绿饲料,由猪场统一收购,现金支付。四是种植的蔬菜、青绿饲料一律不准施用农药、化肥。

从此饲养员种菜的积极性大大提高,特别是女饲养员,个个都是种菜能手,这样既丰富了她们的业余生活,又增加了一点额外收入,这笔收入往往成了她们的私房钱。更重要的是经常可补充到安全可靠的青绿饲料,母猪的健康状况改善了,发情、配种正常了,难产、死产减少了,哺乳仔猪的成活率提高了,饲养员的经济收入增加了,这是互利共赢,一举数得的好事,何乐而不为呢?

第30节　华仔心灵手又巧,弹弓打鼠成英雄

华仔是辣妹子的丈夫,他们青梅竹马,都来自同一个村,

为人本分老实,却心灵手巧,例如猪圈的门窗坏了、地板破了、栏杆断了,都是他自己修的,从不去麻烦机修工。冬季产房要增温保温,他利用废旧汽油桶,自己改造了一个煤炭增温炉,既省煤又安全,增温性能又好,并在全场得到推广。他们夫妻俩负责的产房井井有条,仔猪的成活率也是全场最高的,但是他俩总是默默无闻,埋头苦干,所以奖金也是拿得最多的。

近来华仔被场长称为"打鼠英雄",又引起了大家的关注。这个名称的由来当然与打鼠有关,老鼠对猪场的危害是众所周知的,偷吃饲料、传播疾病,有的老鼠甚至在大白天就敢明目张胆地与猪争食,有时还咬伤新生仔猪,真是让人忍无可忍。其实我场对灭鼠一贯都很重视,曾购进大量毒鼠药,分发到各栋猪舍和饲料厂,结果狡猾的老鼠对毒饵不闻不问,宝贝似的猪倒是被毒死了好几头。场长机关算尽,对小小老鼠也无可奈何。有一天他忽然有了灵感,想出了一个新招,即发动群众来捕鼠。于是他贴出了一张布告,内容是凡本场员工在本猪场内,不论用何种方法,老鼠不分大、小,只要捕到老鼠就可获得奖金,每只老鼠0.5元(交鼠尾巴为据)。

有了金钱的引诱,大大激发了员工们打鼠的积极性,特别是男性员工最感兴趣,本来这些人下班之后无所事事,有的打牌,有的喝酒、抽烟,现在终于有事可做了。场长还宣布,若能自制捕鼠工具,猪场可以免费提供材料和工具。猪场内的员工来自祖国各地,捕鼠的方法也是五花八门,各显神通。有的专找鼠窝,只要发现一窝乳鼠,至少十几只,可得5～6元钱。有的造鼠笼、做鼠夹、制鼠钩,有的用胶粘。使用之初,总有一些老鼠自投罗网,过了不久狡猾的老鼠对任何诱饵都无动于衷了,捕鼠工作又遇到了困境,饲养员们的热情受到了打击。

而华仔捕鼠的办法与众不同,他自制了一把弹弓。他在少年时代,就用弹弓在山里打鸟、打野兔,每次都能满载而归。现在他利用弹弓来打鼠,中午大家休息时,他躲在猪舍内,晚饭之后大家都在看电视,他藏在饲料仓库内,这时正是老鼠出没的时间,也是打鼠的好机会,每天都可上交十几条老鼠尾巴,如此长年累月下来,老鼠终于败下阵来。现在我们猪场虽不能保证已完全消灭了老鼠,但是已经很难见到老鼠了。这场群众性的灭鼠之战,虽然全场员工都有贡献,但是华仔打鼠的业绩最大,功不可没。在一次员工大会上,场长表扬了华仔,称他为"打鼠英雄"号召大家向他学习。从此,"打鼠英雄"这个外号就这样传开了。场长说:"华仔的弹弓技术很高,我们也许不可能学会,我也不要求你们人人都去学弹弓,但是华仔的事业心、责任心,特别是他的改革创新精神,是值得我们大家学习的。"

第31节　违规消毒又惹祸,阿香的脚被烧伤

饲养员阿香因事请假外出,匆忙赶回猪场时,已过了上班时间,进猪场必须通过消毒池,她一时找不到胶靴,于是就脱了鞋子,赤脚通过消毒池。到了猪舍后,就感到两脚疼痛,出现红肿,并且越来越严重,后来根本就无法着地行走了。她想刚才还是好好的,一路上都是小跑步回场的,现在突然两脚痛得如此厉害,问题肯定出在消毒池内。在她丈夫和其他饲养员的帮助下,阿香被送到医院去诊治。经过外科医师的问诊和检查,确诊为氢氧化钠烧伤。医师说:"氢氧化钠又叫烧碱或苛性钠,是一种强碱,有很强的腐蚀性,高浓度的氢氧化钠

溶液对人、畜的皮肤伤害很大,一般使用 $2\%\sim3\%$ 溶液,但是不能直接接触纺织品或人和动物的肌肤。"医师诊断阿香的两脚皮肤已达三度烧伤,可以肯定是该消毒池中氢氧化钠溶液浓度过高引起的。他给阿香开了一些外用药,说休息几天就会好的。

阿香回来之后,大家议论纷纷,有的说阿香是属于工伤,猪场应该报销医药费。有的说要怪她自己,过消毒池为何不穿胶靴?饲养员老毕说有一次他也没穿胶靴通过消毒池,但也没有发生什么问题。有人就说消毒池内消毒剂的浓度是胡乱配的,根本没有计算浓度,那天是他的运气好,可能氢氧化钠溶液的浓度配低了。

大门消毒池一向由门卫老凌负责管理,后来经过调查,门卫老凌说氢氧化钠呈固体状,不易称重,他在配制药液时是随意估算的,所以浓度时高时低可能是存在的。我告诉他这样的消毒池是无效的,而且是有害的。

我还发现因消毒不当而造成的药害还有很多,如使用石灰粉末消毒道路和土壤,由于氧化钙吸收了空气中的二氧化碳而生成碳酸钙使消毒效果逐渐消失,不仅没有发挥消毒作用,而且经过水的冲洗,大量石灰被冲刷到道路两侧,导致郁郁葱葱的花草树本先后都枯萎死亡了。当初大家都感到莫明其妙,不知是什么原因,后来请教了一位老农,才知道是石灰造成的药害。

漂白粉是一种卤素类消毒剂,用于猪场环境或饮水的消毒。有一次我场在饮水消毒时,漂白粉的用量超过正常用量的数十倍,由于氯气味太浓,猪群拒绝饮水,从而引起了一系列的健康问题。

我的任务是指导和督促猪场的消毒工作,尽管有些问题牵扯到人际关系,但归根结底还是我们的责任,因为我向员工们宣传猪场消毒和消毒剂使用的有关知识还不够。

最近我场又聘到一位兽医技术员小董,根据场长安排,他将要接替我目前的防疫工作,因此我在离开这个岗位之前,制订了一套猪场消毒的操作规程和猪场免疫接种的操作规程,算是我在这一阶段工作的总结,同时也为我场的兽医防疫工作实现科学化和规范化献计献策。

第32节 猪场消毒要规范,操作按照规程办

消毒操作规程

1. 消毒的目的和要求 消毒是为了消灭滞留在外界环境中的病原微生物,它是切断传播途径,防止传染病发生和蔓延的一种手段,是猪场防疫工作的一个重要组成部分。

消毒的任务分配到班组,责任到个人。如猪场大门人员和车辆进出的消毒及消毒池药液的配制和更换由门卫负责,猪舍内外的消毒由饲养员负责。

本场使用的消毒剂由场部统一采购,各部门和班组需用的消毒剂向仓库领取。

本场消毒工作,授权兽医技术员负责指导、监督,全场员工必须遵照执行。

2. 消毒的内容和方法

(1)**门卫消毒** 是指对进入猪场的人员和车辆的消毒,此项消毒工作与进出猪场大门有关,本场由门卫监督,故暂称门

卫消毒。

①大门消毒池　池内的消毒液经 3～5 天彻底更换 1 次，可选用下列消毒剂：0.5％过氧乙酸溶液、0.5％复合酚溶液、2％氢氧化钠溶液等。

②车辆消毒　进出猪场的车辆，除了车轮需要通过消毒池外，车身也需使用上述消毒剂进行喷洒消毒。

(2)进入猪场生产区的消毒　非猪场生产人员需场长批准才能进入生产区。进入生产区的人员需在消毒室内更换工作衣和胶靴，并要经洗手消毒后，通过消毒池进入。

(3)猪舍大消毒(全进全出的栏圈消毒)　由饲养员负责进行消毒，步骤如下：①消毒前舍内的猪必须全部出清，一头不留。②彻底清扫栏圈内的粪便、污物，疏通沟渠。③取出圈内可移动的物件如活动饲槽、垫板、电热板、保温箱等，洗净、晾干或置于日光下暴晒。④舍内的地面、走道、墙壁等处用高压泵或自来水冲洗，栏栅、笼具逐个进行洗刷和擦抹。⑤栏圈冲洗清洁后，至少闲置 1 天，待其自然干燥后再进行消毒。⑥消毒后需闲置 2～3 天才能进猪。⑦消毒剂可选用 0.1％～0.3％过氧乙酸溶液、2％氢氧化钠溶液、0.5％复合酚溶液、5％漂白粉混悬液，喷洒消毒，溶液用量为 0.5～1 升/米²。

(4)临时消毒　即不定期进行的消毒，是在突然发生疫情或遇到其他特殊情况下所进行的消毒，可分以下两种情况。

①局部消毒　当某一猪圈内突然发现个别病猪或死猪，并疑为传染性疾病时，在清除传染源后，对可疑被污染的场地、物品和同圈猪体表所进行的消毒。适用的消毒剂为季铵盐类、过氧化物类等消毒剂。

②饮水消毒　在饮用水中大肠杆菌数超标或可疑污染了

病原微生物的情况下,对猪群的饮用水所进行的消毒。适用的消毒剂为卤素类消毒剂,如漂白粉等。

第33节 免疫要按程序行,操作步骤订规程

免疫接种操作规程

1. 免疫接种的目的和要点

(1)猪场开展免疫接种的目的 是使猪群产生特异性的抵抗力,从而使猪群对某种疾病由易感转化成不易感,是猪场防疫工作的一个重要环节。

(2)免疫接种的人员 免疫接种必须由兽医或经过培训合格的防疫员来完成。

(3)猪群的免疫程序 由兽医根据本场的实际情况研究制订出合理的免疫程序,经场长批准执行。

(4)确保疫苗的质量 疫苗的采购、运输、贮藏和发放要指定专人负责,从正规渠道购苗,拒绝"三无"产品,确保疫苗质量。

2. 免疫接种前的准备

(1)根据免疫程序安排 有计划地开展免疫接种工作。

(2)了解被接种猪的健康状况 接种人员要实地察看被接种猪群的日龄、数量和接种疫苗的种类。与饲养员进行沟通,了解猪群的健康状况,发现体温升高、精神不良、食欲不振、呼吸困难、腹泻或便秘的猪要及时隔离或做上记号,暂时不能接种疫苗。

(3)准备接种疫苗的器材 注射器、针头(按被接种猪群日

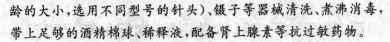

龄的大小,选用不同型号的针头)、镊子等器械清洗、煮沸消毒,带上足够的酒精棉球、稀释液,配备肾上腺素等抗过敏药物。

(4)向药房领出待接种的疫苗 逐瓶检查,看疫苗瓶有无破损,封口是否严密、标签张贴是否完整,要记下生产厂家、批准文号、生产日期,拒绝使用"三无"产品。

3. 免疫接种的方法

(1)做好保定 尽量减少应激,哺乳仔猪由饲养员保定后进行接种,要求做到轻捉、轻放。保育猪可用大木板将被接种的猪群赶至猪圈一角,接种后在明显处做上记号,避免漏注或重复注射。后备母猪和种公猪的保定较困难,可以趁猪躺卧、吃料时接种。

(2)规范免疫接种技术 首先要调节注射器,吸入疫苗,排出空气,调节用量,肌内注射的部位,可选择颈部或臀部肌肉(接种部位不要重复,要交替接种),局部先用酒精棉球消毒,接种时将注射器垂直刺入肌肉深处,注射完毕拔出针头,用酒精棉球轻压术部。

4. 免疫接种时的注意点 ①疫苗所用的稀释液和接种剂量等按说明书要求进行。②仔猪用 9×12 号注射针头,大猪用 12×25 号注射针头,仔猪可以每圈猪换 1 根针头,其他猪必须每头猪换 1 根针头。③免疫接种应安排在喂料前空腹时进行,免疫接种后 2 小时内要注意观察,若发现有过敏反应的猪要及时用肾上腺素等药物进行抢救。④注射完毕后,要填写免疫接种记录,内容包括接种日期、猪舍号、被接种猪的日龄(种用母猪、公猪要记耳号)以及疫苗名称、生产厂家、批准文号、生产日期、接种人员等。

第34节　天生我才必有用,为何要断尾和牙

　　宋金约我去东8栋产房给新生仔猪剪牙、断尾,我早已知道这是新生仔猪必须要过的一关,但我不理解为何要这么做,因为我是负责免疫接种工作的,所以平日也不去关心这件事。今天我们到了产房,宋金对饲养员老孙说:“出生后5天以内的仔猪,统统都要剪牙、断尾。”产房的饲养员们对此项工作也习以为常了,老孙暂时搁下手头的工作,熟练地用一只手抓住仔猪,另一只手把仔猪的嘴张开,宋金用一把特制的老虎钳,将仔猪的上、下腭两侧共4颗犬牙各剪下一小块。我发现个别仔猪从嘴角中流出了鲜血,因为剪切的动作很快,免不了要损伤到牙龈。接着他又剪掉了仔猪的一段尾巴,鲜血慢慢地从术部流出来。当老孙将仔猪放回猪圈时,原来活泼好动的仔猪,因为疼痛和恐惧变得有些呆滞了。我注意到被关在笼内的母猪显得焦急不安,但也无可奈何。宋金做了剪牙、断尾的示范之后,把工具递给我,叫我去做,我却不愿去做,因为做这种手术既不麻醉,又不消毒,还不止血,真是太残忍了! 但宋金却说场内平时都是这样做的,从来也没有出过什么大问题。

　　我认为动物的各个器官,都是经过千百万年的进化而形成的,肯定都是有用的,好端端的一头仔猪,为何要剪牙、断尾呢? 宋金肯定地说:“剪牙是为了防止仔猪咬母猪的乳头和仔猪之间的互咬。断尾不仅可避免相互咬尾,同时还能节省饲料。”我反问道,断尾与节省饲料有何关系呢! 宋金有理有据地说:“猪的尾巴会不断地摆动嘛,这种运动是要消耗能量的,

而能量是从饲料转化来的。有人研究,断了尾巴的猪,尾巴的运动量减少了,一头商品肉猪到出售时至少可多增重4千克肉,若以1.5千克饲料转化0.5千克肉计算,可节省12千克饲料。"这话听起来有些道理,但是再想一想猪是一种动物,不让它的尾巴运动是很可笑的。

因为我到猪场的时间不长,对业务上的事情了解不多,没有发言权,带着这些疑问去请教张师傅,他颇有自己的见解,他说在规模猪场有一种叫"咬尾嚼耳症"的疾病,其实这是一种现象,导致这种现象的原因有几种可能:一是猪的日粮中缺少某种矿物质、微量元素或维生素。二是猪舍内卫生不良,通风不好,氨味过浓。三是猪圈内猪群拥挤,密度过高。四是转群不久,两群猪则合并或混进新来的猪,气味不相投,不打不相识。四是也可能存在个别好斗的流氓猪。

至于仔猪咬母猪的乳头,这种现象是极少见的,可能与母猪缺奶有关,这是给我们的一个警示,况且这时的仔猪力量很弱,即使咬了母猪乳头,损伤了一点皮肤,其程度也是极轻微的,不会构成危害。

张师傅认为,防止猪群中发生"咬尾嚼耳"现象,需要进行临床调查和分析,找到原因并克服。保育猪正处于生长发育时期,活泼好动,可以向猪圈内投块木头、废轮胎或皮球给它们玩,也可放块砖头让它们啃,分散仔猪的注意力,就不会去咬架了。当见到皮破血流的猪,要立即隔离,因为其他猪嗅到血腥味,很好奇,都想来尝尝,故而越咬越厉害。还要仔细观察一下,若发现个别好斗的流氓猪要将其及时隔离。

张师傅还说,给仔猪剪牙很容易伤害牙龈,不仅影响仔猪吮乳,还可能导致细菌感染,为仔猪日后的成长留下隐患。其实猪的尾巴也有其功能的,猪场给仔猪剪牙、断尾,弊多利少,劳民伤猪,是一件得不偿失的事。据说国外的养猪业,为了保护动物福利,这些工作都已停止了。

第 35 节　仔猪黄痢常见病,治疗药物数不清

我在东 4 栋产房巡视时,发现有不少仔猪腹泻,排出黄色、腥臭的稀粪,养猪人一看便知道,这叫仔猪黄痢,是猪场的一种常见病、多发病。产房的饲养员对这种病已经不以为然了,发现这种病猪一般都不告诉兽医,由他们自己动手治疗。我查看了一下,在每栋产房内都有一大堆治疗仔猪黄痢的药物,以抗生素为主,如强力霉素、阿莫西林、多黏菌素 E、氟苯尼考、恩诺沙星等,有针剂也有复合粉剂。还有许多商品名复杂的药品,如治黄灵、泻痢灵、止痢灵等。此外,也有口服补液盐溶液、5％糖盐水以及张师傅用中草药煎制成的灌服液等。我问饲养员哪种药物治疗黄痢的效果最好?饲养员的回答是很难说,因为他们往往使用一种药,如两天未治好,就换另一种药,换来换去也不知道是哪种药治好的,不过 10 日龄以上的病猪,治愈率较高,日龄越小的病猪越难治,若与其他疾病并发,那就更难治了。

我想既然仔猪黄痢是一种传染病,为何不按防疫的原理去预防呢?如使用免疫接种、消毒隔离等措施。我带着这些问题请教了张师傅。他说这些工作我们都做过了,拿疫苗来说吧,黄痢是新生仔猪的疾病,应该免疫母猪,提高母乳中母源抗体的水平,从而达到免疫的目的,我场先后使用过大肠杆菌 K88、K99、M M 基因工程苗等仔猪黄痢疫苗,但是效果并

不明显,后来就停用了。消毒工作也很重视,产房的"全进全出"大消毒,就是为了预防仔猪黄痢,这项工作也算是尽力了,但效果如何也不好评价。我又问张师傅还有什么更好的防治办法吗?张师傅说:"仔猪黄痢的病原是大肠杆菌,这种细菌普遍存在于外界环境中,在猪场内要消灭它是不可能的,但是该细菌属条件性病原微生物,寒冷、潮湿等应激因素能诱发本病,在寒冷季节,如果舍内的增温、保温条件不好,仔猪就很容易发生黄痢。"我反问:"但在我场,冬季仔猪黄痢反而很少发生。"张师傅说正因为我场重视了产房冬季的增温、保温(由于生火炉增温,使得猪舍内很干燥),黄痢自然就少了。我又问:"夏季温度很高,为什么仔猪黄痢反而多了?"张师傅说在炎热的夏季,虽然仔猪不怕高温,但是母猪怕热,我们对母猪进行滴水降温,这就增加了猪舍内的湿度,导致黄痢发生。我又质疑,春、秋季节温度、湿度都很适宜,为什么仔猪黄痢的发病率也不少呢?张师傅说,还是离不开温度,因为这两个季节昼夜温差很大,仔猪晚上受凉了,就很易引起腹泻,他说预防仔猪黄痢可以总结为几句话:对于产房的环境,冬季要重视增温、保温,夏季要注意通风、防湿,春、秋季节应避免昼夜温差过大。当然引起仔猪黄痢的因素是复杂的,例如母猪乳汁质量的好坏与仔猪黄痢的发病率也有密切的关系,母猪的泌乳量过多或过少,其乳质过浓或过淡(主要是指乳脂)对仔猪都不利,这就要求产房的饲养员能根据每头母猪的具体情况,及时调整哺乳母猪的饲料,采取各种相应的措施。同时,还要让仔猪吸足初乳,这是增强仔猪体质,提高仔猪自身抵抗力的重要因素。所以,防治仔猪黄痢的措施是多方面的、综合性的,是一个系统工程。

第 36 节　妊娠母猪渐消瘦，什么原因搞不透

　　妊娠母猪舍的老饲养员阿龙今天又来叫我们去看病了。他说还是那头老母猪，已经治疗了几天，但病情不仅未见好转，今天反而更严重了，饮食废绝，站立不安，突然倒地不起。我同张师傅前往诊治，只见病猪四肢抽搐，似有腹痛感，呼吸增数，身体瘦弱，皮肤和黏膜苍白。我们分析，该猪舍共有60多头妊娠母猪，只见一头病猪，可见不是什么传染病，也不是饲养管理上的问题，从病例记录中可以看出，这头病猪的病程较长、体质十分瘦弱，估计是一种慢性病，或是体内某个器官的一种恶病质。通过临床观察，该病猪已经病入膏肓，无药可救了，张师傅要我向场长写个报告，建议淘汰，说完他就离开了现场。

　　但我感到有些问题尚未搞清，需要进一步了解，于是向阿龙询问了一些问题，他说这是一头大约克夏母猪，已生过3胎，现在是第四胎，已妊娠2个多月，本应该是年富力强、生产力最好的好时期，但该母猪进入本猪舍时，已十分消瘦，食欲时好时差，粪便时干时稀，常呈黑褐色，偶尔见到呕吐，有时表现出疼痛不安，但体温正常。

　　我们先后对这头老母进行过多次治疗，注射过阿莫西林、头孢噻呋、氟苯尼考等抗菌药物及盐酸氯丙嗪等，但是效果均不佳。阿龙还说，像这样的病猪极少见，去年发生过1例，兽医也说不出是啥毛病，后来也淘汰了。

　　这时来了几个人，要将病猪拖出去卖掉，我连忙去阻止，要求剖检后再拿走。看看内脏的病变，目的是为了探讨病

因,他们不同意,理由是活猪能卖钱,剖检后的尸体就无人要了,但为了弄清病因,我打电话请示场长后,他同意留下病猪剖检。

　　我们几位兽医都参加了剖检,外表检查见病猪十分消瘦,肋骨显现,眼球凹陷,结膜苍白,后躯无力,行走时跌跌撞撞。放血急宰可见血液鲜红。剖检可见心、肺系统没有异常,胃、食管部黏膜角化、糜烂,在胃中部和贲门区的浆膜层有弥漫性炎症,肠管内空虚,充满气体,细查发现腹腔内有血凝块和饲料颗粒。剖开胃,见到胃内只有少量饲料,但充满血块及未凝固的血液和纤维素性渗出物,胃底大面积充血,有多处溃疡面,其中一个溃疡已经穿孔,胃内容物可以从中渗至腹腔。

　　从剖检结果初步分析,致死原因是由于胃溃疡引起的胃穿孔。关于这类病例在我们猪场中,每年可见到数例,属于零星散发的疾病。分析本病发生的原因,我们几位兽医说法不一,宋金说可能是真菌毒素中毒所致;王大认为是精饲料饲喂过多,缺乏青绿饲料;而我在有关杂志上看到的报道是由于应激因素(恐惧、疼痛、饥饿、活动范围受限制等)导致胃肠内分泌失调所致,但由于找不到发病规律,病因无法确定,因此也提不出有效的预防措施。显然猪胃穿孔或胃溃疡的治疗难度是很大的,没有治疗价值,这对于猪场兽医来说,重要的是积累临床诊断经验,若能做到早期诊断,及时淘汰,就可以减少损失。

第37节　仔猪天生患闭肛,火烙造肛即通畅

　　巡视到8号产房,看到一头头母猪舒坦地伸展四肢,在哼

哼地放奶，一头头又白又胖的仔猪，争先恐后在母猪身边跑来跑去寻找乳头，饲养员正埋头打扫粪便。我对饲养员邱嫂说："难得见到如此平静、和谐的产房。"饲养员回答说，因为今天没有人来折腾仔猪（即未给仔猪打针、断牙、剪尾或进行防疫保健等工作）。我问饲养员："近来产房的母猪、仔猪都好吧？"她说都好，只有第四床位有一头仔猪精神不好，今天不吮乳。她还说该仔猪前天出生后，吮乳很正常，昨天吮奶量减少了，而且还表现出烦躁不安，以为是感冒之类的小毛病，打了一针青霉素，灌了一点消炎药，但今天反而更严重了。

我过去查看，该母猪前天顺利地产下 12 头仔猪，个个都是白白胖胖的，在各自的位置上不顾一切地在吮乳，只有一头仔猪躺在一角，表现呼吸困难，两后肢不断地在蹾动。我抱起仔猪仔细检查，发现仔猪十分不安，腹围增大，肛门频频努责，好像是在做排粪动作，我想新生仔猪总不至于便秘吧，于是想看看肛门，有无腹泻现象，我抱着仔猪看来看去、摸来摸去也找不到肛门，这是一头小公猪，但后躯光光的，什么孔也找不到，弄得我莫明其妙，忽然想起，这可能就是先天性的闭肛，可是不知如何治疗，于是抱着仔猪去找张师傅。

张师傅见到这个病例并不奇怪，只是哈哈一笑，他说这种病例过去在农村行医时常见到，按照书本上的治疗方法，是需要动手术进行人造肛门，比较复杂。而张师傅在临床实践中，创造了一种简易的治疗手术。他随手找到一根较粗的铁丝，打开打火机，将铁丝的一端在火上烧红之后，小心地刺破肛门部位的皮肤，手术即完成了。他说这叫火烙法，具有简便、快速、无痛苦、不易感染等优点。他还补充说，术后的仔猪要适当减食。

似乎他对本病颇有经验,看到我们都在认真地听,他讲得更来劲了,他说这个病名叫"先天性肛门闭锁",或叫"锁肛",有关书本上有记载,治疗方法是:先在突出部消毒和局部麻醉后,做一圆形或十字切口,并剪去皮瓣(注意勿损伤肛门括约肌)。术后2～3天内,于切口周围涂布抗生素软膏,以防感染。

本病是因肛门被皮肤封闭而形成,皮下即为直肠末端,其特点是病猪排粪时,肛门处皮肤向外突出,隔着皮肤能摸到胎粪。还有一种叫直肠闭锁,不仅肛门部皮肤封闭,直肠末端也闭锁成一盲囊。与闭肛的区别在于当病猪排粪时,整个会阴向外突出。另外一种叫膣肛,只发生于雌性仔猪,直肠末端开口于尿道前庭或阴道上壁,故粪便从阴道排出。

最后张师傅说导致本病的病因,许多人认为是近亲繁殖的结果,他认为除了这个因素之外,可能还有其他未知的因素,是一种遗传性缺陷,由于这种病例难得见到,属于个案,对猪场来讲危害不大,所以平时也未受到重视。

第38节　小强年轻有文化,遇事不平意见大

小强是保育舍的饲养员,是一位80后的小青年,他朝气蓬勃、积极向上,据说今年高考只差几分未能考上大学,这次是顶替他妈妈来猪场工作的,和他爸爸一道在保育舍养猪。我场的饲养员一贯以来年龄偏大,一般都在40～50岁或以上,文化水平也很低,分析其原因是猪场的生活条件差,年轻人不愿来猪场工作。另外,场长也愿意接受年龄大的饲养员,因为这些人听话,叫他干啥就干啥,从来不会提意见,但是思

想保守,观念落后。小强可与他们不同,虽然他对养猪有点兴趣,但是你叫他如何去做,他常常要问个为什么,遇到不平的事,还要发发牢骚,提提意见。我们这些猪场的管理人员有时也嫌他有点烦,今天上班不久,又听说小强与肥育猪舍的饲养员吵架了,我于是前去问个究竟。

原来是这样,按猪场的生产流程规定,保育舍内的这批仔猪已达75日龄,要转移到肥育猪舍去了,此次共计要转出240头。但肥育猪舍来接猪的饲养员老金怀疑其中8头是病猪,拒绝接收。这下子小强生气了,他认为对方无理取闹,这几头猪能吃、能喝,怎能是病猪呢? 老金说:"其他猪的体重都达到20多千克了,这几头猪只有10千克左右,不是病猪就是僵猪,我们拿回去也是养不大,今后还要扣我们的奖金,所以我们不要。"小强说:"这几十头仔猪从产房进到我们保育舍时,也是十分瘦小、体弱的,我爸老实,全部无条件地收下了,并且精心喂养,将这些猪养到这个地步,你们不要,我们给谁啊? 难道老实人就要吃亏吗?"

此事闹到场长那里,场长叫张师傅去调解,张师傅详细地检查了这8头有争议的猪之后,确认是僵猪。小强问张师傅,僵猪的标准是什么,是谁的责任? 张师傅也实事求是地说,僵猪的标准可能还没有,我只是与其他猪比较,僵猪的生长速度慢一些,这种猪养下去就不合算了,应该淘汰。至于责任嘛,也不能完全算在你头上,可能是在产房已经生过病了。但现在已说不清了,张师傅提出一个折中的意见,即两头僵猪算一头健康猪,并要求肥育舍必须全部收下。

僵猪风波虽然解决了,但小强仍然不满意,因为饲养员所管辖猪群的成活率,直接与奖金挂钩,而这几头所谓的僵猪,在转入保育舍时就发病了,是在小强的精心护理和细心治疗之后才保住命的。他认为这件事不但没有表扬他,还要扣他的奖金,想想实在有点不服气。于是又找场长去说理,场长不耐烦地告诫他,若要再闹就解雇他。于是,小强在他爸爸和其他饲养员的劝说下,才算罢休。

而我个人对小强的观点是很支持的,我认为小强提出的建议是合理的,并非无理取闹,现在的猪场缺乏这样的人才,其实猪场也与其他岗位一样,需要年轻人参与才有活力,如今猪场的饲养员,年龄普遍老化,又缺少文化,表面上看起来很听话,易管理,但是不易接受新事物,没有创新观念。而年轻人又不愿去规模猪场工作,即使进了猪场也干不长,我想这也是制约某些猪场持续发展的因素之一。

第39节　母猪产后发高热,胎衣滞留是诱因

3号产房的饲养员老陆告诉我,5号产床一头大约克夏母猪生病了,我立即和他一起走进产房。老陆指着卧在产床上的一头母猪说:"就是这头猪,今天是产后第四天,整日睡觉,懒得起来,前两天食欲不好,并没有在意,可是今天绝食了,奶量也明显下降了,一窝仔猪饿得嗷嗷叫,只能将仔猪分给其他母猪寄养了,现在急需抢救母猪。"

我查看了产床前挂着的档案卡,该母猪已经是第六胎了,这胎产仔猪10头,都很健康,但母猪体质较瘦弱,表现精神沉郁,鼻盘干燥,粪便少而干硬,体温41℃,这显然是有炎症和受感染的症状,我初步诊断为产后热(又称产褥热),立即进行治疗。使用400万单位青霉素和2克链霉素肌内注射,每日2

次,同时还静脉注射了几瓶5％糖盐水,第二天病猪的体温下降了,食欲也有所增加,我很高兴,认为这是自己独立治疗的第一头病猪,很成功。但是过了1天,老陆说这头病猪的病情又有反复,而且从阴门内还流出腥臭的分泌物,这下子把我难住了,只得向张师傅请教。

张师傅仔细观察这头母猪后说:"你看,这头母猪不时有排尿动作和努责,说明在子宫内还有什么东西没有排尽。"他又注意到从母猪的阴道内流出褐红色污秽的分泌物,在尾根及阴门外还附有胎衣碎片,同时伴有食欲减少、体温升高等症状。张师傅说,我诊断为产褥热并没有错,但是还要分析一下发生本病的病因,治病要治本。

张师傅分析说,根据病猪阴门中流出分泌物可以断定,该母猪患的是急性子宫内膜炎,治疗时你只考虑到退热,可能会使急性子宫内膜炎发展成慢性子宫炎,导致母猪发情不正常或不易受胎,这是引起母猪不孕症的原因之一。他说我前两天使用抗生素进行治疗,这没有错,但只是做了1/3的工作,现在还需继续进行治疗,他提出以下治疗方案。

第一,由于该母猪体质较弱,食欲下降,高热虽退但局部仍有炎症,应静脉滴注5％糖盐水2 000毫升、庆大霉素、安乃近、维生素C注射液,同时也可静脉注射10％氯化钙注射液20毫升或10％葡萄糖酸钙注射液100～200毫升。

第二,肌内注射雌二醇1.5～2毫升,过2～4小时后肌内注射缩宫素(催产素)5～10单位,以使子宫颈开放,便于分泌物排出和冲洗子宫。或注射垂体后叶素20～40单位。

第三,清除滞留在子宫内的炎性分泌物,可用3％过氧化氢溶液或0.02％新洁尔灭溶液、0.1％雷佛奴尔溶液等冲洗子宫,然后将残存溶液导出,再向子宫内注入金霉素或土霉素胶囊数颗。

以上 3 项措施,每日治疗 1 次,连用 3 天,结果该母猪痊愈,很快又再次发情、配种了。

第 40 节　商品肉猪遇猝死,剖检诊断找死因

肥育猪舍内的猪,体重都在 70～80 千克或以上了,个个都身强力壮,很少生病,既不用服药,也不用注射防疫针。可是今天饲养员老杜急急忙忙来到兽医室,上气不接下气地说死猪了,要我们快去看看。我们还未问清情况,他就跑回去了,我们也被吓了一大跳,因为不知死了多少猪,所以我们 4 位兽医就都去了。

到了肥育猪舍一看,只在第五圈死了 1 头猪,同圈共有 9 头猪,个个都是生龙活虎,其他圈内也没有发现病猪。我们询问饲养员老杜,该病猪生前的病状和死亡的情况,他的回答很简单,早上喂料时都好好的,刚才打扫猪圈时却发现死了,这期间隔了 3～4 小时。

我怀疑可能中毒致死,老杜说所有猪喂的料都相同,此猪也从未服过药、打过针,今天除了我们兽医之外也从未见到外人进入本栋猪舍,毒物从何而来呢? 我们这下也无话可说了,只有将死猪拉出去剖检。首先见到死猪的腹部异常膨大,像一只大鼓,充满气体,下腹部有一片紫色的淤血斑,细看头部和四肢着地一侧的皮肤有擦伤,估计是临死前挣扎所致。

剖开胸、腹腔,见到血液呈蓝紫色,凝固不良,使我们惊讶的是整个肠道的外表呈紫红色,剪开肠管,肠内充满半凝固的

血块,胃内有大量新采食的饲料(证实饲养员所说早上吃料正常),肠系膜淋巴结肿大、充血、出血,脾脏肿大数倍(我们一度将其误认为是肝脏),质地很脆,一碰就碎,其他脏器病变不明显。由于该猪病变特殊,难下结论,我们就取了脾脏和淋巴结等病料,准备送检,并拍了一些特征性的病理照片。

在我们兽医组的病例讨论会上,我提出本病可能是中毒,但受到质疑的是不知为何种毒物中毒。王大说这种突然死亡的病例去年在我场也见过 1~2 例,由于都发生于成年大猪,死后都卖掉了,未曾剖检,也不知剖检变化如何。

张师傅也回忆起确有本病发生过,但因为是个别散发,未被重视。过去他在农村行医时也见到过本病,不仅猪能发生,牛、羊、马、骡也可感染,甚至狗也死亡,当时曾怀疑是坏人投毒,公安局也派人来调查过,但未破案。后来省、县兽医站还派高级兽医师来乡里调查过并将病料带回去进行研究,经过对病原的分离和鉴定,他们得出的结论是由 C 型魏氏梭菌引起的一种肠毒素中毒症,又名猝死症。由于本病发生突然,常未见明显临床症状,病猪就很快死亡,根本来不及治疗,当然也没有成功的治疗经验,据说可以给母猪注射 C 型魏氏梭菌类毒素以预防本病的发生。本病病死率虽高,但发病率极低,对猪场并不构成严重威胁,所以并没有引起养猪人的重视,也很少会对猪群进行本病的免疫接种。

第 41 节　公猪相遇是情敌,你死我活不两立

在南方种猪拍卖会上,场长高价购进一头心爱的杜洛克种公猪,出生才 7 个月,体重已有 100 多千克了。我对品种、

外貌的评定是外行,但是小周、胡放他们是搞选种工作的技术员,也对这头公猪赞不绝口,场长更是视为宝贝,交代我们一定要把这头种公猪养好。

有一天饲养员将杜洛克公猪赶出去运动,正巧碰见一头兴冲冲跑去配种的大约克夏种公猪,情敌相遇,分外眼红。这头杜洛克公猪不顾一切地冲上去与大约克夏公猪咬斗,饲养员一人根本无法拉开,于是大声呼唤,请众人来帮忙。当即有的人拿扫把挡,有的人拿木棍敲,有的人用自来水冲,都无济于事,两头猪越斗越勇,体表鲜血淋漓,遍地血迹斑斑,谁胜谁负,难解难分,谁也不肯认输,我估计若任其斗下去必有一死。正当我们急得团团转时,有人提议用火来劝架,饲养员阿宝找到一把干草,迅速地扎在一根木棒上,点着火,伸到两猪之间,这一招还真管用,两头公猪都怒气冲冲地向后退了。

架是劝开了,但是双方斗得两败俱伤,小杜洛克不敌大约克夏,伤势更严重一些,耳朵被撕下半只,差一点就要掉下来了,全身皮肤都有破损,其中最严重的是臀部皮肤被咬破,伤口长达30~40厘米,肌肉外露,全身是血,惨不忍睹。

场长知道此事后,十分痛心,也很恼火,除了责怪饲养员之外,更要我们不惜代价,全力抢救杜洛克公猪。但是这头小公猪虽打了败仗,还是很凶猛,我们根本无法接近,更谈不上治疗了。这时张师傅想了一个办法,利用一头母猪来引诱,将小公猪诱进铁笼内,先按0.5毫克/千克体重的剂量注射复方氯丙嗪注射液,使其镇静,然后固定后肢,由宋金主治,我当助手,小丽准备药械,治疗过程如下:①用0.2%高锰酸钾溶液冲洗皮肤,去除血块、污物。②剪去伤口周围的被毛,修正创缘,对出血不止的伤口进行扩创后止血。③对伤口较大、较深的局部用 0.5％盐酸普鲁卡因溶液做浸润麻醉。④细心去除伤口内的异物,用灭菌生理盐水洗。⑤伤口上撒布青霉素、链霉素粉末。⑥根据伤口大小、深浅进行缝合。臀部一处伤口较大,皮肤结节缝合 20 余针,在伤口下方少缝 1～2 针,放入浸有 0.2％雷佛奴尔溶液的纱布条引流。⑦注射破伤风抗毒素 10 毫升。⑧为防止感染,肌内注射阿莫西林 1.5 克/天,连用 1 周。⑨将病猪置于清洁、干燥的猪圈内,派专人护理,增喂青绿饲料。

2 周后该猪基本康复,未留下任何后遗症。

第 42 节　保育仔猪腹泻病,新老兽医有争议

最近保育舍和肥育舍的猪不断出现腹泻性疾病,主要见于保育后期(70 日龄左右)的架子猪,而仔猪和大猪的感染率则很低。易感日龄猪群的发病率为 20％左右,特征性症状是腹泻,有的病猪粪便带血呈褐红色,有的呈沥青样黑粪,有的排出黄色稀粪。病程较长的病猪(1 周以上),呈间歇性腹泻,粪便时干时稀,有时粪便呈水样或糊状,内含组织碎片和黏液。

发病初期,病猪体温升高,中后期体温正常或略低,食欲明显下降,很快消瘦,被毛粗乱,皮肤苍白。剖检的肉眼病变主要在大肠,肠黏膜增厚、充血、出血和坏死。

由于本病发病率较高,引起我们的高度重视,首先排除了饲料或其他管理上的因素(饲料未见霉变),大家都认为是一种传染病。至于是何种传染病,我们几位兽医意见不一,争论不休。王大说是增生性肠炎,张师傅认为是仔猪副伤寒。最

后大家分析,不论是增生性肠炎还是仔猪副伤寒,病原都属于细菌,其防治措施也都是差不多的,至于到底是什么病,待以后再讲,现在治病要紧,于是制订了一个治疗方案,主要内容如下。

第一,将各栋猪舍内的病猪转移到隔离舍内,以后发现一头,隔离一头。隔离舍内的病猪,由王大负责进行治疗。

第二,加强护理。时值深秋,昼夜温差较大,应注意夜间保温,要为病猪提供优质可口的饲料和饮水。

第三,治疗以抗菌药物为主(泰妙菌素、强力霉素、氟苯尼考、头孢噻呋等),根据每头病猪的具体情况,分别按口服、肌内注射或静脉注射方式投药。

第四,对体质较弱的仔猪,灌服口服补液盐,静脉注射5%糖盐水。

第五,未发病的保育猪,在饲料中添加抗菌药物,连用1周。

这批病猪有50～60头,经过2周的隔离治疗,大部分得到康复,其中有5头病猪治愈后成为僵猪,被淘汰了;死亡8头。以后新病例逐渐减少,病情也有所减轻。但这到底是什么病呢?场长要我采取病料,就近送到市兽医站去化验、诊断。市兽医站袁站长是一位高级兽医师,在当地诊治猪、禽疾病小有名气。当他了解到我的来意之后,有些为难,他说猪副伤寒和增生性肠炎都是消化系统的疾病,并没有本质上的区别,只是病原不同,前者是沙门氏菌,后者是胞内劳森氏菌,因为都属细菌,治疗措施基本相同。从临床上看大致可以从这几方面区分:副伤寒是个老病,常见于饲养管理条件较差的猪场和体质较弱断奶不久的仔猪,病初体温升高,粪便恶臭带黏液,主要病变是回盲瓣的黏膜呈弥漫性坏死,边缘有不规则的溃疡面。

而增生性肠炎是近几年才传入我国的一种猪病,常发生于保育后期或肥育初期,病猪粪便呈红褐色,含有未消化的饲料,主要病变为回肠、结肠段黏膜增厚。

袁站长说,根据资料显示,近几年来,猪增生性肠炎在国外的猪场中流行很广,在欧、美国家本病的阳性率高达90%以上,临床表现可分急性出血型、慢性型和亚临床型。若要确诊本病,应该进行细菌的分离和鉴定,我市兽医站尚未具备这个条件,但是我从流行病学分析和临床检查情况来看,初步认为是急性出血性增生性肠炎。

第43节　兽用药物有假货,采购原料自分装

张师傅召集兽医组的成员开会,内容是请我们提出下季度疫苗、药物的采购计划,同时交流一下猪病防治方面的问题。会上宋金首先发言,他说最近购进的这批抗生素质量有问题,使用的效果不好,有结块现象而且分量也不足。王大也说发现这批青霉素有掺假,他当场打开一瓶80万单位的青霉素,请大家品尝一下。我用舌尖尝了尝,觉得有点甜味,他说青霉素应该是带苦味的,可能是搀了葡萄糖。今天本来是召开猪场兽医例会,结果变成了揭露伪、劣、假冒兽药产品的声讨会。

王大说,怪不得我们现在治疗病猪的效果很差,假药把我们兽医的威信都搞垮了,应该立即退货。还有人说不仅青霉素有假,其他药也有假。更有人说可能是内外勾结,采购员得

了好处,明知假药也进货,此事要向场长反映。

张师傅是有社会经验的人,他说先不谈得不得好处的事吧,采购这个工作不是一般人都能干的,采购药品都有潜规则,其中的奥妙我们也不清楚,如果要向有关部门投诉药物质量不好,凭你们的感觉是不行的,要有证据,要拿出质检部门的检验报告才行,我们都是打工者,所以也不要去找那个麻烦了。

不过他还是提出一个建议,对于某些常用的抗菌药物,如青霉素、链霉素、恩诺沙星等,我们可以直接向生产厂家采购大包装的原粉,自行分装成小包装使用,这样既保证了药物质量,又降低了用药成本。

大家都认为这是一个好主意,但是药物原粉从那里购买,怎样分装,他们都一无所知。我说这个问题不大,过去在大学期间我曾在学校的制药厂实习过,有所了解,分装技术方面是不成问题的。散会后,张师傅约我一道去场长办公室,向场长汇报了我们开会的内容和建议。

场长了解到这个情况之后,认为自己分装药物既能保证质量,又能为猪场节约资金,是一举两得的好事,何乐而不为呢?当然是支持的,他当场表态,这件事由我负责,需要什么条件或添置什么设备,要我做一个预算给他审批。

我接受这个任务之后,说干就干,找资料,跑市场,先后购置了一台超净工作台(分装药物用)、电热干燥箱(干燥消毒瓶子)、普通天平和一些剪刀、镊子、玻璃瓶之类的东西,同时与国内最大的抗生素生产厂家联系,首批购买青霉素和链霉素原粉各 10 千克,分装工作顺利地进行了。

我将猪分成大、中、小 3 种类型,药物也分成大、中、小 3

种不同的包装,便于临床治疗。由于使用方便、效果好,受到本场兽医和饲养员们的欢迎,以后又增加了几种药物。我们粗略计算了一下我场主要兽药经费的支出,至少节省50%以上。

但是好景不长,这种情况只持续了1年左右,兽用抗生素原粉就断货了,据说是猪场购买抗生素原粉是违法的,只能向有关公司采购含有抗生素成分的复方制剂。接着许多兽药公司的业务员就直接找到猪场来,送货上门,服务周到,新药不断涌现,商品名称更是层出不穷,至今我仍搞不清一些药物的名称、性质和作用,使用时也只能临时查看药物说明书。从此以后,分装抗菌药物的工作及其一切设备就被搁置了。

第44节　母猪产后不发情,首先分析其原因

配种舍的饲养员章根来找兽医,他说最近以来连续有十几头母猪不发情,叫我去看看。我立即想到这是属于产科的疾病,但平时我们对这类病接触不多,所以心中没底。当我走进配种舍,章根指着一群(约10头)老母猪说,就是这些母猪。他看我一时没有回应,知道我是新手,于是又进行了补充说明:哺乳母猪断奶后就转到这里,通常进入配种舍3～5天之后,便可见到母猪外阴部发红、肿大,到第七天左右就可以配种了。可是这些母猪已经到这里10多天了,还不见发情。

我不慌不忙地走进猪圈,看看粪便没有异常,槽内的饲料也吃得精光,每头母猪都是生龙活虎的,看不出发病迹象。我想不发情的原因可能与性激素分泌紊乱有关,于是对章根说去拿点催情针来试试看。回到兽医室,遇到了张师傅,就向他

请教刚才遇到的病例。他说最近以来其他配种舍也有这种现象,他建议暂时不要打催情针。他说母猪不发情是一种常见现象,不一定是疾病引起的,环境和管理因素是主要的。例如,母猪过肥、过瘦、年龄过大、疾病、环境等因素都可导致不发情,我们必须根据具体情况,找出主要病因,这才是治疗本病的根本。

张师根据本场的具体条件和当时该群不发情母猪的具体情况,提出几点处理措施,供我们选用。

第一,现在正是炎热季节,母猪在高温、高湿环境下,容易发生发情紊乱,其发情时间可能会推迟几天,不必着急。

第二,近期内我场饲料质量有所下降,蛋白质含量不足,而且还发现玉米有霉变现象,这对维生素也有影响,此事已向场长汇报过了,要求更换玉米,增加青绿饲料。

第三,改变一下环境,将断奶母猪迁到较宽畅的大圈内,以3～5头母猪一圈为宜,每天将母猪赶出圈外运动1～2小时,或就近放牧,让其自由拱土,随意啃吃青绿饲料。

第四,让母猪接触公猪,或嗅到公猪的气味,或用公猪的精液若干(利用人工授精后多余的精液)用输精管输入母猪的阴道内,同时用少许精液洒于母猪的鼻孔处,使其“触景生情”。

第五,3～5天后对仍无发情表现的母猪进行激素治疗。每头母猪肌内注射孕马血清促性腺激素(PMSG)1 000～1 500单位,若第二天仍无反应,则重复注射1次,待发情后还要肌内注射绒毛膜促性腺激素(hCG)500单位。

第六,母猪经上述药物处理后15天仍不发情,还要继续观察至30天,如果还不发情,则应淘汰处理。

经张师傅提示,我们采取上述措施,1周后有7头母猪未经任何药物处理,都已发情配种了,另有3头经以上药物治疗后,有2头顺利配种,最后只淘汰了1头母猪。

第45节　公猪去势虽简单,师傅经验不一般

小公猪去势是每个规模猪场必做的一件事,手术方法也很简单,我们几位兽医人人都能做,每隔3～5天总要去势一批小公猪,基本上也没有发生过什么大问题,所以大家也不把小公猪去势当一回事。

一天我们与产房的饲养员老毕闲聊时,他问我们张师傅为啥很久不来产房去势小公猪,说现在猪场年轻兽医人员增加了,小公猪去势很简单,由我们年轻人来承担了。老毕说,其实去势工作也不简单,他指着就近的一窝仔猪说:"你看这几只小公猪大概已去势1周了,有的伤口还未完全愈合。"他随手抓出一头阴囊部肿大的仔猪给我看,我一摸,阴囊内充满凝血块,他又换了一头仔猪,阴囊内虽无血块,但切口处红肿,手感温度较高,说明是术部发生炎症。老毕是位老饲养员,他很有经验,他说这种猪虽然不一定会死亡,但对它的生长多少总会有些影响。

老毕还说过去的小公猪是由张师傅去势的,从未发生过这样的问题。这件事引起了我的注意。过去我觉得小公猪去势很简单,现在看来其中也有奥妙,我要好好地向张师傅请教。

我将刚才的见闻与张师傅谈了之后,他深有感触,他说关于小公猪的去势和小母猪的阉割,中兽医有一套成熟的技术

和丰富的经验,但估计过不了几年,就有可能要失传了,特别是小母猪的阉割,年轻的猪场兽医都不会,现在普遍饲养的洋种猪是不必阉割的,如果今后发展土种猪的话,那是非阉割不可的。张师傅见我对此感兴趣,就跟我谈了谈有关小公猪去势的问题。

关于阴囊的切口,许多人认为只需开一个切口,先后将两只睾丸取下,而张师傅则不然,他要开两个切口,每个切口取1只睾丸,其好处是取睾丸的速度快,对阴囊皮肤切口的损伤小,出血也较少,即使出血,也容易外流,不会滞留在阴囊内,伤口容易愈合。

手术过程要做到稳、准、狠,就是说技术要熟练,动作要快,消毒之后手术要一气呵成。张师傅手术时不用常规的手术刀片,而是用土制的去势刀,据说使用起来既快速又方便。

现在场方规定,小公猪在2～3日龄即行去势,张师傅觉得太早了,这时去势对母猪和仔猪的身心健康都不利,对术部伤口的愈合也没有好处,他的经验是小公猪去势最早也应该在15日龄以后。

张师傅说,我国地方品种的小母猪是需要阉割的,民间叫小挑花,因为卵巢发育迟,最早也需2月龄后才能阉割,所以小公猪也在此时去势,同时还可以进行猪瘟弱毒疫苗的首免,我们称为"去势免疫"。张师傅说,不管去势也好,免疫也罢,时间都要安排在仔猪断奶后进行,这对仔猪的健康和猪瘟疫苗的免疫效果是绝对有好处的。张师傅认为仔猪在哺乳期间,人们不要去随意骚扰和折腾,要让母猪专心泌乳,使仔猪尽情吮乳,不要让仔猪的健康输在起跑线上。张师傅常向我们介绍传统的养猪方法和某些中兽医防治疾病的方法,我认为这些经验是有用的,是需要继承和发扬的。

第46节　猪场猪粪成负担,发酵处理解困难

"养猪不赚钱,回头望望田",这句谚语说明了猪粪对农业生产起到的重要作用。我场在建场初期,猪粪还是很吃香的,猪粪的价格也不菲,1车猪粪(拖拉机的拖车)要卖几十元,而且还供不应求,可是过了1年之后,就无人问津了。场内的猪粪堆积如山,场长想了一个办法,猪粪不收钱,免费赠送,这一招果然有效,很快就将猪粪处理完了。又过了2年,免费的猪粪也没有人要了,眼看猪粪一天天多起来,无法处理,场长又出了一招,向附近乡村贴出广告,凡来本场拉猪粪者,不仅免费,还有奖励,可是这一举措持续不久,又失灵了。更伤脑筋的是环保部门还不时来检查,说猪粪污染环境,要罚我场的款,为此不得不另找出路。

我们学习了外地的先进经验,将猪粪进行发酵处理,由湿粪变成干粪,成为一种优质的有机肥,便于运输和使用,又使猪粪变废为宝了。

我场首先派人出去学习,又将有关的专业人员请到场内来指导,因此很快掌握了这项技术。第一步实行粪水分离,要求饲养员收集干猪粪,用粪车拉到固定的堆粪场,初步进行自然干燥。然后运至室内粪便发酵场,使用专用的微生物进行发酵处理,发酵后粪堆内的温度可达70℃以上,不仅可将猪粪中的大量水分蒸发,还可杀死许多病原微生物、寄生虫卵、杂草种子等有害物质,同时也能提高猪粪的肥效,消除猪粪的臭味等,带来很多好处。

猪粪发酵的工艺流程大致如下：发酵菌种的培育（菌种有专业厂家供应，亦可自己培育、增殖）→加入适当比例的麸皮、米糠或玉米粉，拌和均匀→加入待发酵的猪粪中，拌和均匀→经常翻堆以便流通空气、散发蒸气，发酵5～6天后即成。

猪粪发酵利用的体会有以下几方面。

第一，被发酵的猪粪要与秸秆粉、锯木屑、干泥土粉等按适当比例混合，水分含量要适当，为60％～65％，过高或过低都不利于发酵，水分少发酵缓慢，水分过多会导致通气性差、升温慢，并产生臭气。

调整水分的方法：若是水分过高，将猪粪放在阳光下暴晒或再加入干燥的秸秆、木屑或泥土。水分适合与否的判断办法是用手抓一把猪粪，以指缝中见水但不滴水，落地即散为宜。

第二，发酵过程中要注意提供氧气，要求适时翻堆，简单的办法是用锄头等工具人工翻堆。我场是自己研制设备，实行机械化和半自动化翻堆作业，不仅节省劳力，效果也胜过人工翻堆。

第三，猪粪经发酵后，成品为蓬松状、黑褐色的有机肥，无臭，略带香味或泥土味，抓在手中可成团，掉在地上即松散，不粘手。发酵后的猪粪含水量低，便于运输和使用，是瓜果、蔬菜、经济作物、苗木花卉、草坪等的最佳有机肥料。猪粪发酵后变废为宝，经济价值倍增，环保作用深远，是确保猪场持续发展的必要条件。

第四，由于发酵后的干燥猪粪供不应求，为了收集更多的猪粪，我场要求饲养员们一定要做到粪水分离，每天将猪粪运到固定的地点，有专人验收，实行奖励制度，多运猪粪多奖励，同时禁止在猪舍内带猪冲圈。

自从实行了这些措施之后,给猪场带来的好处是:用水量减少了,排污量下降了,猪场经济收入增加了,饲养员的工作量减少了,环保压力减轻了,猪场可以持续发展了。

第 47 节　母猪发生"胸肺炎",体温升高治疗难

在规模猪场,死亡几头仔猪是司空见惯的事。但如果死了一头母猪,则算得上是一起事故了,因为母猪的经济价值较高,且一般很少发病或死亡。今天在东 9 栋妊娠母猪舍,一头妊娠母猪因治疗无效而死亡,场长十分心痛,扣了饲养员的奖金,我们几位兽医也都挨了批评。我也感到纳闷,该猪发病期间是我亲手诊治的,发病才 2~3 天,最好的药都用上了,却毫不见效,最后以死亡告终。到底该猪死于何病,我必须要搞清楚。

我翻了一下病历,并做了回忆,这是一头妊娠第三胎的大约克夏纯种母猪,正是年富力强的产仔时期,前两胎的仔猪都很正常,这次妊娠已有 80 多天,2 天前饲养员老袁叫我去看病,病案的记录是:精神沉郁,食欲减少一半,偶尔咳嗽,呼吸稍急促,体温 41.5℃。我诊断为感冒,由于是妊娠母猪,我对其进行了精心治疗。静脉注射 5% 糖盐水 1 000 毫升,肌内注射阿莫西林 10 毫升(1 000 毫克)、复方氨基比林注射液 20 毫升。第二天病情不见好转,病猪呼吸更加困难了,眼结膜发绀,鼻端、耳尖和腹下部皮肤呈紫色,表情漠然,似乎很痛苦,体温 42℃。病猪基本不吃料了,宋金看病较有经验,他分析说可能是肺部受到感染,即患了肺炎,改用如下处方:静脉注射

5％糖盐水 2 000 毫升,耳静脉滴注盐酸强力霉素粉针 1 支
(0.2 克),异丙肾上腺素 1 支(0.5 克),混于输液中滴注,另加
氨茶碱注射液 1 支(0.5 克)肌内注射。

　　第二天上班后发现该猪早已断气,我感到十分内疚,将死
猪拉出去剖检,主要的肉眼病变都在胸腔:肺膈叶呈花斑状病
变,切面呈实变似肝组织,肺间质内充满血色、胶样液体,肺表
面有小点出血,肺炎区出现纤维素性附着物,并有黄色渗出物
渗出。肺与胸膜粘连,难以分开。该病例从症状和剖检情况
分析,我们诊断为猪传染性胸膜肺炎。

　　根据张师傅的临床经验,急性胸膜肺炎病猪的病死率很
高,治疗效果较差,同时据有关资料介绍,本病在急性发作期
间,也是病原排出的高峰期,传染性极强,所以也不宜治疗,应
及时淘汰为上策。

　　预防本病虽有疫苗,但血清型较多(据说有 15 种),而且
不同血清型菌株之间交叉免疫性不强,我场发生的是何种血
清型的病菌,因未做细菌的分离和鉴定,不得而知。由于本病
在我场呈散发性的流行,我们觉得对全场生产构成的威胁并
不很大,而且疫苗价格又较昂贵,所以没有针对本病接种疫
苗。目前我场对本病主要采用药物防治为主,多种抗菌药物
对本病都有效,但也容易产生耐药性,只能根据具体情况,酌
情使用抗菌药物。

第 48 节　销售种猪不容易,对待客户如上帝

　　种猪的销售不像商品肉猪的销售那么简单,只要打一个
电话,经销商就会开车上门,都是现款交易,从不赊账,一卖了

之。销售种猪就不同了,需要业务员到各地推销,客户若想购买,先要到现场察看,了解种猪场的规模、品种和猪群的健康状况,同时场长还要亲自招待客户。一旦决定购买,要让客户一头头地挑选(为了防疫,不让客户直接接触种猪,而是通过展示厅隔着玻璃屏挑选)。这还不算,种猪运到家后,在1个月内若发生健康问题,还要派兽医去做售后服务。

最近我场就碰到这么一件事,外省一个距我场数百千米之遥的猪场,从我场采购100余头二元种猪,经过十几小时的颠簸,运到后约有50%的猪不能站立或出现跛行。他们也有一定的经验,估计是车上受压所造成的,又过了2天,虽然大部分恢复了,但仍有十几头猪不愿站立,行走困难,跛行,于是他们请当地兽医来诊治,兽医对病猪逐个检查之后诊断为口蹄疫。这使客户吓了一大跳,该病的危害性,养猪人都知道,于是立即找到我场,要求我们立即前往处理。

对于本场的疫情我们是了解的,至少目前是绝对不存在口蹄疫。虽然心中有底,但心情不免有点紧张。到了客户的猪场后,听了该场兽医的介绍,了解到这批种猪进场已有10天,病猪主要表现跛行和蹄部有病变。我们注意到从我场引进的种猪,虽分别关养在几个圈内,但仍在一栋猪舍内,显然隔离是不彻底的,饲养人员也是同一人,但病情并没有扩展。我们又逐个检查了跛行的病猪,共有8头(又有几头康复了),发现其病变部位各不相同,有的在腿部,有的在膝部,只有2头在蹄冠部,但显然是外伤所致,并无水疱。于是我们胸有成竹,有充分的证据说明,少数猪出现跛行,并非是口蹄疫,而是运输过程中外伤所致,我们向畜主进行了说明。

从流行情况判断,口蹄疫是个流行迅速的急性传染病,而在他们场是个别猪发生蹄部疾病,已经有 10 多天了,疫情不仅没有扩大,病猪反而减少了,这与口蹄疫的流行规律不符。

从症状观察,口蹄疫的病变在口腔和蹄部,发病初期有全身症状,如体温升高、食欲下降等,但他们场的病猪未见到口腔病变,也没有体温反应,蹄部病变的也只有 2 例,而且并非是四蹄都有病变,只见到 1～2 只蹄子有破损现象,也无水疱,症状上显然有别于口蹄疫,是由外伤所致。

我们检查了运输该批猪的车辆,是临时改建的两层结构的装猪车,上层地板系竹片结构,不平整,有部分已被踩断,非常容易造成猪的四肢受伤。

综上所述,我们的结论是个别病猪(8 头)出现跛行,是由运输过程中外伤所致,并非由口蹄疫导致。为了该批猪群的健康,我们提出了一个治疗方案,对于腿部压伤的病猪,可在患部注射地塞米松或当归注射液,3 天为 1 个疗程。对于皮肤有破损的病猪,局部涂抹紫药水。同时,保持猪圈清洁干燥。

客户听了我们的意见之后,觉得有道理,表示感谢,并按我们提出的方案,对病猪进行了治疗。1 周之后,客户来电告诉我们,全部病猪都康复了。这时我们才松了一口气,原来是虚惊一场。客户表示不久后还要来我场采购种猪,我们也劝告他们,运输种猪的车辆,笼架要坚固、平整,长途运输时要注意猪群的安全。

第 49 节　春节值班不安宁,猪群爆发腹泻病

每年春节,场长总是感到很棘手,因为这是中国人的传统节日,我场的员工们都是来自边远贫困地区的中年人,他们这

个年龄的人,上有老,下有小,是家里的顶梁柱,他们背井离乡在外劳累了一年,带点钱回家过年,与家人团聚,享受一下天伦之乐,是完全应该的。但是猪场的性质特殊,工作一天也不能停,我也能理解场长的难处,于是主动提出,今年春节不回家,在场值班。我是这样考虑的,一是趁此机会可以独立开展猪场的兽医业务,锻炼和考验一下自己的工作能力。二是自己现在还是单身,没有牵累,至于探望父母亲,可安排在春节后,把春节这个机会让给更需要回家团圆的人吧。几位兽医都感谢我,场长还表扬了我,说我能顾全大局。

除夕夜晚,正当我们吃年夜饭时,肥育猪舍的饲养员包老头急急忙忙地赶来,说3号肥育猪舍有许多猪又吐又泻,得了急病。我随即和包老头前往,到了猪舍见到猪圈的地面上有许多呕吐物及稀薄的粪便,饲养员说昨天这批猪的食欲已经减少了(平时每餐饲喂3包料,昨晚2包料还未吃完),今天上午只见到几头猪腹泻,当时并没有在意,到了晚上约有一半的猪开始腹泻,有的猪还发生呕吐。我随机抽检了几头猪的体温,分别是40.8℃和41.2℃。

我根据发病的季节以及发病急、传播快、以腹泻为主要症状的特点,很快就联想到传染性胃肠炎(TGE)和流行性腹泻(PED)这两种病,虽然过去从未发生过,但从症状看估计就是这两种病。我知道这两种病都是由病毒引起的,但却不知如何防治,我想使用抗生素是不会错的,至少可防治细菌病的继发感染。于是对病猪注射头孢噻呋2毫克/千克体重,在饲料中添加含有氟苯尼考的制剂,过了几天,病情未见好转反而扩散了,全场各栋猪舍都有发生,特别是产房内的哺乳仔猪,死亡率很高,保育舍内的仔猪,腹泻2天之后,明显消瘦,行走摇摆无力,少数体弱的仔猪相继死亡。剖检的主要病变是胃底和肠道充血,小肠内积有黄色的液体,小肠变薄呈半透明状。肠系膜淋巴结水肿。这时我已感到招架不住了,于是向场长汇报,请求援助,场长立即请张师傅回来帮忙。

张师傅也同意我的诊断,他分析发病的原因时说,前几年我场也曾流行过本病,但并不严重,近两年来也未见发生,因此在思想上麻痹了,去年也没有接种传染性胃肠炎和流行性腹泻二联苗。另外,今年冬季产房和保育舍内的增温、保温措施不力,舍温不达标,可能是诱发发病的重要原因。

我问张师傅传染性胃肠炎和流行性腹泻如何区别,张师傅说从流行特征和临床症状上来讲,这两种病是很难区分的,只是病原不同而已,还有一种轮状病毒病,也能引起腹泻。这3种病毒往往是混合感染的,所以我们统称为病毒性腹泻。但总的来讲,轮状病毒病病情较温和,主要感染仔猪,流行性腹泻次之,传染性胃肠炎较为严重,但后两种病大、小猪都能感染。

张师傅向我介绍了一种简便易行的“自家苗”,即在本病流行的猪场,将患有本病仔猪的粪便或肠道内容物,给妊娠母猪口服,由于成年猪感染本病后病情不重,一般不会死亡,妊娠母猪产生的高免母源抗体,能有效地保护其新生仔猪不受感染。由于本场的妊娠母猪都已感染过本病,所以不必试验。为了减少发病仔猪的病亡损失,加速病猪的康复,要做好以下3件事。

第一,在饲料或饮水中添加适量的抗菌药物,减少细菌病的继发感染。

第二,做好增温、保温工作,产房舍温要求在25℃以上,保育舍舍温要求在20℃以上。

第三,对病猪进行补液,静脉注射5‰糖盐水或通过皮下、腹腔补液,也可口服补液盐等。防治酸中毒可静脉注射5‰碳酸氢钠注射液,同时要添加收敛药物和维生素C等进行对症治疗。半个月后,本病的流行逐渐平息。

第50节　师傅辞职我接班,新官上任三把火

张师傅是一位临床经验丰富的兽医,退休后被聘请到猪场工作,场长要求他以传、帮、带的方式,为猪场培养年轻兽医,聘期为3年,现在已经是超期服役了。我们对张师傅都很尊重,认为他既有理论知识,又有临床经验,还能运用中西医结合的方法诊治猪病,这几年来,我们向他学到不少东西,受益匪浅。张师傅是一个有自知之明的人,他也有危机感,常对我们说:"现在规模养猪发展了,猪的疫病越来越复杂,与以往散养猪的疾病完全不同,凭我们的老经验是不行了。"所以,他决心辞职,给我们年轻人更多发展的空间。对于他的离开,我们都有点依依不舍,场长也挽留不住,于是召开了一个欢送会之后,就与他告别了。

这时场长宣布我为兽医组的组长,接替张师傅的工作,这个突如其来的消息,让我有点措手不及,我知道这个职位是比芝麻还要小的一个官,但是对于一个打工者来说,还是了不起的。我自己也有点受宠若惊的感觉,高兴地接受了,然而我并不想利用职权来为自己谋取什么私利,而是想借此机会提高自己,以便实现更高的自我价值。

今天是我上任以来第一次召开兽医小组会,会上几位弟

兄们都祝贺我新官上任,要我请客,我当然不会拒绝,答应了他们的要求。接着我也请各位同事多多关照,共同搞好我场的兽医工作。说完几句客套话之后,我就将话题转向召开这次小组会的目的,主要是向大家介绍关于我场兽医工作改革的几点建议。随后我就拿出早已准备好的方案,向他们边念边解释,主要有三方面的内容,希望得到他们的支持,然后再向场长汇报。

1. 明确猪场兽医的工作任务和职责　我感到猪场的兽医工作都比较被动,我们都知道猪场的防疫应该做到养重于防、防重于治,但是这两句话涉及范围广、工作量大,一般兽医是力所不及的,只能由领导说了算,兽医工作只能听领导安排。治疗猪病理应是兽医的职责,但猪是有价的,养猪是为了赚钱,我们也不能不惜代价地去治疗病猪,这个界限如何划定?现在猪场的兽医工作是按既定方针办,过去怎么干,现在也不能变,别人的猪场如何做,我们也要跟着做,这种状况打击了兽医们的积极性与主动性,制约了猪场的改革创新和发展。为此,我拟订了一份"猪场兽医的任务和职责"提交给场长审查,今天先与各位兽医们商讨,请提出修改补充的意见(全文参看下一节)。

2. 明确兽医人员的分工　目前我场是将防疫和诊疗分开的,我认为不太合理,影响工作的开展。因此,提出了一个改进的方案。建议兽医工作应将防疫和治疗合二为一,兽医的日常工作按猪群结构进行分工。例如,我场目前5位兽医的分工情况是:小何负责产房,宋金负责保育舍,我负责妊娠舍和配种舍,小董负责后备舍和肥育猪舍,王大负责售后服务。兽医对所负责的猪群要实行防疫、保健、治疗一手抓,每人负责的区域,每年轮换 1 次,有特殊情况的由兽医组长统一调度和安排,其好处是责任明确,能全面提高兽医的技术水平。

3. 与时俱进,提高猪场兽医人员的理论与实践水平 建议在职的兽医人员分期分批地派出进修或学习,特别推荐函授教学,中专生可考大专,大专生可升本科,本科毕业生可报考在职研究生,学习不脱产,上学不离岗。另外,由于当前猪病的发生较为复杂,特别是病毒性疾病较多,凭老经验是无法做出确诊的,必须依靠现代先进的科技手段来进行诊断,因此要求场方添置必要的设备,建立猪病诊断实验室。

在座的几位年轻兽医,听了以上 3 点意见和建议,都很感兴趣,表示十分支持,称赞我思路广、观念新,说我是"新官上任三把火",但这把火能否烧得起来还要看场长能否接受,大家一致要求我将以上内容写成报告,交给场长审批。

第51节 猪场兽医做什么,职责任务要明确

兽医的任务和职责

1. 免疫接种 制订适合本场的免疫程序,包括疫苗种类、接种日龄、免疫剂量等,任何人都不得随意改动,若必须更改,应由当事人向兽医组长说明原因,共同商讨决定。

向场部提出疫苗、药物、器械、消毒剂等药械的供需计划,由兽医负责产品质量的验收,拒绝伪、劣、假、冒或不合格产品进入猪场。

指定专人负责,做好疫苗的保存工作,注意疫苗的贮藏温

度和有效期,避免疫苗失效、过期等浪费现象。

根据免疫程序的安排,按照免疫接种规程的要求,对猪群执行免疫接种任务。

2. 消毒卫生 按本场制订的猪场消毒操作规程的要求,指导猪场内外各个消毒环节的消毒工作,如消毒池药液配制、"全进全出"的大消毒、临时消毒等。

督促各包干区维护环境卫生,落实粪便、污水和尸体的处理措施。

随时检查饲料和饮水的卫生,检查饲料有无霉变、异味、是否添加过违禁药物或有害添加剂,饮水中细菌数是否超标等。

重视猪舍内的小气候(温度、湿度、空气洁净度和光照等)是否合格、有无漏洞,落实"小猪怕冷、大猪怕热、所有猪都怕潮湿"的小气候调控原则

3. 疾病诊治 创造条件,利用现代高科技技术,对危害较大的传染病,开展抗原、抗体检测,当前本场尚未建立实验室,可将被检病料送至有关实验室检查。

深入猪舍,向饲养员了解猪群的健康状况,逐圈逐头地进行临床检疫,发现病情,及时做出初步诊断,对于可疑病猪,提出处理意见,需治疗的隔离治疗,该淘汰的立即申请淘汰。

若疑为传染性疾病,隔离病猪之后,对其他可疑病猪应用药物防治,根据具体情况可选用混水服药、拌料服药或逐头投药。

根据病猪的具体情况,分别采用抗菌药物治疗、对症治疗、手术治疗或综合治疗等。

做好客户服务工作,凡从本场采购的种猪,在2周之内发现病情,兽医要及时前往诊治,妥善处理;凡从本场采购200

头以上种猪的,若有要求,可定期派兽医技术人员前往交流养猪、防疫技术。

4. 普及养猪防疫知识 本场的畜牧兽医技术人员,应服从场长统一安排,定期对本场的饲养和管理人员进行养猪技术和防疫知识讲座。

畜牧兽医技术人员是场长的参谋,发现问题应及时向场长献计献策,协助场长搞好猪场的饲养管理和疫病防治工作。

兽医技术人员要不断学习、更新知识、与时俱进,重视猪场防疫,提高猪病治疗技术,不断改革和创新,开拓猪场兽医防疫工作的新局面。

第52节 发现饲料已霉变,更换饲料是关键

场长找我谈话,他说从近来的日报表上看出猪群的健康发生了问题,表现在以下几方面:一是猪的死亡数有逐日增加的趋势。二是妊娠母猪的流产率和死胎数有所提高。三是药费的支出不断上升。四是饲料的消耗量日益下降。场长忧心忡忡,摇头叹息道:"真是祸不单行,最近不仅猪价下滑,猪病的发生率也在上升。"他问我猪场出现这种情况原因何在?我觉得目前猪场若有疫病发生,也是散发性的,病情是慢性的,没有传染性疾病的特有症状,但猪群到底出现了什么问题,一时也无法判断。于是场长亲自召集全场畜牧兽医技术人员开会,讨论当前猪群的健康状况。

宋金首先发言,汇报了保育舍的情况。近十几天来,保育猪的食欲普遍下降2～3成,死亡猪的数量由平时每天死亡1～2只,上升到每天超过10只,病猪表现粪便干硬,有的腹

泻,有个别病猪皮肤苍白、黏膜黄染,但体温一般都是正常的,病死猪剖检的主要病变是贫血和出血,腹腔中积有黄红色的腹水,肝肿大,质地变硬。胃底弥漫性出血,肠道也有出血现象,阴道、子宫肌层水肿、充血。根据以上情况,王大怀疑猪群患了附红细胞体病,但是连续注射了3天氟苯尼考等药物,也未见好转。

我随后介绍了妊娠母猪舍的情况。过去几个月才见到1～2头母猪流产,近半个月来却连续发生4～5头妊娠母猪早产和死产了,流产也没什么规律,有新母猪,也有老母猪,且在妊娠前期或后期都可见到。我认为可能是流行性乙型脑炎或细小病毒病引起的流产。

但小何随即否认了我们的说法。他说肥育猪舍的猪一贯都很少发病,近来也出现病情,如猪的采食量普遍下降,脱肛的病例增加了,还有的猪发生外阴红肿,呈现出发情征候。这时宋金也插话说在保育舍也见到过这种现象,仅2～3月龄的仔猪也出现了外阴肿胀的现象。

而胡放则认为可从饲料上找原因,他发现近来使用的这批饲料有霉变现象。胡放的发言让我们忽然开了窍,其实猪群发生的这些症状,完全符合真菌毒素中毒的表现。

场长也感觉到了,立即将负责饲料厂的邹久找来询问,他承认这批玉米存在问题,场长对他进行了严厉的批评。病因找到了,我们立即拟订了如下防治方案。

第一,封存这批霉变的玉米,不准喂猪,已加工好的配合饲料从即日起停止喂猪,对其他原料和添加剂都要一一检查,发现霉变一律禁用。

第二,目前温度较高,湿度较大,饲料易发霉,要注意将饲料存放在干燥、通风的地方,并适当添加饲料防霉剂。

第三,若受条件限制,一时无法处理所有的霉变饲料,可在饲料中添加真菌毒素吸附剂,但仅可适量用于肥育猪。

第四,对于真菌毒素中毒的病猪,目前尚无特效解毒药,首先要停喂霉变饲料,多喂青绿饲料,对于个别经济价值较高的病猪,应静脉注射5%糖盐水、5%碳酸氢钠溶液等,同时配合使用盐类泻剂等药物。

第53节　宋金诊断附红体,血片检查现端倪

保育6舍的饲养员老伍说,今天早晨发现1头猪死亡,还有2头病猪要我们去检查。我和宋金前往诊治,病猪表现精神沉郁,昏昏欲睡,食欲废绝,腹部凹陷、消瘦,皮肤苍白,结膜红肿流泪,体温分别是40.5℃和41.6℃,粪便干硬。

老伍说这两头病猪是今天上午才发现的,另一头死猪是前天发病的,曾注射过青霉素、链霉素和增效磺胺等药物,但无效死亡。3头猪的症状都差不多。宋金说近来类似的病猪不仅出现在保育舍,也见于肥育前期的中猪,呈散发性流行。我们在舍内又巡视了一遍,未见到新的病例,随后将这头死猪拿到后院剖检。

剖检主要的肉眼病变是:剖检时见有深色的血液流出,血液凝固不良。肺气肿、淤血,局部实变、呈花斑状。全身淋巴结肿大、出血,似大理石样病变。肝脏、脾脏、肾脏稍肿大,局部有出血斑点。胃肠道空虚,有不同程度的出血现象。我感觉是一种败血症的病变,但一时也说不出病名。

宋金却肯定说是附红细胞体病。他说现在这个病在猪

场十分普遍，凡是发生高热的病猪，诊断为附红细胞体病都不会错。

宋金说他已将四环素和血虫净（贝尼尔、三氮脒）交给饲养员老伍，让他按时给病猪注射（保育猪发病一般都由兽医开处方，让饲养员去治疗）。

说实在的，我对这个病的认识很模糊，只是从书本上了解到一点知识。这是寄生在红细胞上的一种病原体，过去认为是原虫，属寄生虫病，现在证实是一种立克次体（介于细菌和病毒之间的一种微生物），列为传染病。由于病原体破坏红细胞，病猪以贫血、黄疸为主要症状。立克次体对外界环境的抵抗力很差，离开红细胞就会死亡，所以属于一种血液性疾病。

宋金看我对他的诊断有所怀疑，就进一步说他的诊断是有根据的，过去曾对类似病猪做过血涂片，送市兽医站检验过，可清晰地看到红细胞上的附红细胞体，血片现在还保存着。我虽有不同看法，但当时也没有反驳。

有一次我借回母校送检病料的机会，将宋金保存的血液涂片带到母校，请教授寄生虫病学的司老师复检。他看了该片之后，说该片中见到的颗粒并非附红小体，而是美蓝染色液的结晶颗粒，司老师说："你看这些颗粒大小不均，在红细胞内、外都可见到，这说明染色液陈旧有沉淀，染片时冲洗不彻底。"他建议今后我们若要检查本病，最好将血液涂片送到大医院的化验室去染色，他们经常检查血片，经验丰富，染色液新鲜，操作技术热练，比较准确。

司老师最后说，附红细胞体病并非是刚发现的新猪病，而是一个老病，因其传播条件很苛刻，病猪只有在急性发作时（体温升高）才有传染性，而且还要具备血液的直接传播条件

（注射时不更换针头或做出血性手术时消毒不严等），所以本病在临床上是很少见的。由于本病缺乏特征性的临床症状。暂时还没有特异性的快速诊断方法。老师还说当前许多人误将猪体温升高、皮肤发红等症状诊断为附红细胞体病，这其中不排除有人在进行商业性的操作和误导他人。

第54节　炎热夏季将来临，防暑降温要先行

今天场长召集我们班组长开会，我是第一次以兽医组长的身份参加本场的中层干部会。会议的主要内容是商讨和布置今年的防暑降温工作。场长说炎热的夏季即将来临，我们要吸取往年的经验教训，使猪群能够安全度夏。

场长首先要求各个部门要密切配合，接着他拿出事先打印好的材料，边读边解释。他说大家都知道高温环境对养猪生产的危害，我场过去对防暑降温工作虽然很重视，但还有不到位的地方，据沈明提供的材料可以看出，去年夏季高温期间，由于热应激，给我场带来较大的经济损失，表现在以下几方面。

第一，热应激对猪群食欲有很大影响。据去年6～8月份的统计资料表明，猪群的采食量较其他月份平均下降20%，由于猪群食欲减少，带来了一系列的严重危害。

第二，在高温期间，经产母猪断奶后不发情或配种后又返情的现象达20%，流产、死胎数量也明显高于其他季节，同时这期间配种的母猪，其产仔数每胎较其他季节减少1～2头，由此可以看出，热应激对繁殖的影响很大。

第三，在炎热的夏天，猪群的病情明显多于其他季节，如

仔猪黄痢增加20％(可能与产房内潮湿有关)。此外,高热病(体温升高)、皮肤病、蹄病明显增加,已确诊有5头猪因中暑致死(均为生产母猪)。

随后场长提出几点具体防范措施。

第一,机修组任务较重,要对种公猪舍和3栋妊娠母猪舍已安装的湿帘和风机降温系统,进行维修保养。因为该系统的通风、降温效果不错,计划今年再给2栋妊娠母猪舍安装。对现有的排风扇,都要卸下,擦拭灰尘并添加机油。另外,还要安装80台电扇,对3栋配种舍还要安装喷淋降温系统。维修产房内的滴水降温系统。

第二,饲料厂要调整饲料营养水平,添加2％～4％的油脂以及电解多维、碳酸氢钠等,要防止饲料霉变。为增加猪的食欲,各饲养组可自行安排,由干粉料改为湿拌料,但要注意少喂勤添,以防变质。

第三,要求饲养员、畜牧兽医技术人员加强巡查,发现问题或病情及时报告。沈明还特别提出,喷淋或用冷水泼洒猪体后,一定要打开风扇通风,没有通风设施的猪舍,切勿洒水降温,因为高湿会使猪更加难受,其效果适得其反,务必请饲养员们注意。

场长讲完之后要大家展开讨论,饲养组老谢说,降低猪群密度也是一项防暑降温的措施,要求在夏季来临之前,将可卖的肥育猪,尽量多卖掉一些,该淘汰的母猪和病猪要坚决淘汰。为了能使猪群睡得好,要重视防蝇、驱蚊和灭蚊工作,肥育猪舍的运动场要安装防晒网降温。畜牧组的小周说,夏季猪场的作息时间也要改变一下,凉快时喂料可增加食欲,还要设法增加青绿饲料,配种、转群、去势、免疫接种等都要避开高温时段。我也提出应多采购一些氯丙嗪、氨基比林、维生素C等抗热应激药物，以备使用。场长表示大家的建议都非常好，要将这些问题写进今年的防暑计划中去。

第55节　猪场不是疗养院,五类病猪要淘汰

最近连续死了2头母猪,其实这2头猪都是经过精心治疗的,如东5栋的那头母猪,治疗2周时间,花了几百元的药费,结果还是死了,剖检发现是胃溃疡导致胃穿孔。另一头疑为胸膜肺炎致死,也都花了几百元药费。今天我们召开兽医组会议,对这几个病例进行讨论。宋金说:"像这样的病例,我们有过很多经验教训,根据我们的条件,肯定是治不好的,这种劳民伤财的事情,我们何必去做呢?"

王大也说,有些猪病明知治不好,当然要淘汰,有的病猪虽能治愈,但是疗程很长,治疗过程又很麻烦,如56号种公猪,后腿受伤现已溃疡,曾治疗过2次,病情虽有所好转,但治疗一次要花费很多精力,需4～5个壮劳力才能保定,估计还有1～2个月的疗程。在西3栋配种舍内,还有1头母猪患子宫炎,已有2个月了,据他分析即使治好了,也不能再繁殖了,这种猪留着没有用,及早处理还能值点钱,不然猪场就成了疗养院。小何也接着说,他每次到西9栋保育舍打防疫针时,在1号圈总可见到那几头僵猪,老是长不大,还要给它打针,有什么价值呢? 我们总不能把猪场变成福利院吧!

我把大家提出的意见和建议,都一一记录下来,觉得很有道理。我体会到猪场兽医工作的改革任重而道远,我们根据大家对诊疗工作的体会,整理出规模猪场病猪"五不治"

的原则。

第一，目前无法治愈的病猪不治。

第二，治疗费用很高的病猪不治。

第三，治疗费时、费工的病猪不治。

第四，治愈后经济价值不高的病猪不治。

第五，传染性强、危害性大的病猪不治。

我将总结出来的猪场兽医"五不治"的原则汇报给场长，起初他还不理解，反问我如果兽医不治猪病了，场里是不是就不需要那么多兽医了？我说除了以上这5类猪病不治之外，还有许多病是需要治疗的，如仔猪黄痢等腹泻病，链球菌感染等传染病，难产、不孕症等产科病等，况且猪场兽医的主要任务并非治疗病猪，而是指导和参与猪场的防疫卫生、猪群保健等工作，同时要求兽医抽出更多的时间，深入猪舍，加强对猪群的巡视和检疫，及时发现病猪，果断做出初步诊断，根据病情，能治疗的立即隔离治疗，该淘汰的立即淘汰出场，可利用的就利用，不能利用的病猪要做无害处理。所以，猪场兽医应该是场长的参谋和助手，任务还是很繁重的。我们提出5类猪病不予治疗，并非是猪场兽医怕麻烦或是偷懒，而是考虑到猪场的经济利益和防疫要求，猪场是生产单位，我们不能把猪场办成研究疑难杂症猪病的研究院，也不能成为老、弱、僵、残猪的福利院。场长了解我们的意图之后，认识到这一举措对猪场有利，是个好点子，于是当场同意并打印成文，制成布告张贴在会议室和兽医室内，使场内人人皆知，更要求兽医带头执行。事实证明，猪场对病猪实行"五不治"原则之后，医药费用减少了，防疫质量提高了，猪群的健康水平优化了，给猪场带来了数不尽的好处。

第56节 免疫诊断新技术,我场筹建实验室

最近以来,妊娠母猪舍连续发生流产病例,宋金怀疑猪群中流行伪狂犬病,王大认为可能是吃了霉变饲料引起的,小何则认为是患有流行性乙型脑炎或细小病毒病。同时,在保育舍内还常可见到散发性的高热病例,有人怀疑是非典型猪瘟,有人说是链球菌病等。每每遇到这类病例,总是争论不休,谁也说服不了谁。我作为兽医组长,十分尴尬,只能采集病料去有关部门送检。但这些都是常见疾病,送检也并非长久之计,因为送检一次病料很不容易,首先要经过场长批准,还要花钱、花时间,而诊断结果往往写得含糊不清,不能令人满意。可是没有准确的诊断,如何防治疾病呢? 正当为难之际,我忽然想起可以在我场开展免疫诊断。记得在大学期间不仅学习过有关免疫学诊断的理论,还做过实验,至今记忆犹新。我认为至少血凝试验、琼脂扩散试验等较简易的免疫反应试验,在我们猪场是切实可行的。

我将这一信息告诉几位兽医同事,如果我场能建立一个猪病诊断实验室,对于这些有争议的病例就可以通过实验室检查来判定了,同时还可以做一些免疫效果的检测。他们听了我的介绍,虽然很感兴趣,但是也存在疑问,一是技术上是否过关,二是场长是否能同意。我说关于检测技术方面的问题是不大的,我在校期间都曾操作过,即使遇到困难,也可向学校老师请教。至于如何取得场长的支持,我想只要将建立实验室的利弊关系说清楚,对猪场有利的事,场长应该不会反对。

于是我先收集了一些资料,感觉心里有底了,才找到场长,向他提出建立猪病诊断实验室的想法。场长显然对于这项工作一无所知,他说:"你们建立实验室的目的,无非是为了诊断猪病,依我看还不如去请教张师傅,何必要建实验室呢?"我回答说:"现在的猪病不断变化,尤其是病毒病较多,而且往往表现出非典型的症状,老经验已经不管用了,即使张师傅在场也是没有办法的,现在科学在发展,时代在进步,我场要与时俱进,享受高科技带来的成果。如果我场能够建立自己的实验室,就能给猪病诊断工作带来很大的方便,送检的费用也可以省下来了,好处多多。同时,我场在同行中若能率先使用这种先进的技术,对客户也有深远的影响。"场长听了我的简要介绍,似乎有点动心,他问我建立一个猪病诊断实验室有什么要求,要购置多少设备,需要多少经费等。我说人才和技术是基本的条件,这一点我场已经具备了,现在就是经费问题。我将早已准备好的购物清单交给场长,他仔细看了之后,认为所需费用并不多,场里还是能承受的,于是当场同意,责成我去筹备此项工作。

建立猪病诊断实验室的主要设备如下:①实验室用房1间(可利用现有房间,但需要装修)。②超净工作台、电热干燥箱、家用冰箱、电热恒温箱各1台(现有,不必购买)。③台式离心机、显微镜各1台。④各类玻璃器皿若干。⑤各类器械若干,如微量移液器、96孔V形滴定板等。⑥各类试剂若干。⑦猪瘟、口蹄疫(O型)、流行性乙型脑炎、细小病毒病等疫病的正向间接血凝标准致敏红细胞、伪狂犬病标准琼脂扩散抗原、致敏乳胶凝集抗原及相关疫病的标准阳性和阴性血清等。

购买以上所有的设备、器皿、试剂、诊断液等估计需要经费 3 万～5 万元。

第 57 节　母猪分娩遇难产,弃母保仔剖宫产

　　5 栋产房的饲养员阿杜急急忙忙跑来告诉我,说 3 号圈 1 头母猪足月正常分娩,在上午 10 时左右产出 2 头健康的仔猪,但 1～2 小时后未继续产仔,他估计母猪腹中还有仔猪,怀疑母猪遇到了难产。我立即前往检查,这是一头大约克夏纯种母猪,以往的产仔数都在 10 头以上,本次分娩是第八胎。这是一头本该淘汰的年老体弱的母猪,而据书本介绍,导致母猪难产的原因有 3 点,一是胎位不正、胎儿过大、胎儿畸形,二是母猪骨盆或子宫口狭窄,三是母猪过肥、过瘦、年老体弱、无力努责和收缩。

　　我观察到该母猪努责次数少,收缩力量弱,应属于第三种难产。于是我请个子高、手臂长的王大来帮忙,想将仔猪一头头地拉出。他脱掉衣服,洗净手臂,涂上灭菌液状石蜡作润滑剂。但是该母猪体型太大,王大根本摸不着仔猪,不过他发现母猪子宫颈口仍然开放。这时我们就采用第二套方案,肌内注射缩宫素 50 单位/次,可是过了 2 小时仍不见效果。这时我们发现羊水已排尽,再拖延下去可能连仔猪的命也保不住了,于是决定立即进行剖宫产手术。

　　由于该母猪已经到了淘汰年龄,没有什么利用价值了,因此场长要求弃母保仔。王大说这很简单,只要把老母猪用绳子捆绑好,我用刀在子宫部位切开,小猪就取出来了,根本用不着麻醉和消毒,也不必缝合了。大家都同意这样的做法,并说过去也有先例。

　　而我坚决反对这种野蛮的做法,我觉得这样太残忍了,是不文明的,也是不道德的,我们应该关注猪的福利,对于我们兽医来讲,不管这头母猪是否要淘汰,我们都要按照规范的手术步骤进行,这样也有利于提高我们的技术水平。大家同意我的建议,于是立即进行手术,由宋金主刀,我做他的助手,手术分以下几步进行:①母猪横卧保定,左腹侧朝上,术部清洗、剃毛(髋结节和腹部之间),涂擦5%碘酊,铺上消毒纱布,在切口线的皮下和肌肉间,注射2%盐酸普鲁卡因注射液20毫升。②切口长度约20厘米,用刀柄钝性分离皮下脂肪、肌肉和肌膜,小心剪开腹膜,取出子宫,放在消毒纱布上,沿大弯在子宫体近侧,做10厘米长纵形切口,先将一侧子宫角内的胎儿依次逐个推到切口处取出,再用同样方法取出另一只子宫角内的胎儿,共10头仔猪,连同自然产出的2头,共计12头健康仔猪。③胎儿全部取出后,子宫内外用灭菌生理盐水冲洗后拭干,用丝线分别缝合子宫的浆膜层和肌层,撒上少量磺胺结晶,再做一层内翻结节缝合,将子宫放回原位。再用灭菌生理盐水冲洗腹腔,撒上磺胺结晶,连续缝合腹膜、肌肉,结节缝合皮肤,切口处涂擦碘酊。④手术过程中,连续输液2 000毫升,术后连续注射1周青霉素、链霉素,将母猪迁到单独的水泥圈内喂养,并铺上垫草,给予营养好、适口的饲料,派专人管理。术后母猪恢复良好,2周后该母猪作淘汰处理,仔猪分别送给其他母猪寄养。

第58节　产仔计划未完成,种猪老化是主因

　　年底时场长审查了去年猪场的生产统计资料,确认场内

生产母猪已达到 1 500 头,销售种猪达 8 000 头,平均产仔 10 头,成活率 85%。新生仔猪体重 1~1.2 千克,断奶仔猪体重 5.5~6 千克,70 日龄保育猪体重 20~22 千克。从断奶养至 90 千克,日增重约 600 克,料肉比为 1:3.2。肥育猪上市体重在 100 千克左右。在当前猪病愈加复杂的情况下,能获得这样的生产业绩,是很不错的,属于中上等水平了。

但是仔细一看场长发现了一个问题,生产母猪年均产仔数的指标没有完成,这是检验猪场生产和管理水平高低的一个重要指标。他打电话要我和沈明去他办公室说明情况,沈明是搞繁育的,对此情况十分了解,他说主要是生产母猪老化导致的,该淘汰的没有淘汰,如有的母猪曾配过 2~3 次种,仍未受胎;有的母猪虽然健康,但产仔数少,每窝只产 6~7 头;有的母猪年龄过大,不仅产仔少,奶量也不足,直接影响仔猪的成活率。

场长问为什么不将这些母猪淘汰呢?沈明说造成这种现象的原因一是缺乏统一的淘汰标准。二是淘汰的手续太复杂,先要由饲养员提出,技术员填写申请报告,然后组长审核,场长批准才行。三是淘汰种猪没有专人负责,畜牧技术员推给兽医,兽医推给饲养员,结果大家都不负责。

场长了解到这一情况后立即下达指令,今后淘汰种猪不需要经他批准,由兽医组长负责审核种猪淘汰工作。同时,他还要我和沈明根据本场的实际情况,制订了如下种猪淘汰标准:①种母猪产仔 8 胎以上、年龄在 5 岁以上。②母猪胎均(第一胎除外)产活仔数 7 头以下。③母猪连续 3 次配种未受胎或返情。④母猪流产 2 次或返情加空怀各 1 次。⑤母猪长期不发情(超过 2 个情期),经兽医治疗无效。⑥母猪患有严重子宫内膜炎、乳房炎,经治疗无效。⑦母猪连续 2 窝难产或发生胎衣滞留。⑧公猪配种超过 3 年以上。⑨公猪四肢有严重疾患、体质瘦弱,经治疗无效。⑩公猪性欲低下、精液品质不良。⑪种公猪脾气暴躁,有伤人倾向。⑫已培育出更好的后备公猪,可淘汰老龄公猪。⑬公、母猪经抗原或抗体检测,带有垂直传播的疾病(猪瘟、伪狂犬病等)。⑭饲养员发现符合以上淘汰标准的种猪,要及时告诉兽医,兽医应立即前往检查并做出决定,同时填写淘汰种猪申请表,经兽医组长批准后执行。

第 59 节　连续驱虫 3 年整,虫已驱尽药可停

　　每年 2 次定期使用伊维菌素驱虫,如今已实施近 3 年时间了,大家反映该药的驱虫效果不错,那么是否还要继续驱虫呢?在我们兽医组的业务会上,我提出了这个问题,请大家讨论。王大认为伊维菌素治疗疥螨病的效果最好,记得 3 年前走进猪舍,随时可见到有的猪靠在墙角擦痒,在耳郭内、四肢、眼圈、肩部等处,疥螨的病变也很明显(皮屑脱落,皮肤增厚、粗糙变硬、失去弹性,或形成皱褶和龟裂等病变)。而现在的猪个个都是被毛光泽、皮肤细腻,见不到疥螨的痕迹,既然没有寄生虫病了,也就没必要驱虫了。

　　而宋金则有不同的看法,他说疥螨是外寄生虫,是看得见、摸得着的,但内寄生虫是否已经完全被消灭,我们还不能肯定。小何认为场内经常剖检死猪,剖检时,注意看一看肠道内有否虫体,就可以判断了。但宋金认为剖检时大家很少去翻看粪便,更何况有些寄生虫虫体很小,肉眼不容易看到,所

以无法判断是否有寄生虫寄生,他的意见是继续定期使用驱虫药。

　　我认为若猪群中已消灭了寄生虫或不构成危害了,就不必使用驱虫药,因为凡是药物都有几分毒性,更何况是驱虫药,其毒性更大。记得上学时老师告诉我们,作为一名兽医要做到合理用药,对于那些可用可不用的药物,就不要用,这样不但能节省药费,还能避免猪只应激,减少许多麻烦。但是现在争论的焦点是无法判断我场猪群体内、外寄生虫是否已经被消灭了,特别是内寄生虫的寄生情况还不能判断。于是我提出可以开展一次肠道寄生虫普查,以检查粪便中的虫卵为主。

　　我的建议得到同事们的赞同,但如何检查、由谁来检查呢?我说这项技术并不难,我可以负责此项工作,向场长汇报之后就着手进行。我们采用的是饱和盐水浮集法检查虫卵,具体步骤如下。

　　第一步,制备饱和盐水溶液,即在 1 000 毫升沸水中加入食盐 380 克,冷却后用纱布过滤备用。

　　第二步,取 5～10 克猪粪,加入 20 倍量的饱和盐水,搅拌溶解后用纱布滤入另一烧杯中。

　　第三步,去掉粪渣,静置 30～60 分钟,使比重小于饱和盐水的虫卵浮于液面上。

　　第四步,用直径 0.5～1 厘米的铁丝圈平行接触液面,使铁圈中形成一层薄膜。

　　第五步,将薄膜抖落于载玻片上,加盖玻片后先用低倍镜观察,再转到高倍镜下检查。

　　我们对本场不同类型的猪(包括哺乳仔猪、保育猪、后备猪、肥育猪),随机选择 10 头采集其粪便,逐一使用饱和盐水浮集法进行镜检虫卵,结果只在 3 头保育猪粪便中发现少量毛首线虫(鞭虫)虫卵,其他猪只粪便中均未发现任何虫卵。同时,我们还邀请了省农业大学家畜寄生虫学科的司教授来场指导,他说规模猪场每年做 1 次寄生虫检查是很有必要的,若是存在较多的寄生虫,必须驱虫。而我场这次只查出部分猪感染少量的线虫,这对猪群的健康并不构成危害,对猪群的生长发育也没有影响,因此根据临床症状和虫卵检查结果,认为当前我场没有必要对全场猪群进行驱虫。相反,如果盲目地、反复地给全场猪群服用驱虫药,其药害远比虫害大得多。

第 60 节　进口种猪要采血,应激猝死我心痛

为了提高种猪的品质,更新血缘,我场今年早些时候,从国外购进了 30 头种猪(长白猪、大约克夏猪、杜洛克猪各 10 头),其中公猪 18 头,母猪 12 头,已通过进出口检疫局隔离 2 个月的检疫,合格后运回本场也近 1 个月时间了。按照计划,我们要进行采血,进行猪瘟、伪狂犬病等疫病的抗体检测。由于这批猪身强体壮,如何保定是个难题。我们挑选了 4 位身强体壮、有经验的饲养员捉猪,强制保定。宋金是采血能手,总是一针见血,所以由他执针。由于准备充分,我们很快顺利地采集了 8 头猪的血液,可当捕捉第九头猪时,刚刚将猪保定好,还未采血,饲养员就发现该猪不对劲,感到猪毫无反抗之力,于是立即松手,该猪瘫在地上,已不能动弹了,我触摸心脏部位,心跳已停止,这样前后不到 3 分钟的时间,偌大一头种

猪就猝然死亡,吓得我们也不敢再继续采血了。而这一头又是这批种猪中最好的大约克夏种公猪,是场长的宝贝,一下子死在我们手里,让我们惊恐万分,伤心至极。我也深感内疚,凭我的工资,即使1年不吃不喝也赔不起这头种猪,这下该如何向场长交代啊!

场长知道此事之后,并没有责怪我们,而是要我们认真地讨论一下,找出死亡的原因,吸取教训。在兽医小组会上大家都认为这是一起应激反应致死的案例。大家都知道,应激致死的死因与个体的神经类型有关,这是无法预测和难以预防的。这时小何提出质疑,他说我们打防疫针时,也遇到过突然休克的病例,可以用肾上腺素抢救,为什么这次不使用呢?我说这是两个不同性质的问题,前者是应激反应,后者是过敏反应,接着我从病理角度向他们进行了简要说明。

应激反应是当猪受到应激原的强烈刺激,处于紧张状态时,引起交感神经兴奋和垂体-肾上腺皮质分泌增加为主的一系列防御反应,当应激原强大、作用持久、肾上腺皮质分泌功能衰竭时,可对机体造成危害,轻则导致猪抵抗力下降,增加疾病的易感性,重则导致突然死亡。所谓应激原包括捕捉、驱赶、运输、闷热、寒冷、斗殴、手术等。应激的发生与抵抗力似乎无关,但与品种有关。一般来说,外来的高产品种、瘦肉型的品种对应激原敏感。应激不是一种病,而是一种或多种疾病的发病诱因。

对于应激的防治,主要是消除应激原,若遇难以避免的应激原(如长途运输),可选用如下药物预防:①口服亚硒酸钠-维生素E合剂,0.13毫升/千克体重。②口服阿司匹林,1.5毫克/千克体重。③肌内注射氯丙嗪,1～2毫克/千克体重。

　　而过敏反应则是由于某种过敏原进入机体后,使动物机体产生一种异常剧烈的免疫病理反应,一般认为与机体内释放组胺及其他生物活性物质(如 5-羟色胺、缓激肽等)有关,这些物质作用于效应器官而产生过敏反应,其临床表现各不相同,有的仅见一过性反应,如不安、颤抖、气喘、微热、减食、水肿、皮疹等,严重时出现过敏性休克或死亡。过敏原主要是一种异种蛋白和半抗原性药物,如疫苗、药物、花粉、饲料、乳汁、昆虫的刺蛰等。

　　对于过敏反应的防治,首先要查出过敏原,避免猪只接触或将过敏原清除,治疗药物首选 0.1% 盐酸肾上腺素,肌内注射 1 毫升。此外,氯丙嗪、异丙嗪、扑尔敏等药物也可使用。

第 61 节　江望同学传信息,约我报名去考研

　　离开学校已有 3 年多时间了,同学之间很少联系,但我和江望同学经常有来往,他是一家著名国外动物保健品公司的业务员,常来我场推销产品。早些时候他就告诉我一个重要信息,说某农业大学要招兽医专业的学位研究生,问我是否愿意去,他已经决定去报考了,当然这也是我所向往的,一则在工作中确实遇到许多技术上的问题,需要充电,再则要想改变当前的工作环境和自己的命运,拿不到硕士文凭是没有希望的。当时我对江望同学说,不是我不想去读研,而是条件尚未成熟,因为我要考研必须要过两关,一是要场长同意,二是如何解决学费问题。

　　近来感到与场长的关系还不错,猪价又在不断上扬,场长心情较好,我认为时机成熟了,于是走进场长办公室,打算跟

他说说考研的事。场长办公室里除了办公桌上多了一台电脑之外，其他的摆设一点未变，这不由得使我想起3年前第一次来场报到的情景。只不过现在自己的心态已和当时不同了，这次进来比较放松、自如，更老练一些了。见到场长首先向他问好，并指着桌上的电脑，夸奖场长与时俱进，能用电脑管理猪场了，之后坐下向场长汇报工作，说当前猪群的健康状况良好，没有大问题，但小毛病也不断，我们都在一一解决，场长对我们的工作也颇感满意。

这时我把话题一转，直接了当地对场长说："最近我得到一个信息，我省农业大学招收在职硕士研究生，我想去尝试一下，为了与时俱进，学到新知识，也可以更好地为本场效劳。"场长对我提出考研一事，毫无思想准备，听到这个消息感到很惊讶。他认为我是场里读书最多、学历最高的人，怎么还读不够啊！我说学无止境嘛，规模养猪在我国是属于新兴产业，我们科技工作者需要不断充电，这次是一个难得的机会，在职研究生是采用"进校不离岗"的学习方式，即使在学习期间，对本场的工作也并无影响，今后学位论文的选题直接来源于生产实践，对本场的生产也是有好处的。

场长听了我的话认为有些道理，觉得这是一种人才投资的方式，因此就同意了。接下来我又提出第二个要求，关于学费的问题。在职读研需要3年时间，每年学费6 000元，共计18 000元。此外，还有培养费、管理费、食宿、差旅费、教材费、论文和答辩费等，总计需要3万元左右，而我的收入微薄，是属于典型的"月光族"，希望能够得到场方的支持。场长说这是一笔不小的费用，过去我场从来都没有这种先例，当然根据我场的经济实力，也并不是拿不出这笔钱，如果你学到了新技术,是为了更好地为我们猪场服务,我们是可以资助的。但是我们担心的是花了这么多钱把你培养出来,你拿到了研究生的文凭之后,翅膀硬了,远走高飞了,那可怎么办?最后经过协商,我和场长达成了一个初步的协议,场方暂借给我3万元,场长要求我从此要安心工作,认真学习,从即日开始计算,为本场服务满5年后,这3万元钱可以一笔勾销。否则要把钱退还。我同意了,欣然签了字,高高兴兴地离开了场长办公室。

第62节　实验诊断已开张,血凝试验先上场

　　我场的猪病诊断实验室经过1个多月的积极筹备,基本设备已购置了,主要的诊断试剂也配齐了。今天由我唱主角,开始进行实验操作。我场的几位兽医虽然也知道一点原理和方法,但不了解其操作过程。畜牧组的技术员对我们的试验,还觉得有点神秘,都来看热闹。我也趁此机会对他们进行了一次血清学诊断的科普宣传。

　　我对他们说,近些年随着科学技术的发展,动物疫病的实验室诊断方法已从常规的病原微生物分离、鉴定,转向抗原和抗体的免疫学检测。其原理是抗原和相应的抗体在动物体内或体外都能发生特异性结合反应,这种反应称为抗原抗体反应,习惯上把体内的抗原抗体反应称为免疫反应,体外的抗原抗体反应称为血清学反应,因为抗体主要存在于血清中。

　　血清学反应可以用已知的抗体检查未知的抗原,也可用已知的抗原测定未知的抗体。人们根据抗体能与相应抗原发生反应并出现可见的抗原-抗体复合物的原理,设计了许多血

清学诊断的方法,不仅可以检测动物体内乃至体外的病原微生物,或其抗原性成分,而且还可以测定动物机体对病原微生物侵袭或对其抗原成分的免疫反应。在抗原-抗体复合物呈不可见状态时,可以通过凝集试验、琼脂扩散试验及酶标记等指示系统,使其变成为可见或可测的状态。由于血清学反应具有高度的特异性和敏感性,因此在兽医学上广泛用于传染病的诊断、病原微生物的鉴定及抗体的检测等。

我们今天采用其中最简便的一种试验,即正向间接红细胞凝集试验,检测的目的是测定不同类型被检猪血清中口蹄疫(O型)的抗体水平。血清是由宋金采集的,共分3组,每组随机采集5头猪的血清(A组母猪、B组肥育猪、C组保育猪)。大家都围拢在一张实验桌前,桌上放了从本场采取不同类型猪的血清样本以及从兰州兽医研究所购进的猪口蹄疫(O型)正向间接血凝标准致敏红细胞、标准阳性血清、阴性血清、稀释液、96孔V形有机玻璃微量血凝板、微量加样器、滴头等。

用已知的抗原(灭活后的O型口蹄疫病毒),吸附在比其体积大千万倍的红细胞表面,这就成为致敏的红细胞,只需少量的抗体就可使这种致敏的红细胞通过抗原和抗体的结合而出现肉眼清晰可见的凝集现象。这种试验的优点是微量、准确、快速、简便、省钱,致敏的红细胞在市场上有成品可售,除了口蹄疫外还有猪瘟、水疱病等的致敏红细胞。

然后我就一步步地进行操作,用微量加样器先在血凝板上逐孔倍比稀释被检血清,第一孔为1:2倍稀释到第九孔是1:512倍稀释,每孔再加定量的致敏红细胞,振荡1~2分钟,置于37℃恒温箱或室温下反应1~2小时,即可判定结果。同时,设有阳性血清和阴性血清的对照孔。

结果判定见表1。

表1　正向间接红细胞凝集试验结果

血清组	凝集价	猪的类型	判　断	说　明
A　组	1∶128	母　猪	抗体阳性	多次免疫
B　组	1∶64	肥育猪	抗体阳性	2次免疫
C　组	1∶8	保育猪	抗体不合格	1次免疫

以上各组均为5头血清样本凝集价的平均数,凝集价在1∶32以上为合格,从结果可以看出,口蹄疫疫苗注射的次数越多,血清中的抗体效价越高。同时也证实,该疫苗的效果是良好的,免疫程序也是合理的。

第63节　抗体检测用途广,科学试验进猪场

免疫接种是猪场防疫工作的一个重要环节,但免疫接种的效果却是看不到也摸不着的,那么疫苗质量的好坏、免疫程序是否合理、免疫接种方法有无错误等有关免疫方面的问题如何来判定呢? 过去我们都是凭经验、感觉或者是按常规进行的,其实免疫接种是一个抗原和抗体的反应过程,随着科学技术的发展,现在完全可以用定性或定量的方法来测定机体内、外的抗原和抗体了,而且测定的方法也越来越多,其准确度也在不断提高。自从我场建立了猪病诊断实验室之后,首先开展了间接血凝试验,从此我们把科学试验带进了猪场,通过抗体检测,建立了适合本场的免疫程序,改进了免疫方法,

提高了免疫效果,现举例说明如下。

第一,经口蹄疫、流行性乙型脑炎、细小病毒病、腹泻二联等疫苗免疫后,对这些疫病特异性抗体的检测表明:两次免疫后的特异性抗体的水平高于一次免疫。抗体检测结果还证实,经两次免疫后才可产生有效的保护力,但也并不是免疫次数越多越好。对一组试验猪连续接种 5 次口蹄疫灭活苗(每次间隔 1 周),结果其抗体水平与接种 3 次的差不多,说明免疫力的高低并非与免疫次数成正比。

第二,抗体检测结果证实,我场存在伪狂犬病、细小病毒病、流行性乙型脑炎、萎缩性鼻炎等疫病的隐性感染,其根据是在 30%～50%肥育猪血清中,查出上述疾病高效价的特异性抗体(这些猪均未注射过上述疫病的疫苗,也未见到过发生上述疫病的症状)。如果这些疫病一旦感染无免疫力的妊娠母猪或仔猪(低抗体),就可能出现显性感染,引起危害,带来损失(主要表现流产、产死胎和哺乳仔猪出现神经症状)。所以,要重视对后备种猪进行这些疾病的免疫接种。我们又对经产母猪进行上述疫病的血清抗体检测,发现以上疫病的特异性抗体水平都很高,所以对经产母猪不必针对这些疾病进行多次免疫接种。

第三,猪瘟抗体检测的结果表明:哺乳仔猪刚出生之时,猪瘟的母源抗体为零,吮乳后,猪瘟母源抗体逐日升高,至 14 日龄母源抗体水平达到高峰,以后又逐日下降,至断奶时(21～25 日龄)仍有母源抗体(1:8),再过 1 周后母源抗体才基本消失。

在猪瘟母源抗体存在的情况下,给哺乳仔猪接种猪瘟活疫苗,能中和仔猪已获得的母源抗体,反而使仔猪的猪瘟抗体水平下降。

给哺乳仔猪反复、大剂量接种猪瘟活疫苗,猪瘟抗体水平不仅没有升高,反而下降,还扰乱了仔猪的免疫功能。

确定猪瘟的首免日龄甚为重要,我场哺乳仔猪为 21～25日龄断奶,因此猪瘟的首免时间确定为 35～40 日龄,间隔 1个月后进行猪瘟二免,种猪 1 年加强免疫 1 次。

第四,我们运用抗体检测手段,因地制宜,制备了许多特异性高免血清(经多次人工免疫,通过血凝试验,证实特异性抗体效价很高),因本场内部每月必须屠宰 2～4 头肥猪供场内员工食用,节日前屠宰量更大,同时每年还要淘汰 20％的老母猪,估计自宰猪有百余头,每头猪至少可分离到 1 000 毫升血清,则每年可收获 10 余万毫升特异性的猪瘟、口蹄疫、伪狂犬病、病毒性腹泻、仔猪黄痢等高免血清,冰冻保存,以备紧急情况下使用,效果良好,物美价廉。

正当我们进行抗体检测获得经验,取得成果之时,突然得到消息,检测用的致敏抗原供应中断了,这样一切试验工作就再也无法继续下去。我们曾向供应单位追问原因,回答是我场使用的这些试验已经过时了,抗原抗体检测的方法现在已经更新换代了,已由酶联免疫吸附试验和聚合酶链式反应取代了。

为了将抗体检测继续下去,我场不惜代价花了几万元购买了酶标仪等相关的设备,但是过了不久,终因检测试剂成本太高(酶标法检测 1 头份血清抗体,需十几元钱的成本;而使用血凝试验,只要几分钱的成本),无法将检测工作长期坚持下去,最后只能以停止实验室诊断而告终。

第64节 农户推广洋种猪,种猪养成大肥猪

场长通知我和沈明去开会,说有要事商谈。我们进了场长办公室,见到负责销售工作的葛经理也在。场长直接了当地对我俩说,要请我们出差一趟,因为有客户打过多次电话过来,说买了我们场的种猪已有几个月了,现在都过了配种日龄,还未见发情,他们都很着急,不知是怎么回事。因此,需要我俩到现场去看一看,调查一下是疾病的原因,还是饲养管理技术的问题,要给客户一个满意的答复。葛经理也陪我们一起去,详细情况他知道得比较详细。

葛经理告诉我们,这是省里有关部门给我场的一个任务,距我场数百千米之外有一个贫困县,那里有个叫岭下村的地方,共有100多户人家,世代务农,家家养猪,但是至今仍然过着清贫的生活。一天有位领导去该村调研,发现他们养猪不赚钱,分析其原因是猪的品种问题,他们养的是地方品种猪,通常称土种猪,至少需饲养10个月才能出售,体重才50多千克,而且因肥膘多还卖不上价钱。而洋种猪只要饲养5~6个月体重就能达到100多千克,而且是瘦肉型,能卖上好价钱。

当地农民听了领导的介绍,高兴得不得了,都要改养洋种猪,由于我场名气较大,该村派代表到我场来购猪,他们都有养母猪的习惯,每户养1~2头母猪,共计需要100多头二元种母猪,我场也是为了扶贫,以最优惠的价格卖给他们。如今已过去7个月了,大部分母猪都未见发情,当然更谈不上配种,眼看这些洋母猪个个又白又胖,吃的料又好、又多,就是不能配种产仔,养猪户心急如焚,认为是受骗上当了,于是当地

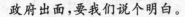

政府出面,要我们说个明白。

我们到现场后,通过挨家挨户调查,发现这些母猪都已有8月龄以上,体重已超过150千克了,按常规6~7月龄就该发情了。我分析农户饲养洋种母猪失败的原因主要有以下几点。

第一,饲料单一,营养不全,没有饲喂全价或配合饲料,精饲料多为农副产品,所以有的母猪过于肥胖,也有的母猪很瘦弱。

第二,猪圈狭小,地面不平整,没有运动余地,光线较暗,猪圈内潮湿污秽,环境较差。

第三,洋种猪的发情表现没有本地猪明显,养猪人缺乏经验,母猪发情时,往往不能及时发现,因此错过了最佳的配种时机。

第四,平时母猪接触不到种公猪,也嗅不到公猪的气味(仅在乡镇兽医站有2头公猪),不易激发母猪发情。

这一事例给我们的启示是,在农村要发展或推广一种产业,事先要做好调查研究,科学决策,要因地制宜,由点到面,稳步发展。我们认为洋二元种猪,并不适合分散到个体农户饲养,应向某些有条件的养猪大户或养猪专业户推广,再由他们来带动个体农户饲养洋三元商品肉猪,这是切实可行的。

我们将以上情况向场长做了汇报,场长对我们的调查结论表示认同,同时要我们写一个调查报告,说明农户饲养洋种母猪失败的原因,提出意见和建议,由场长提交给上级有关部门。我们经过研究,为了不使饲养洋母猪的农户在经济上蒙受损失,我场决定这批种猪按肉猪的价格计算,将多余的钱款退还给养猪户,他们都很满意。

第65节 妊娠母猪突发病,症状符合中毒病

妊娠猪舍的猪群一贯比较平安,我场兽医平时很少光顾妊娠舍,今天几栋妊娠母猪舍的饲养员,接二连三地跑来叫我们兽医去看病,我们预料可能是出现什么问题了,我和宋金立即前往。我走进2号妊娠舍,饲养员老吕焦急地对我说,刚才已死亡2头母猪,还有7～8头猪的病情较严重。我仔细观察每头病猪,病猪均表现神态惊恐、张嘴呼吸,从中流出线状口涎,鼻翼扇动,可视黏膜苍白,臀部、肩部可见肌纤维性震颤,瞳孔缩小,眼球凹陷,严重脱水。其他猪的食欲普遍下降,表现出不同程度的症状。我见到这种状况,立即去1号舍找宋金商讨。

其实宋金的心情也很沉重,但他比我有经验,他断定是发生了中毒病,至于毒源是何物,还需进一步调查。我觉得事关重大,立即向场长汇报,场长当然很重视,亲临现场指挥,他认为饲料中毒的可能性较大,并宣布了几个决定:①饲料厂由小周负责,将可疑饲料全部封存。②由宋金负责组织兽医人员,对中毒病猪进行紧急抢救。③召集班组长会议,调查分析病情、排查毒源。

在班组长会议上,了解到这次发病的猪群,除了妊娠猪舍外,其他猪舍的猪群都安全无恙。因此,将排查范围缩小到妊娠母猪舍。至于对毒源的分析,有人说是鼠药中毒,有的说是有机磷农药中毒,也有人说是药物中毒,甚至有人猜测可能是坏人投毒,建议向公安局报案。由于一时找不到毒源,拿不出证据,无法下结论,但是大家都认为毒源肯定在妊娠猪饲料之

中。于是场长决定由我负责,尽快设计一个测定毒源的试验方案。

　　先谈谈宋金是如何组织兽医们抢救病猪的。全场有4栋妊娠母猪舍,每栋都有百余头不同孕期的母猪,几乎全都发病了,其中重病猪有30～40头,都按中毒病进行治疗:静脉注射5‰糖盐水,肌内注射阿托品,有些病猪还注射了解磷定、强心药等。但是许多病猪都在注射过程中死亡了,共计死亡39头妊娠母猪(大多数是年轻、纯种、妊娠后期的优良母猪)。这次中毒事件给我们兽医的经验教训是:一要及时更换可疑饲料。二是重病例治疗无效,不如尽早放弃。三是治疗中毒病猪补液量和药物用量要充足,并要连续治疗2～3天(如成年母猪,静脉注射5‰糖盐水的用量一次至少2 000毫升)。

　　而我通过对饲料的调查发现,妊娠母猪的饲料成分和添加剂与其他类型猪基本相同,仅仅是多了一种氯化胆碱,于是我们将焦点集中在氯化胆碱上。随机挑选健康的肥育猪(体重70千克以上)30头,分3个圈关养,每圈10头。第一圈饲喂该批可疑带毒的妊娠猪饲料。第二圈饲喂肥育猪饲料,同时添加该批号可疑有毒的氯化胆碱,添加量为0.2‰。第三圈饲喂肥育猪饲料,同时添加以前购置、安全的氯化胆碱,添加量为0.2‰。

　　2天后发现第一圈、第二圈的试验猪有50%以上发病,表现流涎、肌肉震颤等中毒症状,第三圈的试验猪安全无恙。这说明前两圈的妊娠猪饲料有毒,而且确定该批号的氯化胆碱有毒。第三圈的猪未发病,说明合格的氯化胆碱并无毒性。这一试验简单、明了,场长对试验结果也很满意,责成我们写成报告,以便向供应商和厂家要求赔偿。

事后我请教了邹久,他是分管饲料配方和营养的技术员,为什么在妊娠母猪的饲料中要添加氯化胆碱?他说:"氯化胆碱为 B 族维生素的一种,是卵磷脂的组成部分,在构成细胞结构和维持细胞功能上起着重要作用。氯化胆碱含有 3 个不稳定的甲基,可作为甲基的供体,是妊娠母猪所必需的物质,缺少本品时,会引起脂肪肝和眼球、肾脏及其他器官出血,胚胎发育不良。"氯化胆碱为氯化 2-羟乙基三甲胺的白色结晶,无毒,我场应用多年都平安无事,这次出现这种现象,我们也无法解释,只有找生产厂家寻求答案了。

第 66 节　夏季过后备过冬,仔猪怕冷要保温

在猪场工作是闲不住的,成千上万头猪,不仅吃、喝、拉、撒都要管,天气变化时还要细心照顾,稍有疏忽,就可能酿成大祸。饲料中毒事件的处理刚结束,今天场长又召集我们班组长开会了,内容是布置冬季猪舍的增温保暖工作。我感到纳闷,夏天刚过,当前正是秋高气爽的好时节,怎么又要准备过冬啦?

场长说养猪技术他不懂,猪病他也不会治,但他每年必须亲手抓两件事,一是抓冬季猪舍的增温、保温,二是抓夏季猪舍的通风、降温。这是猪场的两件大事,涉及猪场的各个部门,需要密切配合,所以由他亲自来抓。

我场处于长江中下游地区,属亚热带气候,四季分明,冬冷夏热。场长说在我们地区,大热天气约有 3 个月,寒冷气候也有 3 个月,要做好防暑、防寒的准备工作也各需 3 个月时间,所以在猪场工作根本没有空闲的时候,排风机刚停,就要

准备生火炉了。场长说防寒、增温工作的重点是在产房和保育舍。机修组的任务较重,当前要做好以下几件事。

第一,请机修组将去年保育舍内使用过的电热板取出来,一一检查,能用则用,能修就修,报废多少,补充多少,要求每圈配备1块电热板。

第二,据反映,去年在保育舍内使用的风炉,效果不错,既能增温,又可通风,今年继续使用,配套设备若有缺损,及时补上。

第三,产房的保温箱、红外线灯泡也要检查一下,该修的修,需补充的补充。

第四,产房内仍使用大煤炉增温,每栋产房配备2只,缺少的要补上,燃料必须是优质的无烟焦炭。为了确保焦炭的供应,请采购组按计划订购。

第五,每栋猪舍都要认真检查,看门窗有无破损、玻璃是否完整、门帘是否缺少等,由饲养组负责统计,上报场部。

场长说有些问题未曾提及,并非不重要,请各位补充。饲养组的老周发言说,有几栋产房和保育舍的房子老旧,天花板破损,难以保温,要求装置塑料顶棚,以便应急。场长同意了。胡放发现许多猪舍的温、湿度表都坏了,应补充上去,他说舍内温度是否合乎要求,凭感觉是不行的。场长请胡放强调说明一下仔猪保暖的重要性。胡放说:“由于仔猪皮下脂肪很少,体内能源储备有限,对寒冷的适应性很差,舍温20℃是哺乳仔猪的临界温度,保温箱内温度要求更高一些,保育猪舍的临界温度为15℃,低于此温度时,就要注意增温、保温工作了。在低温环境下,不仅影响仔猪的生长发育,还易诱发多种疾病,如仔猪黄痢等。”我也提出冬季是传染性胃肠炎、流行性腹泻等疾病的流行季节,按计划在 10 月份应进行二联苗的普防,请大家配合。

第 67 节 听说传入新猪病,人心惶惶不安宁

近来养猪界人士议论纷纷,说从国外传入一种神秘的新猪病,这种疫病流行很快、传播很广、死亡率很高,猪场一旦感染本病,疾病就能安家落户,以后难以消灭。这种病对猪场的危害程度究竟如何,怎样防治,谁也说不清,因为既看不到文献资料,更没有实践经验,我们几位兽医都感到莫明其妙。本来各规模猪场之间是互不通气的,现在更是严加保密。

在这期间,我们与来场购猪的小刀手和销售员交谈中,有意、无意地了解到许多小道消息,某某猪场的猪群发病了,某某猪场在晚上偷偷摸摸用汽车外运大批死猪,某某猪场因死猪过多,老板负债累累而自杀了,越传越离奇,弄得人心惶惶,更增加了对这个新病的神秘感。

而从目前情况看,我场猪群的整体健康状况还是不错的,未发现什么异常,我们都希望我场能够逃过一劫。为此,场长召开了员工大会,提醒我们千万不能麻痹大意,强调要搞好防疫工作。他宣布从现在起,我场进入猪病防疫的紧急状态,且要做好以下几项工作。

1. 将病原拒之门外 加强门卫制度,场内人员不能随意外出,假期一律暂停,场外人员不准进入猪场,有特殊情况必须经场长批准。

2. 疏散猪群 兽医要检查、清理猪群,淘汰老、弱、病、残猪。销售人员要尽早卖掉合格的商品肉猪,当前场内猪群"只

出不进"。

3. 杀灭病原　加强猪场内外消毒工作,消毒池内的消毒液要天天更换,猪舍内、外环境每天喷洒消毒,圈内猪群每天带猪消毒。

4. 药物防治　扩大预防性药物的使用面,不论大猪、小猪、种猪、肉猪,也不管有病无病,在饲料中都要添加抗菌药物。

5. 免疫接种　按免疫程序要求,规定的疫苗必须注射,没有规定的新疫苗也要注射,未注射疫苗的猪要立即补注,已注过的疫苗也要加强免疫1次。

6. 消灭传染源　兽医要加强巡查,发现可疑病猪及时报告场长,坚决销毁,作无害处理。

散会后宋金对我说,场长提出的6条紧急防疫措施,出发点是好的,但是并不科学而且难以实现,如猪舍内天天要带猪消毒,不论大猪、小猪,也不管种猪、肉猪,也不分有病、无病,一律都要服用抗菌药、不讲免疫程序,还盲目要求多注疫苗,这些做法对猪群的健康不仅没有好处,可能还起反作用,许多人也有同感,于是我向场长反映。场长说现在是非常时期,要求越严越好,否则出了问题谁来负责? 没办法,我们只能遵照执行。

第二天我们走进生产区,见到猪舍内外、大道小路、都洒上厚厚的一层石灰,各栋猪舍的饲养员都在药房门口排队,小丽在忙于发药,我们也忙于注射防疫针。

第68节　母猪发热致流产,我们诊断是流感

3号妊娠母猪舍饲养员老杜,首先发现疫情,他急忙跑来

告诉我们说有头母猪流产了。我们立即前往察看,见到在 5 号床位的后走道上有一摊死胎,我们一只只地过目,共有 12 头,胎毛都已长好。从母猪的档案中看出,距预产期还有 10 天。这是一头第四胎的老母猪,前面三胎都很正常,流产母猪躺卧在狭窄的定位栏内,饲槽内的饲料还剩余好多。病猪精神沉郁,体温 40.5℃。对于该母猪流产的病因,一时难以判断。于是我们顺便检查其他几头妊娠母猪的健康状况,觉得都有点问题,食欲普遍下降,有的精神不振、昏昏欲睡,有的连续咳嗽或呼吸困难,测量几只母猪的体温分别是 41.2℃、40.8℃、41.5℃。我们从未一下子见过这么多的母猪发病,但根据症状初步诊断为流行性感冒。于是我们就按流感治疗,病情轻的猪注射抗菌药物,病情重的猪补液,并注射抗菌药物。

这几天我们几位兽医都集中在妊娠母猪舍治疗,但是病猪依然不断增加,并向各栋妊娠母猪舍蔓延,不同妊娠期的母猪都出现早产、流产、死产或产出弱仔,同时还死了 2 头母猪。

我们忙得不可开交,明知治疗无效,也不敢放弃,但是越治疗,病猪、死猪越多。场长更是心急如焚,不时询问我们这是什么病,是不是从国外传来的新猪病?因为这种病我们都未见过,也未听说过,连相关资料也未看到过,因此谁也无法回答。况且病情还在发展,病状难以捉摸,如 5 号妊娠母猪舍是最早发病的,至今已近 2 周时间了,但病情已日趋缓和,病猪逐渐康复,此时我们做了初步统计,该栋妊娠母猪舍内共关养 120 头不同预产期的母猪,其中体温超过 40℃、精神不振、食欲下降的病猪共有 58 头,其发病率达 48.3%;流产母猪 15 头,流产率为 12.5%;发病期间按预产期正常分晚的母猪有

22头,除4窝出生时基本正常外(后来因母猪缺奶也死亡了),其余18窝仔猪均为弱仔、死胎、木乃伊胎,占15％;发病母猪死亡4头,母猪死亡率约3.3％;流产后的母猪,有部分因不发情、发情不正常或不受胎而被淘汰,至少占20％。这是第一栋妊娠母猪舍发病的资料,接着另外几栋妊娠母猪舍的母猪都先后被感染了,损失情况与第一栋差不多,从第一例流产开始至正常分娩持续6周左右。

　　这是本场妊娠母猪首次大批暴发流产、死产和急性死亡现象,这在过去是从未见到过的。后来我们才知道,这就是从国外传入的新猪病,叫做猪繁殖与呼吸综合征,亦称蓝耳病。后来大家形象地称这次疾病流行为"流产风暴"。从此,拉开了猪繁殖与呼吸综合征在我们猪场持续流行的序幕。

第69节　流产风暴渐消逝,哺乳仔猪又病亡

　　这场突如其来的"流产风暴"弄得我们晕头转向、精疲力竭,但是随着时间的迁移,发热母猪的体温消退了,流产后的母猪又发情并配上种了,新的流产病例也不再出现了,大家都松了一口气。殊不知,病魔阴魂不散,正悄悄地从妊娠母猪舍转移到产房来了。在"流产风暴"期间也有部分妊娠母猪未曾流产,转入产房并正常分娩,当我们正在庆幸这些母猪逃过一劫时,却发现一些产后母猪又出现类似流感的症状,表现体温升高至40℃～41℃、食欲下降、精神沉郁,虽然刚产出的仔猪中,有部分是正常的,但死胎和弱仔的比例升高,达30％～40％,有的表现个体瘦小、无力吮乳,有的仔猪后肢瘫痪或呈"八"字形,不能站立,有的呼吸急促,眼睑水肿或出现顽固性

腹泻,逐渐衰竭死亡,随之母猪的泌乳量减少,即使产出时是健康的仔猪,也因吮乳不足很快消瘦、饥饿死亡。由于哺乳母猪的发病率很高,几乎找不到一头健康的保姆猪,对于这些可怜的新生仔猪,我们曾试图用牛奶喂养,结果都因失败而告终,导致哺乳仔猪成批死亡。发病高峰期,仔猪的死亡率竟高达80%以上,幸存者也成为僵猪。在一段时期内,一个上千头母猪的规模猪场,仔猪的数量竟然是负增长,这种形势对每个场长来说都是一场严峻的考验。

随着时间的推移,我们发现不论是曾经流产或出现过死胎的母猪,还是产后缺乳的母猪,其死亡率并不高,病后都能正常发情、配种和分娩(约有20%的母猪因发情、受胎不正常而被淘汰),下一胎所产的仔猪仍然健康活泼,就产房而言,如今几乎已恢复到本病爆发前的生产水平。我们分析其原因,可能由于病愈的母猪对本病产生了抵抗力,新生仔猪可获得母源抗体保护的原因。

在这场疾病流行期间,我们还惊喜地发现,场内的保育猪、后备种猪和肥育猪均未发病,这意味着虽然当前受到一点损失,今后还可以东山再起,有翻身的机会,于是我们对猪场的生产又恢复了信心。

这时关于猪繁殖与呼吸综合征的信息越来越多了,从一些业务人员的交谈中,我们了解到,在这场风暴中,我场的损失还不算大。后来我们在国外的资料中看到,国外兽医专家曾提出诊断猪繁殖与呼吸综合征有3条临床指标,一是妊娠母猪产出弱仔、死胎、木乃伊胎占同期产仔数的20%以上。二是妊娠母猪流产率占8%以上。三是哺乳仔猪在一段较长时期内,病死率达25%以上。对照我场近期内妊娠母猪和哺乳

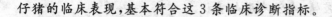

仔猪的临床表现,基本符合这 3 条临床诊断指标。

第 70 节　产房病情才好转,保育仔猪一片蓝

经过几个月的折腾,这场"流产风暴"包括哺乳仔猪死亡的疫情,总算过去了,猪场的生产逐渐恢复正常,大家紧张的心情又一次慢慢地平静下来,全场员工们已有几个月没休假了,场长宣布各班组可自行安排休假。我们兽医组正在开会,安排轮换休息,保育 3 舍的饲养员老陆急匆匆地赶来对我们说保育猪发病了。

我们立即跟他前往,老陆指着 4 号、7 号、8 号几个猪圈说,每个圈内都有几头病猪。细看发现病猪不思饮食,独睡一隅,呼吸急促,打喷嚏,后肢麻痹,肌肉震颤,共济失调,有几只猪的耳尖呈蓝紫色,躯体末端皮肤发绀,双眼水肿,结膜发炎。测量体温的结果让我们吓了一大跳,分别是 41℃、40.5℃、40.8℃,进一步检查其他猪圈内也有类似的病猪。

我们心中都知道,这绝不是个别的普通病,而是一种传染病。可到底是什么病呢? 宋金说可能是流感,王大说有点像气喘病,谁都拿不准。但不论是什么病,都要先打退热针,再服抗菌药。第二天发现,原来的病猪病情加重了,还死了 1 头,新的病例又增加了几个。我感到情况不妙,于是又剖检了几头病猪和死猪,没有见到气喘病的病变,仅见到肺部有出血和气肿的现象,腹股沟淋巴结肿大、充血。在肾表面,有少量出血小点,这时我们都恍然大悟,这不是猪瘟的特征性病变吗? 宋金还进一步证实,早些时候我们进行猪瘟抗体检测,已发现保育猪的抗体水平很低,有许多猪都在保护线以下,由于

当时未见疫情，也没有引起重视。

于是我立即将此情况向场长汇报。场长十分重视，问我应采取什么措施，我想防治猪瘟除了加强免疫，没有其他办法了。场长心中也有数，命令我们立即对全场不论大、小猪群，都要进行1次猪瘟疫苗紧急接种。我们忙了一夜，通宵注射疫苗，终于完成了任务。我们预测过几天病情就会平息下来，殊不知，事与愿违，保育舍内仔猪的病情不但没减轻，反而更加严重了，个别猪还出现神经症状，发病率和死亡率都有所增加，同时还波及其他几栋保育舍，这下子我们都被惊呆了，难道诊断错了吗？

这时小赵又提出可能是伪狂犬病，因为该病也有肾出血点的病变，场长觉得病情发展到如此地步，只能一不做、二不休，再打一针伪狂犬病疫苗吧！于是我们又加了一夜班，打完伪狂犬病疫苗之后，病情依旧，而且越来越严重，我们都感到方法用尽，无计可施了。现在唯一的办法是采集病料，请有关部门进行实验室诊断。我将病料送至省动物防检总站进行检测，经聚合酶链式反应检测，确诊为猪繁殖与呼吸综合征，也就是前面所说的蓝耳病。

省防检站的李主任告诉我们，你场以前母猪发生大批流产和仔猪死亡，属于繁殖障碍型，是本病流行初期的主要症状，也是综合征的一种表现形式。本病的另一种症状，就是保育仔猪发生呼吸困难，由于心、肺功能障碍，影响静脉血的回流，导致部分病猪耳尖呈蓝紫色。现在保育仔猪出现这种情况十分普遍，给猪场带来严重的经济损失，我们也很急，但又拿不出有效的防治措施，据我们所知，本病在我国大、小猪场都有流行，所以有人将本病形象地夸大为"全国一片蓝"。

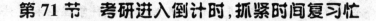

第71节　考研进入倒计时,抓紧时间复习忙

关于报考在职研究生的问题,场长已经同意,我与场方也签订了一个协议。我要趁热打铁,免得日后节外生枝,报名日期也快截止了,我利用休息日赶到农大去报名。

招生简章指出,报考条件是具有大学本科学历,从事动物医疗、动物检疫、动物保护、畜牧生产、兽医执法相关实践经验的在职人员。我的条件完全符合,所以顺利地报了名,同时还向学校老师询问了有关在职研究生的入学考试、学习方式等具体问题。

硕士学位研究生入学资格考试(GCT)由国家统一组织命题和阅卷,主要测试考生的综合素质,内容包括语言表达能力、数学基础能力、逻辑推理能力、外语(语种为英语、俄语、德语或日语)运用能力。

专业课考试由学校自行命题和阅卷,包括兽医基础课、兽医专业课、面试等。

我自己感到专业课考试问题不大,因为刚从学校出来不久,同时工作也没有离开专业。英语是全国统考的,难度有点大,虽然在校时已通过四级英语考试,但这4年来根本用不上,又渐渐地忘掉了,今后要多花点时间复习。关于综合素质考试的内容,心中一点把握也没有,需找点复习资料来看。

采用"进校不离岗"的方式培养,学生在读期间,一切关系留在原单位。

学位论文选题应直接来源于生产实践,应是生产中存在的关键问题,包括针对有重要应用价值或应用背景的问题,应有先进性和一定的难度及工作量。学位论文必须由攻读专业学位者本人独立完成,并能体现其综合运用科学理论和方法解决实际问题的能力。

学习年限一般为 3 年(从入学到获得学位),每年到校面授 2 个月,累计在校学习时间不少于 6 个月。按规定完成课程学习并通过学位论文答辩,可按有关规定授予兽医硕士学位,学位证书由国务院学位委员会办公室统一印制。

报名之后,顺便选购了一大堆复习资料,回到猪场后,上班时间我努力工作,下班之后我咬紧牙关,专心致志复习功课。时间紧迫,距离考试只剩不到 2 个月的时间了,幸好宿舍里有台电风扇,不仅可以吹干汗水,还可驱赶蚊子。功夫不负有心人,通过一番努力之后,我终于拿到了兽医硕士专业学位研究生的录取通知书。

第72节 春节回家过新年,父母给我找对象

最近我父母不断来电话,再三要求我一定要回家过年,并急切地问我到底何时返家。这次催得如此紧急,我也不知是什么原因。其实我父母都很通情达理,自从我参加工作两年多来,都未回家过春节,只要我说工作忙,都得到了他们的谅解。这次总不能让二老失望了,现在距春节还有半个月时间,也该准备一下了。首先要向场长请假,我想问题是不大的,只要把春节期间值班的兽医安排好就行了。再抽空进城一趟,理发,在小商品市场里为自己买了一套价廉物美的新衣服,给父母买点食品。我每月的工资只有 1 000 多元,寄给父母 500 元,再加上日常花销,工资所剩无几,基本没有结余,这次连工

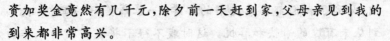

资加奖金竟然有几千元,除夕前一天赶到家,父母亲见到我的到来都非常高兴。

晚上我们一家三口坐在一起促膝谈心。母亲笑眯眯地对我说,这次是叫你回来相亲的,本来这些事我们是不管的,应该自由恋爱。可是你已27岁了,还未找到对象,我们都在牵挂着你。我心想,其实我也是很着急的,只因整天生活在那个封闭的猪场里,没有机会罢了。我急切地问女方是谁,我是否认识,我爸说她就是同村的李小梅,从省卫生学校毕业后在我们县医院做护士。我对小梅的印象很好,她既有现代女性的美丽,又有传统女性的贤惠。我妈问我,看来你是喜欢她了。我说光我喜欢没有用,关键还要看她的意思。我妈高兴地说:"她肯定没有问题,知道你要回家,天天来家里问你回来没有。"

突然间我的心情变得沉重起来,因为我在猪场工作的事至今还瞒着家人,此事对父母可暂时隐瞒,可是找对象或与女友就要实话实说,于是我将在猪场工作的事向父母坦白交代了,他们听了都很震惊,我父亲不满地说:"把你培养到大学毕业,竟然去养猪。"母亲则说:"那些在城里打工的小青年,他们的工作都比你好,还不赶快离开猪场,否则一辈子也找不到老婆。"我再三说明,我并非养猪的,是搞技术工作的,属于场内的干部。但是无论怎么解释,他们总认为在猪场工作就是低人一等。

第二天小梅果然来我家了,我母亲轻轻地告诉我:"别把在猪场工作的事说出去啊!否则这场婚事是谈不成的。"同时又满腔热情地招呼小梅吃这吃那。我们俩人也谈得很投机,她提议到外面去走走,我们边走边谈,不觉走出村庄,爬上山坡,见到了我们都曾读过书的小学,一幕幕美好的回忆,我感到从未有过的愉快和喜悦。这时我不得不将我在猪场工作的事告诉她,顿时我看出她感到很吃惊,并沉默不语,似乎很不理解。面对这种尴尬的局面,谈话也无法再继续下去了,最后我们互留了对方的手机号,各自回家去了。

春节过后回到猪场,收到小梅的短信,她很客气地提出我们的关系到此为止,不要再发展下去了,显然她是瞧不起我在猪场的工作。

第73节 疫苗厂家搞促销,专家讲课送资料

场长通知我和宋金今天上午八点半,到市内某宾馆参加某公司召开的猪病研讨会,会上有著名专家做猪病防治专题报告,参加者不仅不用交学费,还可得到一份资料和礼品,还提供免费的午餐。这种美差谁不愿意去呢!我们一早起床就赶头班车前往,与会者陆陆续续来到会场。从登记表中可以发现,他们都来自周边县(市)大小不等的猪场,规模大的有上千头母猪,小的只有几十头母猪。

会前这些养猪人,都在三五成群地交流养猪的情况。说起猪病,家家都有一本难念的经。来自小猪场的领导们,毫无顾忌,毫不掩饰地与同行们交流,自己的猪场最近得了什么病、死了多少猪、亏了多少钱等。而我们这些来自规模猪场的员工,只听不说,因为对疫情保密是规模猪场的潜规则。会前我们就获得了许多宝贵的信息,我所关心的是猪病的发病情况,但相比之下,我场猪群的发病率还不算高,病死率也不算多。

　　这次是由海归杨博士讲课，题目是"猪繁殖与呼吸综合征"，其实就是我们所称的蓝耳病。他说这个病是20世纪80年代末，首先在美国的猪群中发现，传播极其迅速，流行非常广泛，不到10年时间，传遍了世界上许多养猪的国家，我国也不例外，在2000年前后，该病在我国大暴发，在流行期间，不论猪场大小，也不论条件好坏，常规的防治措施都不见效，猪群的发病率和死亡率居高不下，流行时间之久，经济损失之大都是前所未有的。

　　杨博士说："从猪繁殖与呼吸综合征的病名可以看出，本病的症状或危害可包括两个部分，一是引起生产母猪的繁殖障碍，二是保育仔猪发生呼吸道的疾病。这几年的临床实践中也证实，本病流行初期主要危害妊娠母猪，发生流产、死产或产出木乃伊、弱仔等，或引起哺乳仔猪死亡，导致了繁殖障碍，而患病母猪本身的死亡率则不高。随着病情的发展，繁殖障碍的症状消失了，但保育仔猪发生呼吸困难，由于缺氧可导致病猪的耳、嘴唇、四肢末端呈蓝紫色。至于本病的防治，目前尚无特效的或较为满意的措施。"

　　其实杨博士对本病的临床情况并不十分了解，但对本病的病原，则有较深的研究，他说本病是由病毒引起的，在分类上可归属于动脉炎病毒的成员，病毒粒子呈球形，本病毒只能在极少的几种细胞上复制、增殖，并能产生细胞病变，如猪肺巨噬细胞等。本病毒的特点是不断地产生变异，不仅是病毒基因序列发生变异，其毒力和致病性也发生变异，这一特性给我们的临床诊断带来了困难，也给疫苗的研制增加了困难。还有一个特点就是病毒感染后产生的抗体，大部分没有中和活性，所以本病的抗体检测，只能作为衡量感染的指标，不能说明机体保护力的指标。目前已知本病毒有 2 个亚群,即美洲型与欧洲型,在我国流行的以美洲型为主。关于本病毒的起源及免疫和发病机制等诸多的问题,还不很清楚,所以美国人称之为"神秘猪病"。

我听了之后觉得收获不少,证实了我场近年来流行的这场可怕的疾病就是蓝耳病,虽然他也拿不出有效的防治措施,至少在理论上增加了一些知识,但我看有的人已经听得不耐烦了,有的谈话,有的接听手机,有的在走廊内抽烟,还有的带来小孩在吵闹,都等着吃饭了。

杨博士讲完之后,紧接着该公司的销售人员开始介绍他们的产品"蓝耳病活疫苗",这是从国外进口的,国内独家经营,但是价格高昂,小猪场嫌贵,一些大猪场纷纷订购。我和宋金是打工者,没有采购权,只能回去向场长汇报。

第 74 节　保育仔猪问题多,常规防治不见效

是否要订购进口的蓝耳病疫苗,场长的态度很谨慎,因为疫苗的价格太高了,我场猪的数量多,需要支出一大笔经费,而免疫效果如何还不能肯定。分析我场猪群的疫情,当前虽已相对稳定了,但是病猪仍然天天有,特别是保育舍内的仔猪,还是不能恢复到患病以前的水平,这是什么原因导致的很难说得清。有的病猪呈呼吸困难,有的表现发热、腹泻,有的食欲下降、消瘦,成了僵猪。一个猪圈内只有 1～2 头病猪,同圈的多数猪也不会被感染。如果说是普通病,在同一栋猪舍内有至少十几头甚至几十头症状类似的病猪。有的病猪能治好,有的病猪治不好,有的不治也能自愈。在饲料中添加一些

抗菌药物,发病率似乎降低了一点,但也无法拿出具体的数据来。对一个规模猪场来讲,一天死几头猪,算不了什么,可是长年累月地下去,积少成多,这笔损失也是非常可观的。

我想对于当前状况,首先要弄清到底发生了什么病,既然临床症状难以确诊,那就采集病料送有关单位进行实验室诊断,结果检测后发现了多种病原,在一头猪的病料中少则检出2～3种病原,多的达4～5种病原。其中主要病毒有猪繁殖与呼吸综合征病毒、圆环病毒、伪狂犬病病毒、猪瘟病毒等,细菌有链球菌、支原体、副猪嗜血杆菌等,如此多的病原,到底谁主谁次也难以分辨。

检测报告结论指出,这是由于病猪免疫功能下降而导致的一种复合感染,分析认为,猪繁殖与呼吸综合征仍然起着主导作用,因为该病病毒主要侵害病猪肺部的巨噬细胞,使呼吸系统免疫功能下降,易发生呼吸道的各种疾病综合征。专家指出,在这种情况下,任何一种单一的措施都是无效的,应进行综合防治。

但如何进行综合防治呢?我们兽医组开会进行讨论,大家各有各的说法,无法统一,更难以实现。此时宋金似乎有了新发现,他说在2号保育猪舍内的仔猪都较健康,同样条件下该猪舍保育猪的死亡率在3％～5％,而其他保育舍的死亡率都在10％以上,有的甚至高达30％。据他分析是由于该猪舍饲养员老蒋工作认真负责,经验丰富,是一位老饲养员了,而其他猪舍的饲养员,多是新手,操作不规范。他还说,猪是要人去养的,养猪人不懂技术,怎能把猪养好?

大家都认为宋金说得有理,纷纷补充说明,由于近年来,饲养员的流动性较大,新手较多,养猪方法也是各有一套。为了做好综合防治工作,使猪场的饲养管理工作达到科学化、规范化,而且也便于监督和检查,我们建议根据我场的具体情况和各类猪的特点,提出目标和任务,制订出一系列的饲养管理操作规程和工作守则。

我们将讨论情况和建议向场长汇报之后,场长十分支持,并责成我和宋金、沈明三人负责执笔。制订"产房工作守则"等 6 个不同猪群的饲养员工作守则,经场长批准后,打印成册,每个员工一册,并放大复印,张贴在每栋猪舍内;还根据不同猪舍的不同要求,由我们几位技术人员负责讲解,对饲养员分期分批进行培训。下面分节介绍一下各守则的具体内容。

第 75 节 产房工作最复杂,制订守则要具体

产房工作守则

产房的工作目标是:哺乳仔猪成活率要求在 97% 以上,仔猪 3 周龄断奶平均体重 6 千克以上,4 周龄断奶平均体重 7 千克以上。

产房的猪只实行"全进全出"制度。当一批母猪和仔猪转出后,立即对产房的床位、饲槽、栏杆、保温箱、垫板、门窗、地面及产房内、外环境进行全面、彻底的清扫、冲洗和擦拭,待干燥后用消毒剂喷洒消毒,并闲置、净化 2 天后才能进猪。

妊娠母猪于临产前 5~7 天转入产房待产,进入产房前对母猪体表进行喷洒消毒。要检查母猪的档案卡,了解其品系、胎次、健康状况和预产期,并将档案卡挂在母猪床位前。

饲喂母猪的湿料,要求拌和均匀,现拌现喂,若上一餐饲

料没有吃完,必须清除剩料,清洗饲槽后才能加入下一餐的饲料,防止饲喂霉变饲料。对体况、膘情较好的母猪,可适当减少精饲料喂量,同时补充一些青绿饲料,对膘情较差的母猪,应酌情增加精饲料。

当待产母猪乳房膨胀、潮红,用手挤有乳汁流出时,表明其将要临产,如果母猪有频频排尿、站立不安、食欲下降等表现,说明即将分娩,这时要有人值班接产。

发现母猪羊膜破裂,流出黏性的羊水时,表明仔猪就要出生,此时应做好一切接产的准备工作,如高锰酸钾消毒液、毛巾、碘酊、剪刀等,并用高锰酸钾溶液消毒和清洗母猪乳房,在寒冷季节要注意调节产房和保温箱的温度,夜间分娩时要有照明设施。

仔猪出生后,接产员要及时清除新生仔猪口腔、鼻腔内的黏液,用布擦去体表的胎衣及黏液,并将脐带内的血液挤入仔猪体内后,在距仔猪腹部5厘米处剪断脐带,同时用碘酊消毒断端。对于弱小的仔猪应人为地将其固定在母猪胸部乳头吮乳。需寄养的仔猪,应让其吮足初乳,并至少经6小时后才能转给保姆猪寄养,为避免排异,寄养时应涂上寄养母猪的乳汁,并安排在夜间进行。

当母猪分娩结束后,饲养员要检查胎衣数和胎儿是否一致,并如实填表上报产仔数,包括健仔数、弱仔数和死胎数,要给产后的母猪饮喂含食盐的温水,并给予少量麸皮等易消化的饲料。在产后3天内每天添加50克益母草干粉,混于饲料中口服,以利于排出子宫内的分泌物。

随时注意母猪的起卧、食欲和乳汁分泌情况,精心护理仔猪。当听到仔猪被压的叫声,要迅速将母猪赶起,救出仔猪,避免或减少意外死亡。仔猪 1 周龄即可开食,饲喂仔猪用的全价颗粒饲料,做到少给勤添,保持饲料的色、香、味。至 20 日龄时,基本能主动吃料。本场定于 25 日龄前后断奶,断奶时应先将母猪迁出,让仔猪在原栏位内逗留数天后再转入保育猪舍。

产房的环境应保持安静,不要在产房内吵闹、大声喧哗,产房的舍温应保持在 20℃以上,相对湿度 60%~70%,风速 0.2 米/秒。仔猪保温箱内的温度要求 0~7 日龄时为 32℃~34℃,8~12 日龄时为 20℃~28℃。

为防止仔猪黄痢的发生,在不同的季节应注意以下事项:①寒冷冬季仔猪怕冷,注意产房的增温和保温,夜间防止贼风吹入,同时也要重视通风换气。②炎热季节母猪怕热,可给予头部滴水降温,但要避免产房内过于潮湿,注意通风。③春、秋季节昼夜温差较大,夜间要关好门窗,做好晚上的防寒保温工作。

产房的饲养管理工作,是猪场中责任性较重、技术性较强的岗位。饲养人员要不断地提高业务水平,发现母猪或仔猪患病,应及时报告兽医,配合兽医搞好疾病防治工作。

第 76 节 保育仔猪是难关,制订守则保平安

保育猪舍工作守则

保育猪舍的工作目标是:保育期仔猪成活率达到 95% 以上,10 周龄转出时体重应达 20 千克以上。

保育舍实行"全进全出"制度,舍内猪群按计划饲养到期

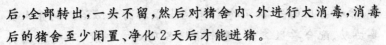

后,全部转出,一头不留,然后对猪舍内、外进行大消毒,消毒后的猪舍至少闲置、净化2天后才能进猪。

在猪舍消毒闲置期间,饲养人员要对破损的圈舍、围栏、地面、门窗等处进行修复,猪舍内外的明沟、暗渠要进行疏通,缺少的工具、物品及时补充。总结上一批仔猪饲养的经验教训,迎接下一批仔猪进舍。

从产房进入本舍的仔猪,需经兽医技术人员的检疫,确认发育正常、健康无病的仔猪才能进舍。保育仔猪在本舍的饲养期为35～40天。

仔猪进出本猪舍都要称体重,以便了解其生长速度和料肉比。仔猪进舍后按个体大、小分圈饲养,同时也要兼顾同窝仔猪尽量不要分开,饲养密度按每平方米2头计算。

根据季节、气候的变化,随时调节舍内的小气候,如适时开、关门窗,定时启动通风装置,当舍温低于16℃时,要设法增温(如使用电热板)、保温。当舍内空气污浊,有害气体超标时,除了加强通风换气外,应喷洒空气洁净消毒剂。

每天早、中、晚3次观察每头猪的健康状况,包括精神、食欲、粪便、呼吸等变化,若发现病、弱仔猪,及时隔离分群饲养,以便特别护理,同时报告兽医进一步处理。

当发现个别较为严重的病猪或死亡病例时,及时报告兽医,清除传染源,对受污染的场所、物品和同圈的猪群进行临时性消毒。

进入本舍1周内的仔猪,要限量饲喂,做到少喂勤添,待1周后逐渐放开限量,实行自由采食,同时根据仔猪的不同生长阶段,给予不同的优质配合饲料。

在保育期间,仔猪要进行猪瘟、口蹄疫等疫苗的免疫接种,根据兽医的安排,在饲料中适当添加药物防治。饲养人员要协助、配合兽医工作,遵守猪场各项规章制度,不随意到其他猪舍内串门。

第77节　肥猪最怕热应激,如何避免订守则

肥育猪舍工作守则

肥育猪舍的工作目标是:肥育阶段猪群成活率达99%,饲料利用率为3:1,肥育阶段110天(全期饲养日龄180天),体重达100千克以上。

本舍实行"全进全出"制度,当一批肥猪育成出售后,立即打扫猪舍内、外卫生,清除积粪,疏通沟渠,并进行大消毒,消毒后需闲置、净化2天以后才能进猪。

当猪群从保育舍转入本舍时,按个体大小、体质强弱、公母性别分圈饲养。猪圈地面应平整,猪舍通风要良好,饲养密度要适中(每头猪需2米^{2}面积),每圈不超过20头。

猪群入圈后,要不断调教,训练猪只吃料、睡觉、排便三点定位,要保持猪圈清洁、干燥,禁止用水冲刷猪圈。

肥育猪怕热,当温度超过30℃时,应采取加大通风量、启用排风扇、减少猪圈容猪头数等措施降温。

每天上、下午都要观察、检查每头猪的健康状况,包括精神、食欲、排便、呼吸等变化,发现病猪及时隔离,同时报告兽医进一步处理。

分群合群时,为了减少相互咬斗而产生应激,要遵守留弱不留强、拆多不拆少、夜并昼不并的原则,并对合群的猪喷洒

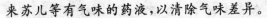

来苏儿等有气味的药液,以清除气味差异。

肥育猪采用干料饲喂,75～119 日龄饲喂中猪料,120～180 日龄饲喂大猪料,提供足够的饮水。至 150 日龄以后,生长速度达到高峰,以后逐渐缓慢,为节省饲料,这期间可适当限饲。

出售肥育猪时,不准让购猪者进入猪圈内挑选,已赶出猪圈出售的肥猪,不能再返回原圈,应另设隔离舍暂存。因此,出栏要事先鉴定合格后才能出场,残次猪另行处理。

要重视猪场后门的防疫、消毒工作,购猪车不能驶进猪场,出猪台要延伸至猪场以外,饲养人员不准赶猪上车。

第 78 节　后备种猪作种用,繁殖后代任务重

后备种猪舍工作守则

后备种猪舍的工作目标是:后备母猪使用前合格率在 90% 以上,后备公猪使用前合格率在 80% 以上。

本舍实行"全进全出"制度,当一批猪全部转出后,立即打扫猪舍内外卫生,清除积粪,疏通沟渠,并进行大消毒,消毒后至少闲置、净化 2 天后才能进猪。

从保育舍进入本舍的后备母猪(70～75 日龄),需经畜牧兽医技术人员选育和检疫,合格后方能入舍,直到种猪出售或到初配日龄(8 月龄左右)时方可离开本舍。

后备种猪适合平地圈养,每个猪圈不宜超过 10 头,当猪群进入本舍时,应按个体大小、体质强弱以及公、母性别分开饲养。

后备种猪舍要求清洁、干燥,当猪群进入本舍时首先要进行调教,做到吃料、排泄、睡眠三点定位。为了保持猪圈干燥,平时禁止用水冲圈,应用扫把或铲子清除猪粪。

后备种猪较耐寒,即使在冬季也可利用猪体散发的热量,不必另行加温,但要注意适时关闭门窗,防止贼风吹入。后备种猪夏季怕热,当温度超过30℃以上时,要采取加大通风量、搭凉棚、减少猪圈容猪头数等措施降温。

为了预防繁殖障碍性传染病,这期间的种猪要接种多种疫苗,如流行性乙型脑炎、细小病毒病、伪狂犬病、猪瘟等的疫苗。饲养人员要配合兽医人员完成疫苗注射工作。

后备种猪正处于生长发育旺盛阶段,需要提供优质的全价饲料。实行干喂,自由采食,为了避免养得过肥,日粮中能量含量应低于肥育猪的10%。

做好后备母猪发情记录,并将该记录移交配种舍人员,母猪发情记录从6月龄开始,仔细观察初次发情期,以便在第二至第三次发情时配种。

每天早、中、晚3次观察、检查每头猪的健康状况,包括精神、食欲、排便、呼吸等变化,发现病弱者及时分群隔离饲养,同时报告兽医进一步处理。

第79节　配种舍内公母猪,按照计划去配种

配种猪舍工作守则

配种舍的工作目标是:按计划完成每周配种任务,确保全年均衡生产。要求配种分娩率在85%以上,达到窝平均产活

仔数 10 头以上。

配种舍包括配种公猪和待配母猪,而待配母猪又可分为初配新母猪和断奶后经产母猪,进入本舍前都要经过技术员选择和检疫,合格后方能进舍。

在配种舍内,公猪实行圈养,母猪实行定位栏养,因此种猪进舍前要安排好公猪的猪圈和母猪的床位,并要彻底清扫、冲洗和消毒,待干燥后方可引猪进舍。

要了解每头待配母猪的档案,预测发情和配种日期,确定配种公猪和配种方式(人工授精或自然交配)以及配种次数。

细心观察,及时发现母猪发情的征候,正确掌握配种的适宜时机,是配种舍饲养人员必须具备的基本条件。

配种后将母猪由待配栏转移至观察栏内,经 20 天左右(1 个发情期)的观察,若不再出现发情征候,母猪呈现食欲增加、性情温驯、贪睡等妊娠特征,即可初步确定该母猪已妊娠。若有疑问可用妊娠诊断仪测定。确定妊娠后,填写档案卡,推算预产期,并迁至妊娠舍中饲养。

配种舍实行湿拌料饲喂,现拌现喂,拌和均匀。饲槽内若有剩料,必须清除后才能添加新料,不喂霉变饲料。妊娠前期胎儿发育很慢,这期间不必加料。

若母猪反复发情,屡配不孕,或阴门流出恶露、脓液以至出现全身症状等病理表现,应及时报告兽医,配合诊治。

妊娠初期,胚胎着床不牢固,容易引起流产或死胎,特别是头胎母猪,要避免激烈运动或鞭打、追赶,应细心护理。

猪圈、床位要保持清洁、干燥,见有粪便随时清扫,不用水冲圈。成年猪夏季怕热,当温度超过 30℃,要注意通风降温。特别是种公猪更不耐热,尽可能采取先进的降温防暑措施。

种公猪实行一猪一圈的饲养方法,避免两猪相遇发生咬架或其他意外,公猪圈要勤打扫,保持清洁干燥,场地宽敞,有运动的余地。

定期检查种公猪精液的品质,包括病原微生物的检查,发现问题及时采取相应措施。

第80节 人工授精订规程,按部就班去执行

人工授精操作规程

1. 精液的常温保存 精液稀释后(按精液量、精子密度、精子活力等确定稀释倍数),再检查精子的活力,若没有明显下降,则按每头份80～90毫升分装。

分装后瓶上加盖密封,并在输精瓶上写清公猪的耳号和采精日期(月、日、时)。

置于22℃～25℃室温中1小时后(或用几层毛巾包好后)直接放置在17℃的冰箱中。

保存过程中要求每12小时将精液混匀1次,防止精子沉淀而引起死亡。

每天检查精液保存温度,并进行记录,若出现停电,应全面检查贮存的精液品质。

尽量减少保存精液冰箱的关、开次数,以免对精子产生打击而导致损害或死亡。

2. 发情鉴定 母猪发情周期平均为21天(19～23天),大多数经产母猪一般在仔猪断奶后1周内(3～7天)可再次发情排卵,配种受胎。

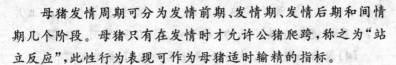

母猪发情周期可分为发情前期、发情期、发情后期和间情期几个阶段。母猪只有在发情时才允许公猪爬跨,称之为"站立反应",此性行为表现可作为母猪适时输精的指标。

母猪各发情阶段的特征如下。

发情前期:母猪举动不安,外阴部肿胀,由淡黄色变为红色,这种变化在新母猪尤为明显。阴道分泌黏液,其黏度渐渐增加。在此期间母猪不允许人骑在背上。此期平均有 2.7 天,不宜输精配种。

发情期:平均为 2.5 天,特征为母猪外阴部肿胀,红色开始减退,分泌物变浓厚,黏度增加。此时母猪允许压背而不动,压背时,母猪双耳竖起向后,后肢紧绷。

发情后期:1~2 天,发情母猪的外阴部完全恢复正常,不允许公猪爬跨。

间情期:13~14 天,母猪完全恢复正常状态。

每日至少要做 2 次试情(每天 6:30~8:30 和 16:30~17:30),即在安静的环境下,有公猪在旁时压背,以观察其站立反应。试情公猪一般选用善于交配、唾液分泌旺盛、行动缓慢的老公猪。

做好发情检查的完整记录,包括发情母猪耳号、胎次、发情时间、外阴部变化、压背反应等。

3. 输精操作规程

(1)输精次数 2~3 次。

(2)输精时间 断奶后 3~6 天发情的经产母猪,出现站立反应后 6~12 小时进行第一次输精。新母猪和断奶后 7 天以上发情的经产母猪,出现站立反应后立即输精。

(3)精液检查 从 17℃冰箱中取出精液,轻轻摇匀,用灭菌滴管吸取1滴放于预热的载玻片上,置于37℃恒温板上片刻,用显微镜检查精子活力,精子活力>0.7,才可进行输精。

(4)输精方法 将试情公猪赶至待配母猪栏之前,使母猪在输精时与公猪的嘴、鼻部接触。输精人员清洗消毒双手。用0.1%高锰酸钾溶液清洗母猪外阴部、尾根及臀部周围,再用温水浸湿毛巾,擦干外阴部。

从密封袋中取出未受任何污染的一次性输精管(手不要接触输精管前2/3部分),在其前端涂上精液作为润滑液。

将输精管呈45°角向上插入母猪生殖道内,输精管进入3～4厘米后,顺时针旋转,当感觉有阻力时,继续缓慢旋转,同时前后移动,直到感觉输精管前端被锁定(轻轻回拉不动),可以确认已被子宫颈锁定。

从精液贮存箱取出品质合格的精液,确认公猪品种、耳号。缓慢颠倒摇匀精液,用剪刀剪去袋嘴,接到输精管上,开始进行输精。

输精时抚摸母猪的乳房或外阴部,压背刺激母猪,使其子宫收缩产生负压,将精液吸纳,输精时勿将精液挤入母猪的阴道内,防止精液倒流。

控制输精瓶的高低来调节输精的时间,输精时间要求在3～5分钟,输完一头母猪后,应在避免空气进入母猪生殖道的情况下,把输精管后端一小段折起,插入精液袋角尖的孔内,使其滞留在生殖道内3～5分钟,让输精管慢慢滑落。

从17℃精液保存箱中取出的精液,无须升温至37℃,摇匀后可直接输精,但是检查精液活力需要将玻片预热至37℃。

经产母猪用一次性海绵头输精管,输精前检查海绵头是否松动;新母猪用一次性螺旋头输精管。为防止子宫内膜炎发生,每头母猪输精都应使用一条新的输精管。

每头母猪在一个发情期内要求至少输精2～3次,每次输精间隔8小时左右,输精结束后,填写母猪档案卡、配种记录。

第81节　研究生班已开学,同学之间先熟悉

今天是在职研究生班开学第一天,第一节课是由兽医学院的院长讲话。他首先祝贺我们考上了在职硕士研究生,他说你们都来自各个单位,肩负重要的责任,百忙之中抽出时间来参加学习,对于你们这种积极上进的精神,表示敬佩,并对各位同学的到来表示热烈地欢迎。接着他简要地介绍了兽医学院的历史、现状及今后的规划。同学们对老师的热情关怀和精心安排深表感激,对学校优美的环境和浓郁的学术氛围都很满意,能在这样的学校里学习,值得珍惜。

接下来由班主任方老师主持召开第一次班会。方老师说:"我们班共有40位同学,来自五湖四海,我们是有缘千里来相会,首先我们来互动一下,请各位自报门户,自我介绍,然后选出班干部,宣布学习计划和纪律,最后还要请同学们献计献策如何将我们的研究生班办得更好。"

方老师说:"从我的右边开始,一个个同学轮流介绍,讲点什么内容,由你们自己发挥,每人讲3～5分钟。"首先杨为民自我介绍,他站起来笑着说:"在座的大部分同志我们都认识,不过我还是要按照方老师的要求做自我介绍,我叫杨为民,是本省畜牧局副局长。8年前从本校畜牧专业毕业,一直都在畜牧战线上工作。大家都知道,近几年来家畜疫病猖獗,我省

动物的检验、检疫和食品安全任务很繁重,在发展畜牧业的同时,必须搞好防疫工作。我是学畜牧专业的,深感兽医知识的缺乏,于是趁此机会来充电,谢谢大家!"接着同学们都按照杨局长的讲话模式来介绍自己,有的是主任、站长,最小的干部也是公务员,还有企业的老总、老板或外资企业(经营兽药或疫苗)的中层干部,只有我一人是来自猪场的打工者,地位最低,工资最少。他们都住在宾馆里,只有我住在学校的招待所,因为住宿费较便宜。

最后选出了班长和班干部,个个都是能说会道的官员。方老师介绍了本学期课程,有哲学、英语及专业的基础课。晚上有位同学提议,为了庆祝我们研究生班的开学,我请各位到某大饭店去喝酒,当然我也跟着去了。这位同学出手很大方,点了满满一大桌菜,很丰盛,喝的也是高档酒。酒喝多了,话也多了,大家虽然都是初次见面,但都有说不完的话,一是比收入,他们一个比一个高。二是谈工作,各有各的难处。三是谈生活,家家都有一本难念的经。酒足饭饱之后个个都争着买单,后来还是我们的新班长提议,今后来日方长,吃喝机会多多,我们轮流做东好不好,大家一致同意。今天由班长来买单,不过他又好心地对我说,小朱你就免了吧,不为难你了。

听了这句话,我的感觉是既高兴又难过,高兴的是感谢同学们对我的照顾和关心,难过的是觉得自己在猪场工作地位低、收入少,穷得让人怜悯,我更感觉自卑了,同时也促使我决心为了今后能够找到一个好工作,一定要坚持学习,将硕士文凭拿到手。

第82节　病料检出圆环病,蓝耳圆环难分清

近来我们发现,猪场疫病有了新动向,不仅是猪的病死率有所增加,易感猪的发病日龄也有所变化,过去是断奶后1～2周龄(40～50日龄)的仔猪开始发病,如今逐渐推迟到50～100日龄才开始发病,也就是说从保育舍到肥育猪舍都可见到类似的病猪。其发病率在不同的猪舍或批次之间是有差别的,即使在同一栋猪舍,各猪圈间也有不同,发病率高低差异较大,低的仅5%左右,高的可达30%以上。病死率加病淘率(僵猪)可高达50%～70%。本病的病程2周左右,抗菌药物疗效不佳,但是也有部分病猪能治愈或自愈。

病猪的症状既有一致性,但个体间亦有差别,主要表现呼吸急促、食欲下降和消瘦,大致可分为两种类型,一类是体温正常,病猪饮食逐渐减少,皮肤苍白、消瘦。有部分病猪的皮肤出现不规则的红紫斑和丘疹,从四肢、腹部蔓延至胸、背部和耳部。会阴和四肢末端的紫斑破溃,呈黑色结痂,有的病猪腹泻,黄疸、腹股沟淋巴结明显肿大,有的病猪流鼻液,咳嗽,眼结膜炎,分泌物增多,泪斑明显,被毛粗乱,生长缓慢或停滞,病猪的精神沉郁,反应迟钝,驱赶时也无明显反应。

另一类病猪体温升高(40℃～42℃),不同个体体温的高低不一,同一头病猪早、晚的体温也有差别,使用退热药或某些抗菌药物之后,体温即能下降,但不久又可反弹,病猪呈昏迷状态,扎堆而卧,强行拉开又回复原位。有的病猪皮肤发红或苍白,有的在耳尖、鼻端、四蹄冠部和下腹部的皮肤呈紫色,有的膝关节肿大、跛行。

剖检病变也不尽相同,淋巴结水肿,切面为均匀的白色,有的病猪支气管和细支气管纤维化,有肉芽肿,表现增生性和坏死性肺炎。有的病猪肾水肿,被膜下有坏死灶,肝脏小叶间结缔组织增生,胆囊充满胆汁。有的病猪肠道发生出血性炎症,有的病猪皮肤出现圆形或不规则的紫色隆起。

这些症状似乎与蓝耳病有别,于是我们将病料(淋巴结、肺)送至省兽医疫病防控中心检测,经聚合酶链式反应检测查出抗原为圆环病毒,从此我场又增添了一个新猪病。

对于圆环病毒病,我们曾经听说过,但不甚了解,想不到这个瘟神早已光临我场,我们不得不想尽办法查阅资料。本病又称为断奶仔猪多系统衰竭综合征,病原为猪圆环病毒2型(圆环病毒1型无致病牲)。近年来世界各养猪国家和地区都有本病流行的报道,我国的流行也相当普遍,几乎所有规模猪场都存在本病,导致病猪的死亡或成为僵猪,肥育猪出栏期推迟,母猪出现繁殖障碍,同时还可发生一些相关的疾病,如猪皮炎与肾病综合征、猪呼吸道疾病综合征等,引起免疫抑制,降低其他疫苗的免疫效果,增加了多种疾病并发感染的机会,圆环病毒病是继蓝耳病之后,又一个给猪场带来大麻烦的猪病。

第83节　母猪服药后死亡,利巴韦林是祸根

祸不单行,保育猪舍才查出圆环病毒病,妊娠母猪舍的母猪又出问题了。事故发生在5号妊娠母猪舍,前几天从配种舍转来25头母猪,每头都已确认妊娠1个月以上了,饲养员章耕感到这批猪的精神较差,有几头猪的食欲欠佳,还有部分

猪鼻流清液,他怀疑是流感。为了避免疫情扩大,他拿了一包抗病毒药,拌和在 50 千克饲料中,供 25 头妊娠母猪猪喂服(妊娠母猪猪关在定位栏中,单个饲喂湿料,现拌现喂)。老章在本场工作已有 3～4 年,是位老饲养员了,以往遇到猪有点小毛病时,都是这样做的,所以也没有告诉兽医。按常规连喂3 天,第一天喂后没有发现什么问题。

第二天喂后不久这批猪就陆续出现病状,共同特点是精神沉郁、肌肉震颤、呼吸困难、张嘴流涎,有的站立不稳,有的倒地不起、呈强直痉挛,有的瞳孔放大、呈惊恐状态,十分吓人。章耕见到这种状态,心急如焚,急忙寻找兽医。

当我们到达时已死亡 2 头,我们没有剖检,也没有时间去剖检了,因为抢救病猪要紧,中毒是肯定的,症状也是一目了然的。我们询问饲养员老章,该栋猪舍共有多少猪? 发病多少头? 他说共有 60 多头妊娠母猪,发病猪只限 25 头新迁入的新母猪,这些病猪都喂过抗感冒药。我们又问是什么药,他也说不清,拿着药物的包装纸袋给我们看,上面明明白白地写着病毒唑。该药物确实是我场购进的,已使用很长时期了,其他猪群都曾使用过,从未发现什么问题,这次为何出现如此严重的反应?

我们进一步询问章耕使用的剂量如何控制,他说 1 包药混 50 千克饲料,一次吃完,而药物包装袋上写明每包重 500克,均匀拌于 1 吨饲料中口服。好家伙,足足超过 20 倍的剂量,看样子病毒唑中毒是确诊无疑的了。

接下来的问题是如何紧急抢救,由于该药物中毒目前尚无特效解毒药,只能用 5% 糖盐水滴注。我吸取上次氯化胆碱(含毒)中毒的教训,对重度中毒的病猪放弃治疗,对中度中毒的病猪静脉滴注5‰糖盐水，每日1次，每次不少于2000毫升(体重100千克以上)，连用2天有较好的疗效。这次重度和中度中毒的妊娠母猪共25头，其中抢救无效死亡9头，流产5头，治愈11头。

病毒唑又名利巴韦林，据介绍是一种广谱长效抗病毒药，目前用于病毒性疾病的防治，但本品有一定的毒性，必须在兽医指导下使用。为此，场长对我们的工作进行了严厉的批评，从此我们制订了关于有毒药物的管理制度。我们几位兽医都一致认为，病毒唑治疗病毒病的效果并不好，而且容易中毒，这次给我场带来严重的经济损失，决定今后停止使用，并立即从药架上清除。后来我们是从养猪的期刊上才看到有关部门的通知，国家已将利巴韦林列为动物禁用药物。

通过这次利巴韦林中毒事件，我对猪场猪病防治工作中药物的使用情况做了反省和检查，觉得问题多多，不论是兽医还是饲养员，平时都不了解常用药物的药理性能，使用时不细看药物的说明书，而药物新产品不断出现，药物的商品名称也五花八门，而使用药物的人们仅凭感觉、经验或道听途说对健猪、病猪进行药物防治，我认为是非失败不可的。当前的猪病复杂，病、亡损失严重，其中固然有疾病的因素，但也有药物使用不当的后果，甚至药害大于病害。

第84节　自从传入蓝耳病，"副猪"成了指示病

最近剖检死亡的保育病猪，常常发现一种很特殊的病变，在心、肺以至肝表面，覆盖厚厚一层石灰样的物质，病理术语叫纤维素性渗出物，病程较长还可变成脓性、干酪样物质，同

时还可以见到心脏肥大、心包积水,胸腔积有大量浑浊的液体。有时还波及腹腔,在肝、肠管的浆膜层都有许多化脓性物质。此外,肺部也存在严重的充血、出血、气肿、水肿、实变等病变,淋巴结肿大,尤以腹股沟淋巴结肿大最为严重,在体表都可摸到。根据病变分析,这显然属于细菌性原发或继发感染,但是何种细菌不得而知。

我们将病料送到农大请老师诊断,邹老师看到病料(有明显病变的肝脏、肺脏、心脏)就肯定地说,这是副猪嗜血杆菌病的特征性病变,但这是一种继发感染的疾病。他还是对送检的病料用聚合酶链式反应进行了蓝耳病、猪瘟等病毒的检测,第二天邹老师就将检测报告给我,确诊为蓝耳病。据他分析该病猪是以蓝耳病为主,因为蓝耳病病毒侵害了病猪肺部的巨噬细胞,导致了肺部抵抗力下降,副猪嗜血杆菌乘虚而入,才继发了副猪嗜血杆菌病。邹老师还说,由于蓝耳病缺乏特征性的肉眼病变,而本病的病变很明显,所以人们往往将副猪嗜血杆菌病称为蓝耳病的"指示病"。

我对副猪嗜血杆菌病的疑问多多,抓住机会请教邹老师几个问题。

问题一,副猪嗜血杆菌的主要特性如何?老师回答说:"这在兽医微生物学书中有介绍,其实这种细菌在外界环境中分布很广,对动物的致病力并不强。已知有15个血清型,其中以4型和5型毒力较大。该菌为巴氏杆菌属成员,因此其培养及其生化特性与巴氏杆菌是很相似的。"

问题二,副猪嗜血杆菌病有何特征?老师说:"本病菌早就存在,而本病则是新发现的,往往发生在蓝耳病流行之后的猪场中,而且都能从患副猪嗜血杆菌病的病例中查出蓝耳病病毒。本病当前主要危害 4～16 周龄的猪,尤以 5～10 周龄的保育猪易感。其临床表现是食欲逐渐减少,身体消瘦,皮肤苍白,被毛粗乱,病初体温升高,几天后可能恢复正常,但病猪发生呼吸困难,呈腹式呼吸。有的病猪耳尖、尾根、腹下部皮肤呈紫色。有不少猪膝关节肿大,充满关节液,病猪跛行,病期较长。有的病猪昏昏欲睡,扎堆而卧。发病率高低不等,低的为 3％～5％,高的可达 10％～20％,药物治疗效果不佳,病死率在 50％以上,幸存猪也往往成为僵猪。"

问题三,副猪嗜血杆菌病如何防治? 老师说:"其实本病并非是一个独立的病,也不是一个原发病,本病除了继发于蓝耳病之外,还继发于圆环病毒病、仔猪呼吸道疾病综合征等。因此,防治副猪嗜血杆菌病的前提是搞好蓝耳病等有关疾病的防治措施。抗菌药物对本病也有一定的作用,但本病在大多数情况下是继发在某些病毒病之后,所以疗效不佳,也可试用副猪嗜血杆菌病灭活疫苗。"

第85节 听说自家疫苗好,场长同意我来造

病多乱投医、病急乱用药,现在我也有深刻的体会。近期以来,特别是保育猪发病率高,治愈率低,我们是方法想尽、药物用绝,但疗效甚微。有时道听途说得知某种药物或秘方能治疗当前的猪病,便如获至宝,结果都是以失望而告终。最近场长不知从哪里获得一个信息,神秘兮兮地对我们说,附近的阿庆猪场,从一位经销商那里购到一种叫做自家苗的疫苗,据说这种疫苗的效果特好,什么病都能防,现在他们猪场的疫病都被控制了。场长显然不知道自家苗是啥东西,他要我们打

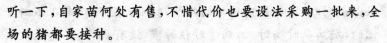

听一下，自家苗何处有售，不惜代价也要设法采购一批来，全场的猪都要接种。

关于自家苗的问题，我略知一二，我对场长说："自家苗现在没有正式的工厂生产，只有个别单位或个人私底下从事来料加工自家苗。"我说自家苗可能对发病严重的猪场有点作用，这是走投无路时，没有办法的办法。其实制造这种自家苗并不困难，根据我场目前的条件，只要添加一些设备，购买一些材料就可以生产了。场长听了很高兴，要我做个计划和预算，缺少什么东西立即派人去采购，要求尽快拿出自家苗的产品来。

记得大学期间，我在校办工厂实习时，曾参加过禽霍乱自家苗的生产，对制作自家苗的全过程有所了解。猪用自家苗的生产流程和方法与禽用的完全相同，主要生产设备有恒温箱、冰箱、组织捣碎器、离心机等，以及若干瓶瓶罐罐，本场实验室都有，只需购买一些白油、司本、吐温等乳化剂、甲醛溶液灭活剂等原料就行了，至于病料随时都可以采集。经过几天的积极筹备，"猪呼吸道疾病综合征自家苗"终于制作出来了。为了保证疫苗的安全，我对每批疫苗都要先注射十几头猪，观察1周后证实安全才用于大群猪的免疫。

自家苗是一种组织灭活苗，其免疫机制有一定的理论根据，我认为目前猪场的疾病复杂，特别是在病毒性传染病多、复合感染普遍的情况下，如果没有别的好办法，可酌情使用自家苗。我场先后对数千头保育仔猪注射自家苗，虽看不出什么明显的效果，但也未发生严重的不良反应。

据我分析，自家苗目前存在的问题有几方面：一是自家苗能免疫哪些疾病，其效果如何无法用数据来测定，也不能从临床上来判断,因为目前猪场的疫情,特别是蓝耳病是在不断变化的,发病率时高时低,病情时轻时重,没有规律,其免疫效果只能凭感觉来判断,这种方法是极不准确也不科学的。二是自家苗的主要原料是病猪的内脏器官,其中含有大量病原,在制造过程中,难免污染环境,是一种很危险的传染源和传播途径,对猪场的防疫来说是得不偿失的。三是由于自家苗存在诸多问题,主管部门禁止自家苗的生产,目前自家苗的产品都是不合法的,质量更无法保证,产销纠纷时有发生。由于自家苗存在的问题多多,因此我场不久后就停止了自家苗的生产和使用。

我从国外有关资料中了解到,在欧美发达国家,也有人提倡使用自家苗,但是他们所指的自家苗,与我们所理解的概念是不同的。他们将自家苗称为风土驯化,并非将病料加工成注射用的疫苗,而是通过病猪(主要是隐性感染病猪)和健猪自然接触感染的方式,使健猪产生免疫力。这种驯化的本质,其实就是自然接种市场上暂时买不到的弱毒疫苗,驯化的目的就是让猪适应环境,这不失为一种提高猪群群体免疫力的方法。但是也有一个原则,就是这种方法不是任何疾病都适用的,对于急性、烈性传染病(如猪瘟、口蹄疫等)就不适用了。

第86节　呼吸疾病综合征,分析死因最要紧

保育舍内的猪病,经自家苗接种后仍然得不到有效地控制,当前猪场中普遍发生的是呼吸道疾病综合征。调查结果表明,本病的流行和临床表现有其特点,即使在易感的保育猪群中,其发病率也不是很高。例如,在一个圈内的10余头保

育猪中,往往只有1~2头或2~3头猪发病,对于这些病猪来说,用同样的治疗方法,有的病猪能治好,有的病猪无论怎样也不能治愈,但也有的病猪即使不予治疗,也能自愈。那么,这个综合征的主要病原是什么?我场几位兽医的说法不一,王大说是副猪嗜血杆菌,小何认为是圆环病毒,宋金诊断为肺炎,而我坚持是蓝耳病病毒,同时也有人说是猪瘟、伪狂犬病,各有各的理由,谁也说服不了谁,于是决定采取病料送省兽医疫病诊断实验室进行病原检查。技术人员从病料中先后检测出蓝耳病病毒、圆环病毒、流感病毒、伪狂犬病病毒、猪瘟病毒等,以及肺炎支原体、胸膜肺炎放线杆菌、副猪嗜血杆菌等细菌。他们的诊断结论是多种疾病混合感染,谁主谁次他们也不能判定,要我们根据每头病猪的临床症状具体分析。

最后看来还是要依靠我们自己解决问题,我们通过对大量病、死猪的临床观察结合剖检的肉眼病变分析,发现隐性感染的蓝耳病是主因,其他各种病都属于继发感染,由于继发感染的病原种类不同,引起的症状、病变差异较大,加上病猪体质强弱有别,护理条件的好坏、治疗技术的高低等因素,都影响到保育猪的发病率和死亡率。所以,在当前情况下,对于保育舍内的病猪,若一定要确诊是什么病,我认为没有太大意义,关键是要对病猪逐个观察其临床症状,分析其主要病变,从中找出死亡的原因,这有助于我们对不同的病猪进行不同的对症治疗。根据我们的临床实践经验,分析并总结出以下几方面的死因。

1. 败血症　病猪体温持续升高,眼结膜充血,耳尖、腹下部等处皮肤有出血斑点。剖检主要病变是淋巴结肿大,各内脏器官有不同度的点状或斑块状出血,这是由于细菌、病毒等病原微生物感染所致。因治疗不及时、不合理或其他因素,导致治疗失败,引起败血症死亡。这种病例占死亡病例总数的10％～20％。

2. 心、肺功能衰竭   剖检主要病变在肺部和心脏,肺脏不同程度的充血、出血、水肿、气肿、实变,甚至出现粘连、脓肿等,心包炎,心包、胸腔积液,心、肺表面有纤维素性渗出,有的可见到典型的气喘病病变,有的呈现胸膜肺炎、副猪嗜血杆菌病的病变。这类猪生前均表现咳嗽、气喘、呼吸困难等症状,并且在耳尖、鼻端、四肢下端的皮肤呈现蓝紫色。这种病例约占死亡病例总数的10％。

3. 肝、肾功能衰竭   剖检可发现肝肿大,色变淡,表面不平整,有坏死病灶或肝硬化。有的肾脏出现炎症,有出血斑点或坏死,个别病例在肾盂部可见到药物结晶。这类病猪病程较长,并有长期、大量使用药物的病史,生前表现食欲下降、身体消瘦、皮肤苍白或结膜黄染、眼睑水肿等症状,约占死亡病例总数的5％。

4. 瘦弱、营养衰竭   病猪病程较长,食欲下降或废绝,多个器官功能衰竭。病猪十分瘦弱,行走不稳或卧地不起,体温正常,剖检胃肠内容物很少或空虚,其他脏器没有明显的病变,这类病猪由于饥饿、营养不良而死亡,约占死亡病例总数的50％。

5. 脱水   由于病猪生前曾发生高热、腹泻等症状,体内水分消耗较多,可能通过治疗,将原发疾病治好了,但由于对病猪护理不当或因管理上的失误,导致水分补充不足甚至断水,引起病猪脱水,表现为消瘦、无力、眼窝下陷、皮肤缺乏弹性、排尿减少、血液黏稠等症状。剖检时内脏病变并不明显,但内脏器官干燥、缺乏水分。这类病例约占死亡病例总数的5%。

6. 酸中毒　正常猪血浆的 pH 为 7.35～7.45,若是猪的心脏、肺脏发生严重病变,不仅表现呼吸困难,还能使肺泡换气不足,体内的二氧化碳不能充分排除,被机体吸收后导致血液中碳酸浓度增高,引起呼吸性酸中毒,亦可能因病猪长期发热、腹泻、肝肾功能不全等原因而引起代偿性酸中毒。病猪表现昏迷、无力、扎堆而卧,剖检内脏器官看不到明显病变。这类病例约占死亡病例总数的 10%。

第87节　病猪躲进菜地里,蔬菜草根治好病

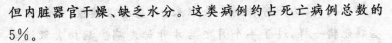

　　最近我场发生一起死猪复活的特大新闻,一贯平静、安宁的猪场一下子闹得沸沸扬扬,原来是饲养员阿根在猪场东南角的菜地里,偶然发现两头保育猪,于是他四处寻找看是哪栋猪舍里跑出来的猪。东 9 栋保育舍饲养员老吉出来一看,惊讶地发现这是他猪舍里的猪,但是 3 天前已经死了,早已抛掉了(我场规定将死猪抛在固定的地点,每天定时有专人收集死猪,统一处理)。饲养员们心中都明白,被抛弃的不一定是死猪,他们往往将奄奄一息、无法治愈的病猪也当做死猪处理,这是常有的事。想不到这两头病猪偷偷地躲进菜丛中,竟然逃过一劫。

　　我得知这个消息,感到不可思议,立即去找老吉核实,果然没错,并见到了这两头起死回生的仔猪,看上去体质虽然较弱,但能吃料,行为和体温都正常,基本恢复了健康。我进一步向老吉了解该仔猪的发病情况。老吉说,这两头猪原来关

在 5 号圈内,从产房转到本舍以来,一直都很健康,同其他那些病死猪一样,过了半个月之后才开始发病。病初食欲逐渐减少,身体不断消瘦,呼吸较急促,体温不高。喂过药,打过针,但没有好转的迹象,病情一天比一天严重,发病第四天倒地不起,不吃不喝。同这两头猪一起抛掉 5 头猪,其中 3 头症状类似,都只有一口气了,另两头猪早已断气了。想不到这两头竟然复活了,真是奇迹。

我问老吉这两头病猪与其他病猪在症状上有何不同,他说都差不多,如果要仔细区别,有的病猪表现以腹泻为主,有的呈现体温升高,有的呼吸十分困难。这类病在他们猪舍的发病率为 10％～30％,治疗效果很差(主要是用抗生素治疗),大部分病猪因消瘦、衰竭死亡,病程 5～6 天。

这类病死猪的剖检情况我是清楚的,多数猪胃肠道空虚,我分析营养不良是致死的主要原因,当然也有部分是因心、肺或肾功能衰竭致死,我想诊断本病为仔猪呼吸道疾病综合征是肯定没错的。

我又到病猪躲藏的菜园里去察看,地里种的除了青菜以外还有南瓜和山芋。我相信这两头病猪都曾吃过这些东西,于是随手采集了南瓜、山芋、山芋藤叶及青菜、杂草,放到病猪圈内,没想到大部分病猪竟然都过来吃,而且很快就吃完了。在以后的日子里,我又对这类病猪进行了治疗的对比试验,确定了青绿饲料和瓜果的疗效高于药物疗效。若有高热、腹泻症状的病猪,配合药物治疗,效果更好。

通过这件事我发现,其实护理病猪最好的环境是让其回归到大自然中去,最好的药物是带土的草根、薯类和青草,这就是对待病猪要"七分护理、三分治疗"的道理所在。于是我对规模猪场病猪的护理总结了以下几点经验。

第一，早期发现病猪。兽医和饲养人员对保育仔猪要勤观察、多检查，发现精神不佳、食欲不振，呼吸急促、腹泻、体温升高、逐渐消瘦的病猪，要及时隔离。

第二，要给隔离舍提供良好的环境条件（若隔离舍缺少，可在原猪舍内划出几个隔离猪圈），切实做到冬暖夏凉，保持干燥，铺以垫草，避免各种应激，病猪要有专人负责管理。

第三，病猪若拒食，要千方百计提供可口的饲料。干料不吃就喂稀料，饲料不吃就喂青菜，青菜不吃就喂薯类、瓜果，总之病猪想吃什么就喂什么，只要能采食，病猪就有康复的希望。

第四，对于体温升高、呼吸极度困难或腹泻的病猪，还需要采用相应的药物进行对症治疗，这样才能获得较好的效果。

第88节　提高病猪治愈率，七分护理三分药

我们根据规模猪场的特点，曾总结出对病猪实行"五不治"的原则，除此以外，其他病猪是可以也应该治疗的，而且大部分的病猪都可治愈。但是治疗病猪的前提是必须提供一个适当的饲养管理和环境条件，这也是我们近几年来在治疗病猪过程中所获得的重要经验。

经初步诊断，认为可治疗的病猪，如何执行护理工作，在上一节中曾介绍过4条经验，在此不再赘述。本节的主要内容是介绍如何对病猪开展治疗工作。为此，要先反省一下我们过去在治疗病猪过程中的陈旧观念和失误之处。

第一，猪场兽医缺乏临床检疫经验，不能及时发现和果断

处理病猪,往往是待饲养员发现病猪后才去诊治,此时为时已晚,增加了治疗难度。

第二,见到病猪就打针,没有详细了解病情,也未全面分析病情,常常盲目治疗,结果当然是无效的。

第三,视抗菌药物为万能药,发现病猪,总是首选抗菌药物,更有甚者,不管全群猪有病无病一律在饲料中添加抗菌药物。

第四,医疗设备简陋,治疗器械消毒不严,诊疗室内脏、乱、差,兽医不治病,治疗病猪的工作转交给饲养员去执行。

第五,猪场实行封闭管理,信息交流不畅,兽医人员知识老化。

针对以上情况我们总结出以下经验。若猪场的规模较大,病猪较多,在隔离病猪舍内可配备专职兽医进行治疗,兽医应对病猪逐个检查,根据病情拟订出每头病猪的治疗方案。根据临床症状,大致可划分为以下几类病猪,酌情进行对症治疗。

1. 败血症 病猪表现体温升高,根据当时、当地和每头病猪的具体情况,分别使用抗菌或抗病毒药物,如干扰素、黄芪多糖、氟苯尼考、阿莫西林等,对于体质较弱、不思饮食的病猪,还要进行补液,增加营养。

2. 心、肺功能障碍 使用作用于呼吸道的抗菌药物,如泰乐菌素、阿奇霉素、卡那霉素等。对呼吸困难的病猪可使用平喘药如氨茶碱等。若心功能障碍,应增加强心药如安钠咖、樟脑磺酸钠注射液等。

3. 肝、肾功能衰竭 可使用三磷酸腺苷(ATP)、辅酶A、肌苷等。食欲不佳的要进行健胃,如使用人工盐、健胃酊等。

另外,对于病程较长、主要表现扎堆昏睡、怀疑为自身酸中毒的保育猪,应立即静脉滴注5‰碳酸氢钠注射液。对于食欲下降或废绝,并表现体质虚弱、脱水或营养不良者,应千方百计想办法,使病猪能吃到可口的饲料或食物,只要能采食(瓜果蔬菜等都可以),就有康复的希望,同时也可用各种途径进行补液、补充营养及对症治疗。

成年猪易保定,补液时可采用静脉滴注。仔猪难保定,可皮下或腹腔注射。口服药物除采用拌料或饮水服用之外,亦可采用直接灌服或用胃导管投服。

第89节 规范操作订守则,贴在墙上变摆设

为了使我场的饲养管理工作达到科学化、规范化和制度化,我们费了很大的精力,制订了饲养人员的岗位守则,员工们人手一册,还放大后贴在猪舍墙上,目的是使饲养员随时都能见到,一切按规程办事,检查督促工作也有章可循。我们制订守则的初衷是为了增强猪的体质,减少或控制疾病的发生,可是大半年过去了,事与愿违,猪病流行依旧。我曾问过饲养员,岗位守则对他们的养猪工作是否有帮助,饲养员们坦率地对我说,他们外出打工为的是赚点辛苦钱,而我们制订的守则都是为了老板的利益,只要求他们多干活、多付出,猪场赚钱了收入归老板,猪场亏本了他们会挨骂。工作干好、干坏一个样,好坏不分,奖罚不明,那么谁有积极性呢?

我听了饲养员们的倾诉,恍然大悟,觉得他们讲得有道理,我是完全能够理解的。我很快转变了立场,并立即向场长汇报。我强调说明,要求饲养员养好猪,除了向他们传授养猪

的技术之外,还要有相应的物质奖励措施,才能发挥他们的积极性和主动性。场长听了这番话,似乎有点反感,因为要他拿出钱来奖励,总有点不大情愿。我说这是人之常情,没有物质刺激,怎能提高饲养员的积极性,有舍才有得,这是企业管理的基本理念。最终场长还是接受了我的建议,同意对待员工以奖励为主,又责成我和沈明共同制订了一份饲养人员的奖罚办法。

饲养人员奖罚办法

1. 产房饲养员 ①每窝仔猪断奶后(25日龄),要求上交9头健康仔猪,超过1头奖励×元,减少1头罚款×元。②每窝仔猪断奶后(25日龄),要求平均体重达到6千克/头,超过0.5千克奖励×元,少0.5千克罚款×元。③每季度结算1次,奖励以现金兑现,同时评选出季度成活率和增重量冠军各1名,奖励×元。

2. 保育舍饲养员 ①断奶仔猪在保育舍的饲养期为40天,要求成活率为95%,在此基础上,增加1头奖励×元,减少1头罚款×元。②保育猪的饲料报酬为1∶3,每降低0.05千克饲料,奖励×元,每增加0.05千克饲料罚款×元。③每半年评出仔猪成活率最高的冠军1名,饲料报酬最佳的冠军1名,各奖励×元。

3. 配种舍饲养员 ①要求分娩率为85%,每超过1%奖励×元,少1%罚款×元。②后备母猪的合格率为90%,每超过1%奖励×元,少1%罚款×元。③要求每窝产仔数10头,超1头奖励×元,少1头罚款×元。

4. 肥育猪舍饲养员 ①肥育猪要求成活率99%,超1头奖励×元,少1头罚款×元。②肥育猪的饲料报酬为1:2.5,节省0.5千克饲料奖励×元。③每半年评选成活率最高、饲料报酬最好的冠军各1名,奖励×元。

其他部门的奖罚条例另行制订。

第90节　应邀参加展销会,我代场长去赴会

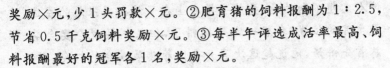

　　××公司是一家世界著名的跨国企业,主要经营兽用药品、疫苗以及与动物保健有关的产品,与我场早有业务来往。这次该公司邀请各场的场长,去参加一个全国性的种猪展销会,地点在一个著名的海滨旅游城市,一切费用都由该公司承担。其实××公司是借展销会对一些大客户进行一次答谢,以便联络感情,是一种营销策略。不巧的是场长这几天有要事缠身,不能参加,于是场长将这个美差让给了我。我当然很高兴,因为长期生活在猪场的小天地里,天天只与猪打交道,趁此机会正好可以出去开阔一下视野,再说还有专家报告会,可以充实一些业务知识。

　　该公司给我买好飞机票,下了飞机有专车来接,直奔宾馆。这是一家五星级饭店,我生平还是第一次住进这么高级的宾馆。晚上公司设宴款待我们,该公司这次只邀请了20多位贵宾,都是大客户,当服务人员将我带进豪华宴会厅时,已有不少人到场。我的心情十分紧张,生怕走错了地方,先找了一个靠边的位置坐下,看到一个个老板们笑嘻嘻地进来,互相握手问候,有的递烟,有的交换名片,有的坐下来谈笑风生,我想在场的只有我一个人是打工者,不免有点胆怯。

　　不久宴会开始了,座位的次序也很有讲究,有专人安排。

使人意想不到的是,竟然安排我坐在了该公司张总的左边,这是主客的位置,我想一定是搞错了,但又不便说。宴会前,张总首先讲话,他说趁这次召开全国养猪展销会的机会,邀请各位老板前来聚会,这是我公司的荣幸。这几天希望你们放松一下,要吃得痛快、玩得开心。接着一一介绍来宾,个个都是实力派,不是大老板就是总经理,还有腰缠万贯的董事长。我很担心这位张总将如何介绍我,因为我是一个打工者,一贫如洗,无权无势。出乎意料的是当介绍到我时,这位从未见过面的张总说我是××种猪场的技术场长,科班出身,名牌大学毕业,硕士研究生,是我们养猪界学历最高、年纪最轻的场长,是养猪界的"潜力股"。这时大家都热烈地鼓掌,使我感到既高兴又不好意思。

第二天去听专家的报告,这是此次会议的重头戏。在报告厅门前,人山人海,各种各样的摊位一个接一个,销售兽药、疫苗、饲料及养猪设备销售人员不断吆喝,免费分发资料,当我走进会场时,手上已经拿到一大袋资料了。会上做报告的人一个接一个,都是著名的专家教授,过去只知其名,不见其人,这次都见到了,但我觉得他们的报告内容不能解决我场的实际问题,会后又无法联系到这些专家,无法咨询,感觉非常遗憾。

第三天是旅游,我本无意去游山玩水,但使我不解的是张总为何要如此吹捧我、款待我,令人感到不安。在与江望同学的交谈中,他道出了其中玄机。他说这次受邀的猪场都是我们公司的大客户,客户就是上帝,对待上帝无论如何款待,都是不过分的,我们公司也不会吃亏。至于你个人的资料,我公司早已有所了解,因为外资企业是很重视队伍建设和人才培养的,并对你的前程进行了分析和推测,认为你可能在不久的将来会提升为副场长,那就成为我们的上帝了。甚至我们希望你能跳槽到我公司来,岗位已经确定了,工资待遇至少比猪场要高几倍。听到这个信息,我感到惊讶和意外,心情久久不能平静。

第91节　召开班级同学会,我是草根受怜悯

现在的大学生常常在毕业5年、10年之际,组织同班同学回母校聚会庆祝,时间大多安排在五一或国庆长假期间,因为这时不必请假,还可以携妻带子女一起来参加。这是一种自发的聚会,而且我们班有两位同学留校任教,他们对此聚会非常热心、负责,由他们出面组织安排,非常方便。

毕业5周年之际,我们班的同学会如期召开,我所在的兽医专业有2个班级,共80位同学,遍布在全国各地工作,这次回校聚会的有50多位。说实在的,我对这次聚会一点不感兴趣,并不是对同学没有感情,而是认为自己的工作没有成就,不好意思与同学们见面,这次是在刘效同学的再三动员下,才勉强来参加的,而且有意拖到最后一个才来报到。

各位同学同窗5年,离别也是5年,此次再相见,个个都是兴高采烈,问长问短,无所不谈。开会了,主持人是原班主席刘效,他是研究生毕业后留校工作的。他说今天会议的主题是请各位同学,自我介绍这5年来的工作经历和生活情况。大家发言都很踊跃,争先恐后地要介绍自己,有的读了硕士又考上博士,有的成了海归,有的特地从国外赶来参加这次聚会,有的是各省、市政府机关的公务员,有的做了官。还有的

同学白手起家,办企业,做老板。有的在外资公司当了经理。从他们谈话的口气中可了解到,同学们都很风光,有的在学业上有所长进,有的在工作上做出了业绩,除了我之外,我班的同学基本上都已结婚,大部分都有孩子了,有的已购了新房,有的还买了车。

相比之下,我觉得自己的工作单位太差劲了,工资低,待遇差,生活环境艰苦,工作条件恶劣,是不折不扣的草根,不免产生了一种自卑情绪,甚至感到自己身上还有一股猪粪的臭味,害怕人家闻到,开会时独自坐在角落里默不作声,企图躲避发言,结果还是被同学们发现了,刘效同学把我拉到前排来,硬要我讲话,这时我只得红着脸如实交代。我首先把猪场的情况介绍给大家,猪场内有上万头不同品种和大小的猪,有条不紊地分布在不同类型的猪舍中,进行规模化的生产和管理,接下来谈的是结合本人所学的专业,如何对猪群开展防病治病工作,我是从做防疫员开始成为现在的主管兽医。我看得出来,同学们听得津津有味,有新鲜感。我说猪场生活是很艰苦的,环境枯燥单调,工资待遇也不高,连老婆也找不到,至今还是光棍一条,但让我始料不及的是,当我讲完话后,同学们却报以了热烈的掌声。

瞬间我成了一个受关注的人物,不知不觉聚会的重点转移到我身上来了,同学们对我的评价贬褒不一,有人夸奖我、鼓励我,说虽然大家都是兽医专业毕业,如今大部分同学都改行了,有部分同学的工作虽与兽医有关,但也局限于兽医行政管理或科研工作,只有我才是一位真正的临床兽医,这5年来,置身于基层,把学到的知识运用到实践中去,在猪病防治工作中做出了成绩,表示要向我学习。更有的同学叹惜说,自已学了5年兽医,不能发挥作用,现在全忘光了,这是人生的一种浪费,十分遗憾。也有的同学则讲现实,他们说大学毕业这点工资行吗?猪场的工作环境艰苦,生活又过得如此清贫,问我还能坚持多久?他们怜悯我、同情我,说我窝囊,老实人总是吃亏。有的同学则好心好意地劝我赶快换个工作单位,并愿意介绍我到他们的公司去工作,说工资待遇、生活条件肯定要比猪场好得多。有的同学还提议,免收我的会议费用,报销我的车旅费,甚至还有同学愿意在经济上资助我,但都被我一一谢绝了。

同学们对我赞扬也好、怜悯也罢,我都不在乎。通过这几年的猪场生涯,我感觉到我已深深地爱上了养猪和猪场兽医工作,这一生可能离不开养猪业,不过这也并不意味着我一定要在这个猪场永远干下去。此时此刻,跳槽的念头正在我脑海中酝酿。

第92节　提拔我当副场长,我却萌生跳槽意

在猪场工作5年来,基本上都是封闭在猪场内,与外界很少沟通,每天总是忙忙碌碌与猪打交道,场内的猪病虽然复杂,可是我的思想却很单纯。最近连续外出开了两次会,使我大开眼界,相比之下感到自己的待遇低、生活艰苦,产生了自卑感。这次在某公司高薪的引诱下,我已暗暗下定决心要离开猪场,跳槽去某公司。但是仔细一想毕竟有5年的猪场工作经历,对养猪也有一定的感情,真要离开,还需慎重考虑,当前不能着急,等待时机再向场长提出辞呈。

今天场长要我去他办公室,说有要事商谈,进了办公室,

场长热情地接待了我。我首先向他简要汇报了这两次外出的情况,其实他并不想听,因为同学会与他无关,公司邀请的客户答谢会,无非是吃喝玩乐,这方面他比我知道得多,他很快就把话题转到正题上来了。场长说我们的集团公司经过考察,决定将我提升为主管全场工作的副场长,因为他要调回集团总部了,正场长还没有派来之前,暂由我主持日常工作。我听了之后,深感意外,有点受宠若惊的感觉。我本想找个机会与他商谈辞职的事,现在他反而先提拔我当副场长,使我措手不及,一时无法向他表态。

场长发现我有点犹豫,以为我是对管理猪场缺乏信心,有畏难情绪,他进一步把场内的老底都向我说出来了。他说这两年来猪病较多,猪价低迷,许多猪场都出现了亏损的局面,但我场的生产这几年来并没有亏损,相反还有盈余。只要能赚钱,场长的日子就好过了。听了这些话,我大吃一惊,平时场长总是对员工说猪场亏本,要我们减少开支,处处克扣员工福利,原来是在欺骗我们。

场长似乎看出我还有怀疑,又进一步说,其实我场赚钱有几个渠道:一是我场主要是生产种猪,其销售价格要比商品猪高,利润自然就多了。二是我们每年扣除一大笔房屋折旧费,其实早已扣完了,但员工们并不知情。三是国家每年都有一些养猪的项目经费和补贴费用,也相当可观。以上的情况只有场长和会计知道,我们这些打工者从不去过问,当然也不会告诉我们,今天场长向我摊了牌,说明对我的信任,同时也是为了增强我对工作的信心。

场长接着对我说,你来本场工作已有5年了,我们认为你办事认真负责,业务上进步很快,工作上吃苦耐劳,给猪场增添了许多科技含量,你的改革创新精神也使我们敬佩,相信今后一定能将猪场办得更好。场长还鼓励说:"我们公司的第二期工程已经开始了,今后无论是饲养人员还是技术人员都要增加,当前急需的是管理人才。你担任场长后担子重了,工资待遇也会相应提高的,这一点也请你放心。"

关于提升副场长的事,我虽早有预感,但没想到来得如此突然,也没想到还赋予我这么大的权力,对此我是毫无思想准备的。相反对于跳槽去××公司,我倒有了具体打算,但面对场长的这番好意,我一时也说不出口。我只能婉转地说,这是一件大事,我可能承担不了,让我好好考虑考虑再决定。

我一夜未眠,越想越觉得这个场长不能当,虽然我热爱养猪工作,但是我了解到该猪场属于家族企业,内部的人际关系非常复杂,我这个外来人是不可能有独立自主权的,这种傀儡场长是不好当的。于是第二天,我不仅拒绝了副场长的重任,还递上了一份辞职报告。

此事很快在猪场里传开了,员工们知道此事后,都很惊讶,有的问我要跳槽到哪家单位,有的说我有官不做是傻瓜、笨蛋,为我惋惜,不过也有人支持我跳槽。

第二阶段 市场营销

第 93 节 外资企业看中我，高薪引诱我动心

其实上次同学聚会结束后，我没有立即回猪场，而是与江望同学去了他们公司，目的是了解一下具体情况。公司设在我国最繁华的大都市内，公司的大厦高入云霄。我们乘电梯到了 21 层，江望同学说，这一层全是该公司各部门的办公室。他把我带到老总办公室，室内装饰非常豪华，欧式布局，好像到了外国一样。

江望同学把我介绍给张总经理，他是该公司中国区域的负责人，他年轻有干劲，是一位海归博士，人们都称他为张总。他热情地接待了我，其实我们上次在公司的答谢会上见过的，一起吃过饭。这时工作人员马上送来一杯咖啡给我，张总是知道我来的目的，他表示欢迎，首先向我简要地介绍了公司的情况。该公司是一家跨国外资企业，在世界上许多国家都有分公司，主要生产和经营人药、兽药和疫苗等产品，进入中国市场不到 3 年，特别是猪用药物和疫苗前景看好。从谈话中可知，他对于我和我所在猪场的情况十分了解，接着他对我赞扬了一番，说他们公司欣赏像我这样有猪场实践经验的专业人才，如果我能来该公司工作，一定是大有作为的。

张总接着说，跳槽对我们这代年轻人来讲，并不稀奇，张

总说他自己就换过几个工作单位,他也了解我现在的情况,要我回去之后好好地想一想,不必勉强,也不必着急,什么时候想来,公司的大门始终都向我敞开。随后他叫江望送给我一册介绍公司的资料,又请我吃了一顿丰盛的午餐,将我送到车站。

回到猪场后,我的心情久久不能平静,但我还是克制自己,暂时对其他人保守秘密,像平时一样进行工作,打算遇到适当的时机再向场长提出,谁知场长突然宣布要提拔我为副场长,形势迫使我不得不提前做出辞职的决定。

场长看到我的辞职报告,感到十分意外,也很恼火,骂我不识抬举,是个不知好歹的家伙。不过当着我的面,他还是耐着性子挽留我,说今后的工资会提高,老婆会有的,房子也会有的,只要把猪场办好前途是光明的。后来他发现我要辞职的决心很大,也知道我要跳槽到××公司,他也没办法,于是立即转移话题,说他早就预料到猪场是留不住大学生的,并责怪这些外资公司真缺德,利用高薪来挖人才。

场长看我决心已下,挽留无望,就要求我快点走,以免弄得猪场人心不安定,影响他们的工作。不过他还没有忘记我借猪场交研究生学费的 3 万元钱,他拿出我们签订的借款合同,上面明白写着,自借款之日起,要为猪场服务 5 年以上,这笔费用可以一笔勾销,否则就要如数归还,现在还差 3 年,因此离开猪场前我必须归还这笔借款。

告别猪场之后,在到××公司报到之前,有 1 周的空闲时间,我抓紧时间回家小憩几天,同时也要向父母亲说明我辞职和跳槽的情况,结果又遭到父母的反对,他们说我 5 年的苦日子都过来了,现在提拔你当场长,工资待遇、生活条件肯定可以改善了,为什么又不干了?他们很不理解。我对父母说,你们不了解具体情况,但不必为我担心,我不论到哪里都会把工作干好的。

第94节 公司报到第一天,销售总监来接见

这次到公司报到的心情,要比上次去猪场报到时轻松多了,因为事先对该公司已有一些了解,心中有数,并且已有了一段社会经历,从偏僻、艰苦的猪场走向繁华、舒适的高楼大厦,真是有了天壤之别。走进公司我直接去人事部报到,人事部将我分配到销售部工作。销售部的孟主任接待了我,大家称他为孟总监,从谈话中可知,孟总监对我的情况早已有所了解,与我寒暄几句之后,他坦诚地对我说,他是学营销出身,虽然有多年的营销工作经历,但是本公司的销售对象是养殖户,我们的客户是猪场老板,他缺乏这方面的专业知识,与老板们相处时话不投机,难以沟通。他很欣赏我所学的兽医专业,又赞扬我有猪场的工作经历,夸我既有理论知识又有实践经验,对公司来说,非常难得。他希望我能对规模猪场的技术服务和销售业务多做贡献。

我感到孟总监对我的期望过大,我可能担当不了这个重任,于是我对他说,我只不过在一个猪场干了几年工作,对猪场的管理和生产情况略有了解。接着向他进行了简要的介绍,并针对当前猪病的流行特点、防治难点以及我个人对猪病防治的观点向他进行了阐述。孟总听了很感兴趣,说这些内容正是他们都需要了解的,今后有机会还希望我能向大家介绍介绍。

这时谈话被电话铃声打断了,来人、来电不断,我们不得不终止谈话。这家公司首先给了我一个好印象,公司中人与人之间很平等,很有人情味,有一种温馨的感觉,使我对未来的工作充满了信心。孟总监向我说对不起,因为他的工作实在太忙了,只能以后再谈了。他给了我一大堆相关资料,让我回去看看,并叫一位员工把我带到附近的宾馆住下。他说还有5位新来的员工,明天一起参加培训,3天后再上岗。

培训班由孟总监主持,首先由张总介绍公司的概况。他说本公司的总部设在××国家,是一个跨国公司,在世界上许多国家都设有分公司,是世界500强企业之一,本公司的产品是多方面的。我们的任务是负责销售兽用化学药品和猪用的主要疫苗,还说公司拥有世界上最先进的技术,产品的质量是一流的,进入中国市场还不到3年,前景看好。

接着是技术部的杨博士讲课,他是一位国外留学回来不久的海归博士,他拿着电子教鞭,指着屏幕上放映的一张张多媒体幻灯片,图文并茂,讲述蓝耳病等病原从分子生物学特性到基因变异等方面的问题,最后才将话题转到本公司主要的兽药、疫苗等产品上来,介绍其性能、作用、用量、用法及注意事项。

接着孟总监讲话,他先把我夸奖了一通,然后突然提出请我上台去讲一课,题目定为"我国规模猪场的现状和当前猪病的流行情况"。我心里虽然紧张,但还是鼓足勇气走向讲台,说了几句客套话之后,就侃侃而谈,在座的不仅是4位新员工,还有公司各部门的领导,看得出来,他们都很认真地听我讲话,讲完之后,对我的掌声远远超过了对杨博士的掌声,这使我感到很意外,深刻体会到在猪场5年的艰苦生涯没有白过，被人们瞧不起的猪场兽医，在这里却很吃香，在这里受到尊重使我感到十分欣慰。

以后两天是孟总监给我们讲课，主要内容是营销的策略、技巧和方法，要求我们做到诚信经营，不仅要求我们提高业务水平，还要注重个人修养，还对我们新员工的心态和思想方法也进行了开导，要我们在工作中树立"八心"，即恒心、耐心、细心、开心、虚心、真心、决心、平常心，还要克服五大弱点，即贪婪、懦弱、自私、冲动、嫉妒。销售的学问也讲了很多，我一下子也记不牢，但都做了详细的笔记，留着回去慢慢消化。

接下来人事部的主管林丽向我们讲了公司的规章制度，如服装要整齐清洁，工作时要穿西装、打领带，男士不能留长发，也不可以文身，还介绍了工资待遇、超额的奖励办法等。最后孟总监宣布，我被分配到南方区域工作。第二天我和各位同事都各奔前程，我到南方办事处报到。

第95节　工作任务促销员，转换角色适应难

南方办事处的负责人姓柴，人们称他为柴主任。我向他报到后，柴主任对我的加入表示欢迎，并说对我的情况早有所知，还夸奖我有丰富的兽医临床和猪场工作经验，他相信我在这个广阔的天地里，是有用武之地的。他告诉我所谓南方办事处，其实包括许多省。大家都知道，这一地区的经济较发达，人口密度高，规模猪场也不少，人们的思想较开放，容易接受新事物，我们公司销售的产品，质量好、价格高，有一定的竞争力，在这一地区有着广阔的市场。

柴主任接着把我介绍给在座的丁经理，他说丁经理是×

×省的销售负责人,今天是特地赶来接你的,你就分配在他那里工作。这时丁经理立即站起来,笑着对我说欢迎我的到来。柴主任特别指出,丁经理是营销专业本科毕业的,而且有多年销售工作的经验,他年年都超额完成销售任务,是我公司南方片区的标兵。如果说他有什么不足之处的话,那就是缺乏猪场生产管理方面的知识和猪病防治技术,公司分析这正是我的优势,如果我们两个能很好地结合,可以优势互补,是黄金搭档,一定能够取得更大的业绩。

再次办理了报到手续后,我坐上了丁经理的车,赶回××省。路上他对我说,在本省只有2位销售人员,加上我就有3个人了。我说我对销售工作一窍不通,不知如何着手,希望他们多加指点。丁经理不愧为一个行家,他从基本知识开始对我讲。我们公司有2种销售方式,一是直销,就是直接把产品销到猪场,这种猪场又叫大客户,所谓大客户必须具备500头以上规模的生产母猪群,这些猪场不归我们管,是由公司直接管辖的。

我们负责的属于第二种方式,是通过经销商销售我们的产品,客户是500头母猪以下的中、小型猪场。这使我感到纳闷了,既然由经销商销售,还要我们干什么?丁经理说,确切地讲我们干的是促销工作,通过我们对养猪户的宣传、服务,推销我们的产品,客户若需要我们的产品,请他到我们指定的经销商那里去购买,或由经销商直接送下去,这样就可以扩大我们的销售量。通过经销商销售,便于货款的回收,可减少我们的销售人员,将有限的人员都投入到促销工作中去,同时也可利用当地经销商的力量为我们服务,当然我们也要让出一部分的利润给经销商,使他有利可图才会卖力地为我们做事。

丁经理向我传授了许多经营之道,使我增加了不少营销知识,不觉已经到了××省××市,他们租了一间民房,既是办公室又是宿舍。丁经理对我说,我们工作的任务,一是委托当地经销商销售我们的产品,二是下到猪场服务搞促销。说完就把我带到一家经销商的门市部去了,这家店的店名是"为农兽药销售部",老板复姓欧阳,是兽医出身,原来在市农业局工作,前几年下海当了老板,他的工作能力很强,对当地的养猪情况很熟悉。当然他经营的不止我们一家的产品,所以竞争也很激烈。

丁经理把我介绍给他,欧阳老板对专业人才很重视,对于我的到来十分欢迎。他说现在我们就缺少猪病防治的技术员,你来了之后,增强了我们扩大市场份额的信心。接着把我拉进一家饭馆,说是为了欢迎我加入他们的公司,设宴款待。

第96节 经理老板同下乡,让我熟悉小猪场

今天欧阳老板驾车,带我和丁经理一道去黄畈乡,他们说让我去了解一下本地区的养猪情况。我想他们两位也是当地行业中小有名气的经销商和区域经理,亲自驾车陪我下猪场还真有点不好意思。这一带是丘陵山区,汽车在高高低低的道路上颠簸了2个多小时,到了村口,一位小伙子挥手招呼我们,原来他是欧阳老板手下的一名员工叫小顾,是驻乡的业务员。

欧阳老板说,这里是颇有名气的养猪之乡,就以山湾村来说吧,约有百十户农家,据说近一半的农户养猪,如果以母猪来计算,每个养猪户少则饲养3~5头,多的达百余头,其中以

饲养 30～50 头母猪为多,他们又把养猪户分为大户和小户。

　　欧阳老板从经营的角度分析说,对一个养猪户来说,猪的数量不算多,但是对一个村、一个乡甚至一个县来统计,猪的数量就相当可观了,所以这个地区是一个大市场。但是,我市经营兽药的商店不少于几十家,竞争是相当激烈的,我们"为农经营部"在本市是比较大的商店,占有 5%～6% 的市场份额,当然我们还想多分一点,今年的指标要求达到 10%。丁经理说:"小朱啊,这个任务要落在你身上了。"欧阳老板说:"现在市场竞争的焦点有两个,一是产品质量,二是服务水平。你们所在的公司是一家外国公司,产品的价格虽高,但是质量是一流的,当前主要的任务是提高服务水平,特别是疾病的问题较多,如果能帮助养猪户减少猪的发病率、降低死亡率,使养猪户都能赚到钱,我们就能得到养猪户的信任。"

　　我说影响养猪户经济效益的因素太多了,不仅是疾病问题,还有环境条件、管理水平、市场行情等因素,至于落实到每个养猪户存在那些问题,如何解决,需进行深入的调查研究,要给我一些时间。他俩都异口同声地说可以。

　　我们走进了一家养猪户,户主对欧阳老板、丁经理都很熟悉,招呼我们喝茶、抽烟、闲谈,邻居也是养猪的,见到我们来了,都想了解一点有关的信息。丁经理向他们介绍我,说我原是××种猪场的兽医,现在跳槽来到我公司,是一位年轻的猪病防治专家。这些养猪户对兽医都非常尊重,因此对我也很欢迎。

　　因为近年来猪病流行猖獗,给养猪户带来的经济损失实在太大了,他们不放过任何一个学习机会,于是有人问我蓝耳病疫苗是否需要注射? 有人问猪腹泻该怎么治? 还有人提出母猪不发情该怎么办？有一位养猪户特地赶来问我，他家的猪又咳又喘，还发热，这究竟是什么病？一个个问题不断地提出来，我根本来不及回答。

欧阳老板见此情景十分满意，他虽然也是兽医科班出身，但是由于长期坐办公室，缺乏实践经验，听了我的回答，觉得还有道理，养猪户也能接受，于是他站起来，高声地说："谢谢各位的提问，不过对不起，现在时间不早了，我们还要到其他村去办事，但是我们后会有期，下次我们的朱兽医还会再来的，为你们服务是我们的责任，我们也希望你们把猪养好，只有你们养猪发财致富了，我们才能赚到钱，这叫双赢。"养猪户听了鼓掌表示赞同。

第97节　基地选在黄畈乡，下到猪场去蹲点

这几天丁经理带我马不停蹄地到养猪较集中的乡镇去转了一圈，看看那里养猪的数量和规模，调查当前猪病的流行情况，了解销售业务上存在那些问题，其实这一切都是为了公司的营销工作。今天丁经理对我说，为了工作的需要并考虑到发挥我的特长，暂时派我去黄畈乡配合小顾搞促销工作。我的任务是为当地的养猪户开展技术服务，主要还是搞我的兽医本行。

我不清楚如何去开展猪病防治工作，是否需要我背着药箱，挨村挨户地叫喊，小顾说这样肯定是不行的，公司派我们来搞技术服务，是为了与养猪户建立感情，取得他们的信任，目的还是为了促销。因此，他建议选择1～2家养猪户为基地，全方位地进行服务，取得经验之后，再进行推广。我也很

赞同这一方案,但是选择养猪户条件很重要,应具有一定的饲养规模,户主在当地有较好的群众基础,为人正派,能接受新事物,易于合作,能起到示范作用。

小顾对当地情况很了解,在众多的养猪户中,他选了一位叫阿根的养猪户。阿根当过兵,是党员,做过村干部,还在外地打过几年工,赚到一点钱之后回家养猪,如今已是第五个年头了,他养猪的数量不算多,有50余头生产母猪,养猪水平一般,在当地属中等规模。

小顾把我介绍给阿根,他当然欢迎,因为他们猪场缺乏的就是兽医技术,我为他们做事,又不拿工钱,何乐而不为呢!不过阿根不相信有这样的好人、好事,对我还是有点戒心,他把我带进猪场,对他的家人简单交代之后,就去干别的事了。

我对养猪和猪场的生活并不陌生,大猪场都呆过几年了,这种小猪场根本不在话下,但是面对这样简陋的猪场我也没了信心。猪舍一部分是自家旧房子改建的,另一部分是自己搭建的简易平房。猪舍内通风不良,阴暗潮湿,猪圈地面坑坑洼洼,猪群肮脏、拥挤,房子周围沟渠不通,污水横流,房前屋后堆满粪便,臭气熏天,苍蝇迎面飞来飞去,老鼠明目张胆地窜来窜去,消毒、隔离无从谈起,在这种环境里,怎能养好猪?如果要我提意见的话,可以说出一大堆。但是我考虑之后,决定暂时不说为好,先了解情况以后再讲。

阿根的猪场现有50头生产母猪,还有大大小小的商品肉猪300余头,养猪是他家的主业,没有雇用一个员工,日常饲养工作由阿根的妻子承担,还有他的父母协助,阿根负责供、销业务,还要种几亩农田。

我来到阿根的猪场后,每天跟他们一道干活,打扫卫生,修补猪圈,喂料喂水,使我感到惊讶的是,这些猪的健康状况并非我想象得那么糟糕。产房内(其实是用木棒隔开的几个小间)一头母猪忙于衔草筑窝,大概在准备待产了。另一头母猪是昨天分娩的,此时此刻正四肢舒展地躺着,阿根妻用热毛巾擦洗乳房后轻轻地按摩乳房。一群新生仔猪围绕在母猪身旁,自由自在地跑来跑去。过一会儿,母猪发出哼哼的下奶声,仔猪又争先恐后地去吮乳,阿根妻子蹲在旁边看着,本着弱者优先的原则,有序地让仔猪排列吮乳。可以看出主人很细心,并且在用爱心去养猪。这个猪场虽简陋,但是舍内安宁、温馨,仔猪个个健康活泼,母仔之间亲密接触,享受天伦之乐。

第98节　阿根养猪已多年,投入不足赚钱难

在阿根的猪场蹲点劳动已有个把月了,对于他们传统的养猪方法和爱心养猪的经验对我有很大启发。其实国外一些发达国家,现在也很关注猪的福利,要让猪在成长过程中环境安宁,生活舒适,人们要做到与猪和谐相处。我想她们这套爱心养猪经验与规模猪场的良好环境条件结合起来,我们的养猪水平肯定能再提高一步。

今天阿根卖了几十头肥猪,听说近来猪价有所上扬,可能是卖了一个好价钱,所以他很高兴。为了感激我对他家的帮助和这些天来在猪场的辛勤劳动,他请我到镇上一家小饭店去喝酒,我也需要趁此机会与阿根谈谈,来他家那么多天,还未与他好好交流过。我看他几杯白酒下肚,话也就多了,我首先问他养猪几年来到底赚不赚钱?他笑着说,亏本生意谁都

不会做的,能坚持下来的养猪户,多少都能赚到一点。他说:"我在5年前东拼西凑拿出十几万元开始养猪,猪舍是现成的旧房改建成的,因陋就简,后来在自留地上,自己又搭建了几个肥育猪舍,总算把猪养起来了。当年是购进20头种母猪起家的,以后每年增加5~10头种母猪,现在存栏50头种用母猪,大约还有300头不同大小的肥育猪,估计这些资产少说也能值50万元吧。同时,我还种了5~6亩地和一片山林。这几年将所有的收入都投进养猪场了,没有工人工资,房子不算折旧费,水电费用也很少,所以要算养猪能赚多少钱,那是有限的。"

我又问:"你家的猪还是养得不错的,为什么赚的钱不多呢?"他毫不犹豫地说,现在养猪存在两个问题:一是市场问题,猪价时高时低,目前猪价偏低,养猪成本偏高,特别是饲料和药物、疫苗价格涨幅较大,养猪利润空间很小。二是疾病问题,表现"三多一少",即病猪多,死猪多,药费多,产仔少。疾病是近几年来流行了蓝耳病之后才多起来的,产仔少并非指母猪单胎产仔数少,而是平均产仔数少。

我对阿根说,你谈的几个问题,是当前我国农村养猪业中普遍存在的,我简要地向他谈了两点建议:一是规模养猪不同于散养猪,不仅要学习、了解养猪和猪病防治的基本知识,还要给猪群提供良好的饲养管理条件。我发现你们的猪舍太简陋了,冬不保暖、夏不通风,圈内拥挤不堪,圈外污水横流,今后若要持续发展,必须努力设法改进。二是关于猪价问题,这是市场经济的规律,有低必有高,几年来的实践表明,猪价是呈波浪式推进的,当前猪价低迷,这对于你们这些养猪专业户来说,是严峻的考验,但是只要坚持下去就一定能赚到钱。

至于疾病问题,我有很深刻的体会,有些疾病如蓝耳病等,目前我们还无法控制,但是还有一些疾病,我们是能够防治的。我正要住下说时,阿根挥挥手要我别说了,家人已告诉他,说小朱看猪病的经验很丰富,对他家的帮助很大,可惜他们记不牢。我说今后写个文字材料给你们,可以慢慢地看着做。

阿根对我说,他的猪场按目前情况来算,只能说是收支平衡,如果少死一头猪,他就赚一头猪的钱。少一头猪生病,他就省下一笔药费。相反,若是多死一头猪,他就要亏本了,所以现在可说是关键时刻,对于你的到来我们十分欢迎。他还说我现在是酒后吐真言,你可别生气啊。这些天来,我没有很好招待你,一则是因田里的农活较多,实在忙不过来,再则我也想有意考验你一下,你是来卖药的,还是真心帮助我们的。我感到至今为止你从未向我们推销过一瓶药,说明你是诚心来帮助我们的,谢谢你了。

第99节 深入猪场做调查,农户养猪问题多

我在阿根猪场劳动期间,曾对场内的猪病进行了调查,也就是阿根所说的猪病存在"三多一少"的问题,同时提出了几点改进的建议,其主要内容如下。

1. 发病猪多

(1) 常见病 仔猪黄痢,发病率占哺乳仔猪的 $50\%\sim60\%$。断奶仔猪呼吸道疾病,发病率占保育猪的 $10\%\sim30\%$,包括气喘病、副猪嗜血杆菌病、蓝耳病等。高热病,发病率占猪总数的 10% 左右,包括蓝耳病、链球菌病等。

(2)偶发病或散发病　霉变玉米中毒,发生过1次,发病数约占猪总数的50%。腹泻病例,传染性胃肠炎1次,其他散发性腹泻发生多次,发病数约占猪总数的30%。普通病,包括不孕症、脐疝、乳房炎、子宫炎、风湿症等,发病数约占猪总数的10%。

2. 死亡猪多　去年全场饲养生产母猪50头,共计出生仔猪大约800头,出栏商品600左右,死亡200余头,死亡率约30%。在200余头死亡猪中,粗略估计弱仔及新生仔猪被压死占10%,仔猪黄痢死亡占20%,保育猪死亡(呼吸道病及高热病)占50%,其他病死亡占20%。

3. 药费支出多　阿根告诉我,由于近年来病猪、死猪不断增加,不得不用大量药物、疫苗和消毒剂来控制,有时也感到其效果并不理想,但如果不用的话,死了那么多猪,肯定是要后悔的。这说明了养猪人对疾病的恐惧与无奈。我问阿根去年共支出多少药费,他经过查账之后告诉我,去年疫苗支出4 000元、消毒剂支出3 000元、药费支出约23 000元,共计3万余元。

4. 产仔总数少　去年全场50头生产母猪,共计产出仔猪800余头(因各种原因死亡200余头),平均每头母猪年产仔猪16头(实际出栏猪只有12头)。据阿根的妻子讲,多数母猪每窝的产仔数均在10头以上,从理论上计算,每头母猪年产仔数至少应在20头以上,全场应该产仔猪1 000余头,那么去年少产200余头仔猪的原因何在? 总结后得出结论如下。

第一,有部分母猪感染繁殖障碍性疾病,导致流产、早产、产木乃伊胎等,估计发生10胎,损失仔猪百余头。

第二,炎热夏季母猪受精率普遍较低,可能是种公猪居住环境不良,通风降温不好,高温使精子质量受损,影响受胎率。

第三,母猪群老化,该淘汰的没有淘汰,需补充的又未补充,导致发情紊乱、受胎率低或返情等现象,使年平均产仔数下降。

我对阿根说,要提高猪场生产效益,首先要发现问题,才能解决问题,同时送给他几份有关的材料,包括生产母猪的淘汰标准、提高母猪繁殖率的几点措施、哺乳猪舍内的环境温度、湿度与仔猪黄痢发生的关系等几篇文章,供阿根参考。我对他说养猪不能盲干、苦干,还是需要多学习科学知识的。

第100节　民光养猪效益好,不随大流自主张

黄陂乡养猪虽多,但大部分养猪户都与阿根家的情况差不多,由于疾病因素导致"三多一少",所以养猪的经济效益并不好。我又进一步分析产生这种状况的根源,除了疾病因素(如蓝耳病等)之外,还存在饲养管理上的问题,如猪舍条件过于简陋,炎热的夏天通风不良,寒冷的冬季保温不好,盲目扩大饲养,导致猪群拥挤,粪水横流,污染环境,同时饲料质量过差,营养不全。在这种情况下,我若昧心地推销疫苗和兽药,只能加重养猪户的负担,给他们带来更大的经济损失。但是如此下去,既不能完成公司的营销任务,也不能解决养猪户存在的问题,我的心情十分沉重,工作陷入困境。

一天,我在出诊医疗过程中,见到远方的农田中有几栋房屋,好像是猪舍,于是我特地前往拜访,果然是一个小型猪场,畜主叫民光,他热情地接待了我。他说我们虽然从未见过面,但从同行的交流中了解到我是某公司派来蹲点的兽医,他早

想来请教我,但因家里工作忙一直没有机会,说我今天能找上门来,他非常高兴。我也需要与他好好地交流一下,所以一拍即合。

我首先问他饲养几头种猪,他说有50头生产母猪、5头后备母猪和3头种公猪(其中1头后备种公猪)。我又问1年能出栏多少商品肉猪,他说1 000头。这使我有点不太相信,心想这个人肯定是在吹牛。若是按照这个数字,那么1头母猪1年至少要提供20头商品猪了,这在我国当前的养猪业中,其生产业绩绝对是名列前茅(当前一般的猪场1头母猪年提供商品肉猪只有13~15头)。我又进一步问他养猪的经济效益如何,他说还可以,今年猪价较低迷,死猪也不少,但我估计每头猪至少可赚100~200元,1年下来至少可赚10万元左右,这比外出打工好得多了,如果在猪价高的年份,效益还可翻一番。接着他说带我到猪场去看看。

我走进猪场一看,原来他饲养的都是当地的土种黑母猪,只有2头长白种公猪,一土一洋杂交后产出的仔猪,成为土二元商品肉猪。我说这就是小刀手所说的草包猪,这种猪在市场上的价格要低一等,与饲养洋三元猪比较是否划算?

民光向我讲了他养草包猪的好处:①产仔数高,一般每窝都达12~13头,有的可达15头以上,而且发情明显,易于配种,种猪的寿命较长,可产10余胎。②饲料成本较低,除买一部分配合料之外,可掺喂一些价廉的酒糟、豆渣之类的农副产品。③猪舍建筑较简单,只要水泥圈就行了,在冬季圈内铺上稻草很暖和,基本不用增温。④土二元猪的抵抗力较洋种猪强,疾病较少,常见病是气喘病和仔猪黄痢等。⑤这种草包猪价格虽低一点,但肉质好,深受本地群众欢迎,有许多人指定要买我他的猪肉,所以在市场上供不应求。

我听了民光的介绍,觉得他讲得很实在,很有道理。我反问,既然有这么多好处,你为什么不多养一些母猪呢?他说他家养50头生产母猪,是根据自家劳动力条件决定的,这样不需要雇工,因为还要种十几亩农田,这些猪粪用于肥田也足够了,再多也就无法处理了。

我看了民光的猪场,大为赞赏,认为有以下几个特点:一是将猪舍建在田间,便于粪尿的处理,避免了环境污染,有利于猪场持续发展。二是因地制宜,猪种选用土洋结合,适合中小农户饲养,同时保护了本地的优良猪种,而且也获得了较好的经济收入和社会效益。三是适度规模,量力而行,农牧结合,猪粮双丰收。

最后我也根据该场存在的问题,向他提出几点改进的建议:①寒冷季节对哺乳仔猪要添加增温和保温设施(如取暖灯泡)。②炎热的夏季猪舍要安装通风设备(如电扇)。③要保持猪舍干燥。④种猪要接种气喘病疫苗,肉猪适时适量使用抗支原体药物如泰妙菌素等。

第101节 派我蹲点为促销,我将促销脑后抛

我在阿根猪场是蹲点劳动,不同于打工者,不必整天埋头苦干,这期间我也常到本村或邻村猪场去走走,有时是养猪户慕名而来请我去看病,有时是小顾在销售药品和疫苗时遇到了麻烦,也要我去解决。凡是有关养猪的事情,我都会热心去做,特别是见到病猪,我总是细心观察、认真诊断和治疗,即使遇到一些疑难病例,我也能耐心地分析其发病原因,提出防治

措施,所以无论是治愈或没有治愈病猪,养猪户们都很感激我。有些养猪户说,他们近年来常常受到一些公司的邀请,到市内听兽医专家或教授讲课,但他们只讲理论,也不敢下猪场,解决不了实际问题。可是我就不同了,我天天下猪场,既会实际操作,又能说出道理,还能为他们精打细算,这样的兽医他们是欢迎的。因此,我越干越有劲,觉得在这里可以发挥自己的才能,颇有点成就感,还有点得意忘形。

可是小顾对我很有意见,说我来此地工作,都是为了表现自己,仅仅几个月,我在当地已经小有名气了,但是公司产品的销售量,不仅没有上升,还有回落的趋势。不仅如此,说我还对养猪户说,我们公司经营的是进口货,价格贵,反而劝他们买国产药品便宜一些,以此来讨好养猪户。我的顶头上司丁经理也曾多次提醒我,说我们为养猪户服务的目的,是为了销售公司产品。但我对销售并不感兴趣,也不好意思去推销,认为只要努力工作就行了,他们的劝告并没有引起我的重视,仍然我行我素。

不久公司通知我们到南方办事处开会,这是一次年中总结会,与会者来自南方5~6个省,有30~40人。大家都住在宾馆里,他们之间都很熟悉,平时分散在各地,此时此刻相遇在一起,都十分高兴。我虽是第一次参加这种会议,但因为都是年轻人,大家很快也就熟悉了。办事处是在大城市的闹市区,一到晚上他们三五成群有的逛街、有的进饭馆喝酒、有的去卡拉OK,他们说干这行工作,酸、甜、苦、辣都可遇到,现在何必不去尽情地享受呢! 何况明天就要发奖金了。

会上柴主任做了一个报告,主要是总结、分析上半年的销售情况,提出下半年的任务要求,对销售任务完成好的省、市进行了表扬,并评出了完成任务最好前 3 名,分别给予不同的物质奖励,有的还提拔到各部门或区域当负责人。凡是超额完成销售任务的人员,都可拿到一笔奖金,少的几千元,多的数万元。

唯有我一分钱奖金也没有,而且在会上柴主任还指名道姓地把我批评了一通。他说我工作虽然很努力,兽医技术也不错,如果是一位公务员的话,可以评上模范或先进了,如果是一位老师的话,能够理论联系实际,也应该受到表扬,可是我忘记了自己是一位销售员,几个月来不仅没有销出一瓶药,还起了反作用,对公司来说,我是一位不合格的员工。散会后柴主任叫我留下来,与我谈心。他说按公司的要求,业绩不佳是要被辞退的,但他看在我为人老实有技术,愿意再给我一次机会。他已向丁经理建议,将我调离黄畈乡,分配到另一个地区,去开辟一个新的市场。

第 102 节　给我一块新地盘,让我开发新市场

这次南方片区会议,对我的教训十分深刻。回来之后,我考虑再三,觉得不能再走回头路,既来之,则安之,今后要向同事们学习,首先要转变观念,改进工作方法,服务、销售并举,服务猪场要围绕着销售转,只有把销售量搞上去,在公司才有立足之地,自己也可得到经济效益。于是下定决心,努力学习经营。

回来后我便赶到黄畈乡,与阿根及那些熟悉的养猪户一一告别。这几天我都跟着丁经理跑市场,不是去经销商的门市部,就是去养猪户的户主家。他也反复向我介绍营销的方

法和经验,还向我详细地交代了每种产品销售后我可获得百分之几的奖金,因此每个月可拿到多少奖金自己也可以算得出来。

这次丁经理把我分配到本省××地区,包括8个县(市)。这是一个新开辟的市场,养猪的数量也不算少,但是地处丘陵山区,交通不便,经济水平较差。据说这一带人们思想保守,不易接受新事物,销售工作较难开展,因此是我公司的一个销售空白点。虽然也有一个经销商代销我们的产品,但是两年来,销售量微不足道的。我们来到这家商店,丁经理把我介绍给他们,这家店名叫和睦饲料兽药门市部,老板名叫苏星。我在这个门市部里看到他经营的项目很多,有各种品牌的饲料,许多厂家生产的各类兽药。苏老板对我们公司的产品并不看好,对我的到来也不抱什么希望,所以也不重视。丁经理告诉我,今后这个市场的开发就要看我的了。说完他就回去了,把我一个人留在这里。

这时我才深刻体会到,什么是寂寞、孤单、无助和无奈,一个人在街上到处游荡,肚子饿了,随便找个小摊吃碗面条,天渐渐黑下来了,路灯慢慢亮起来了,我也感到累了,于是找了一家小旅馆住下来。

第二天我又到和睦门市部去找苏老板,希望能得到他的帮助和支持,但是他对我的态度很冷淡,爱理不理地做他自己的事,我跟前跟后地去追问他,他总是不耐烦地说他现在很忙。这个老板对我的态度,与以前那个欧阳老板截然不同,据我分析其原因,可能是他对我们公司的产品缺乏信心,因为销售量少,影响他们经营的积极性,另外可能还有经济效益问题,据说别的厂家的回扣率比我公司高,因此他当然不愿经营了。但是我对苏老板还是软硬兼施,请他帮助,其实我只要请他提供本地区一些养猪大户的电话、户主姓名及地址就行了,这一点他是能够办到的。后来他终于拿出一个本子,上面密密麻麻地记载着一些养猪户的信息,我立即都抄录下来,打算今后一户一户地去拜访。当我正要离开时,苏老板又把我叫回来,说是介绍我去一个旅馆,在××街×号,因为据他了解,许多经营饲料、兽药、疫苗厂家的销售人员都是住在那里的,而且那个旅馆既便宜又安全。我听到这个消息很高兴,马上按他介绍的地址去寻找那个小旅馆。

第103节　困难重重疑无路,小小旅馆遇同伴

　　这是一家街道办的小旅馆,在登记住宿时,店主知道我是业务员,她就说如果是长期居住,可以8折优惠。我立即办好手续住进了房间,把背包一甩,就躺在床上,深深地松了一口气,感到现在总算有个安身之处了。休息片刻之后,忽然想起要向店主打听一下,有哪些单位的业务员在此住宿,从登记表上果然查到了几位同行,有饲料厂的,也有兽药厂和疫苗厂的业务员,共有7~8位。我问店主他们住在几号房间,回答说就住在你隔壁,这些人像鸟儿一样,早上飞出去,晚上才回来。我特地买了几包香烟,打算晚上与他们好好谈谈,交个朋友。

　　夜幕降临了,我等待的这些业务员一个个地回来了。我主动到他们房间去作自我介绍,我递烟,他们泡茶,年轻的朋友在一起很热闹。我们无所不谈,有的生了一肚子气,说今天倒霉,不但没有销出一瓶药,还碰了一鼻子灰;有的很高兴,说今天收到一笔疫苗款;有的签订了购买饲料的合同。他们都

是从学校毕业时,被各个公司招聘来搞销售工作的,其中有4位是中专生,2位是大专生,还有2位是初中文化,曾在猪场跟师傅搞过几年兽医工作。所以,在这批人中,论学历我最高,论经历,我在猪场工作时间最长。当然论年龄,我也是老大哥了。但搞销售我是一个新兵,这几位弟兄搞营销工作有的已经4~5年了,短的也有半年,他们经营的都是国产货,而我销售的全是进口药,所以在产品上也没有什么矛盾,同行也并非是冤家,同样可以交朋友。他们也说这里的市场大得很,八仙过海,各显神通就行了。

当他们发现我是正宗兽医出身的,都很高兴,他们说现在每个猪场遇到的最大问题就是猪病,如果能为他们解决一点猪病防治方面的问题,销售工作就不在话下了,几位弟兄们都约我明天一道下猪场。这正中了我的心意,虽然从苏老板那里抄来养猪户的名单,但是我初来此地,人生地不熟,连东南西北也分不清,如果他们能带我下乡,可以少走许多弯路。坐在我旁边的一位小伙子名叫田冲,他是疫苗厂家的销售员,我就约他明天一道去猪场。这天晚上我们谈了很久,也谈得很开心。

第二天一大早我就起来了,准备出发,可是他们还在睡大觉,一直等到10点多钟,田冲才慢吞吞地起床,匆匆地吃了一点早餐就去汽车站了。我们今天打算去湾里乡,距县城有四、五十里路。这个乡养猪户不少,饲养母猪在30头以上的就有40多户,饲养100~200头母猪的大户也有好几家。坐在车上田冲对我说,他中专毕业后就进××厂搞猪疫苗销售工作,已有3年时间了,销售业绩一般,自己的生活还能过得去,是个月光族,由于缺乏诊疗猪病的临床经验,与养猪户的沟通比较困难,疫苗的销售量很难提高。约 1 小时后就到了湾里乡。我想这次一定要吸取上次蹲点阿根家的教训,首先对全乡的养猪及猪病流行情况进行调查研究,按照先易后难的顺序,逐一帮助他们提高生产力,同时也要注意与本公司的产品挂上钩。

第 104 节　走进猪场先看病,得到信任再推销

　　这几天来连续对养猪户(我们称客户)进行了拜访、咨询、座谈或调查研究,起初是与旅馆遇到的弟兄们结伴而行,熟悉之后就独来独往了,做销售工作总要选一个点,成功以后可以以点带面,我将这个点定在三河乡,因为这里也是一个养猪之乡。饲养几十头种母猪的属于养猪小户,家挨家,户连户很密集,猪场都是旧房改建或扩建在自家的后院。饲养百头以上种母猪的是养猪大户,他们的猪场一般都建在村外的小山坡上,猪场条件比较好。

　　我选择了阿坤的猪场作为我的客户服务基地,他家目前饲养 100 余头母猪,是一个独立的小猪场,在本乡的养猪户中属于上等水平。阿坤初中文化,当过干部,为人忠厚老实,在村里有一定的影响,养猪已有多年,前几年他家的猪场曾暴发过蓝耳病,与其他猪场一样损失惨重,目前病情已趋向稳定,只是在保育舍内还可见到以呼吸困难为主要症状的散发性病猪。

　　可是这个猪场近来出现了新的疫情,在产房的新生仔猪(多数发生在出生后 3~5 天内的仔猪),表现顽固性腹泻,有的还伴发角弓反张等神经症状,常规药物治疗无效,导致整窝

仔猪死亡。这可急坏了阿坤,他到处求医问药。正好我主动送医上门,他当然求之不得。我进场后,首先要搞清发生了什么病,经剖检观察,除了肾脏有出血小点外,其他脏器几乎看不到肉眼可见的病变,结合流行病学的调查,凭我的经验判定,极有可能是猪伪狂犬病。诊断依据是:①从病猪症状和治疗结果分析可排除仔猪黄痢、轮状病毒感染等常见病。②该场所有猪都未曾注射过猪伪狂犬病疫苗(当地许多猪场都未注射)。③该场过去暴发蓝耳病期间,曾送病料请有关单位做检测,从中发现伪狂犬病野毒,由于当时蓝耳病危害严重,将本病忽略了。

我告诉阿坤,当前你场新生仔猪腹泻死亡的主要病因是仔猪伪狂犬病,目前对本病还没有特效的治疗药物,免疫接种是防治本病的唯一措施,因此建议他立即对所有种猪(包括后备和经产的公母猪)普防一次伪狂犬病疫苗。从现在开始,对2~3日龄的新生仔猪,都要用猪伪狂犬病基因缺失疫苗,采用滴鼻的方法进行紧急免疫。同时告诉阿坤过1~2周后就可以见到效果。于是我开了一张处方,叫阿坤一定要到和睦兽药门市部找苏经理购买。

这些天来,我在各养猪户之间东奔西跑,主要做3件事,一是看猪病,二是对症下药推销本公司的产品和疫苗,三是调查总结本公司产品的使用效果,以便心中有数。时间过得很快,一晃又过去个把月了,我到阿坤的猪场回访,一见面他就高兴地对我说,你们的疫苗见效了,这期间先后产了24窝仔猪,都进行了伪狂犬病疫苗滴鼻,至今已有1个多月了,无一死亡,虽有几窝仔猪发生黄痢,很快都治好了。阿坤夸奖我的技术高明,销售的疫苗质量过硬。通过阿坤有意无意地对我和疫苗产品的宣传,效果出奇的好,从此以后找我的人更多了。我在三河乡抓住机遇,恰到好处地利用伪狂犬病疫苗一炮打响,使该疫苗的销量直线上升,同时也带动了其他产品的销售。

第105节 销售工作有起色,公司领导变策略

我独自一人在三河乡开拓市场,销售业务从无到有,由小变大,打开了局面,经受住了公司的考验,并交上了一份满意的答卷,我的工作也引起了领导的重视,他们也发现了我和这个地区都有很大的发展潜力,但是凭我一人孤军作战,销售业务肯定会受到了限制,从公司的利益考虑,他们改变了策略,及时增派了一位业务员小李做我的助手。

小李也是大专毕业,学的是营销专业,在本公司已工作了3年,这次是从邻省抽调过来的,他虽不懂兽医,但能说会道,是经营能手,他与我配合可以优势互补,是十分理想的。我也理解领导的意图,打算充分利用这个条件,扩大销售业务。

我与小李商定,分工合作,我在前面探路,开拓市场,他在后面跟上,商谈业务,我画了一个路线图,标明了本地区各主要养猪户的方位,我前往一个个猪场去拜访,主要内容是关心他们的养猪情况,交流养猪的技术,了解猪群的健康状况,存在哪些问题,提出自己的见解或建议,和他们交朋友。对于他们需要的疫苗或其他产品,即使不是我公司的产品,我也会及时与小李联系,由他送到指定的养猪户。经销商苏老板看到我们的工作有起色,给他带来了效益,也十分支持我们的工作,不仅给我们派车,还派了一位业务员方振跟随着我们,这

样一来我的手下又增加了一名工作人员，如虎添翼，大大提高了我们的工作效率。

通过深入调查，我对当地的养猪业又有了进一步的了解，养猪人对近年来的养猪状况总结了几句话，赚一年、亏一年、不赚不亏又一年，为什么会造成这种状况呢？人们认为当前的养猪业存在两种风险，一是市场风险，近年来饲料价格暴涨，各项成本支出上升，猪价却持续低迷，但是根据他们的经验，现在是市场经济，猪肉的价格有低必有高，不必着急，可以顺其自然。另一个是疾病的风险，当前由于蓝耳病的存在，并且转变为隐性、持续性感染，这个疾病就像一颗地雷，一不小心随时可带来灾难，特别是一些中、小型猪场，饲养管理条件差，猪舍简陋，舍内的小气候无法调节，猪群长期生活在冬冷、夏热、潮湿的环境中，这些应激因素，极易引起蓝耳病的暴发，我们千万不能麻痹。我在推销疫苗的同时，经常向养猪人传播防疫的新知识、新理念，传授治病的新技术，深受养猪户的欢迎。

今天苏经理约我到他的兽药经销部谈谈工作，我一进门他就笑脸相迎，热情接待，与初次见面时判若两人，他先对我赞扬了一番，感谢我的工作，称赞我的技术，他说自从我来到三河乡之后，和睦兽药经销部的生意兴隆了，由于我适时推广了伪狂犬病疫苗，带动了多种产品的销量，成功地在三河乡搞起了一个基地，带动了一大片猪场，过去我们公司的产品，无人问津，现在却常常断货。苏经理不愧是一个生意人，他对我说："现在形势很好，我们必须乘胜追击。"他认为我在三河乡的工作已经做得差不多了，为了增加产品的销路，需要开辟更广阔的市场，他建议我转移阵地，到六和镇去开发，那里猪场的规模较大,经济条件相对较好,容易接受新事物。我觉得他讲得有道理,欣然同意,准备前往。

第106节　一窝仔猪养得胖,突然死亡大爷慌

在我将要离开三河乡之前,到各养猪户去告别,途中遇到东村的汪大爷。他请我去他家一趟,他说一窝仔猪正要出售,突然中毒死了,十分痛心,请我去查一查中毒的原因。他只养了2头母猪,对于这种养猪小户,公司通常不太关心,因为从经营的角度来讲,他们不会成为公司的主要客户。不过我在这一带服务、经营的时间久了,名声在外,有些养猪户主动来找我看病,不论是谁,我都不会拒绝的。

我知道汪大爷养母猪有多年的老经验,但是一直以来只养2头土种老母猪,经洋公猪配种后产下杂交一代出售,这种猪深受当地农民欢迎,1年也可卖掉40多头苗猪,收益还不错。由于他养的仔猪好,长得快,在哺乳期间就被左邻右舍和村里的农户订购了,所以他的苗猪从不愁销路。这次一头老母猪产下了12头仔猪,已经断奶了,再过几天就可出售,大爷高兴得不得了,因为近来猪肉价格上扬,苗猪的价格自然也是水涨船高。几个月前,一窝仔猪成活了14头,个个都长得活泼健康,但由于当时猪价低迷,苗猪也卖不上价钱,结果不仅未赚到钱,还亏了本。这次一定是要捞回来了,苗猪是按体重论价的,体重越大,价钱越高。汪大爷深知,只要让断奶仔猪多吃料、吃好料,一定能长得快。他从不相信什么配合料、全价料,他只知道豆粕、鱼粉营养最好,玉米、小麦猪也喜欢吃,他不惜本钱,在断奶后的日子里,让仔猪放开肚子大吃大喝,

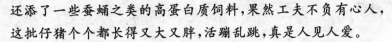

还添了一些蚕蛹之类的高蛋白质饲料,果然工夫不负有心人,这批仔猪个个都长得又大又胖,活蹦乱跳,真是人见人爱。

汪大爷规定,仔猪断奶后10天开始出售。隔壁的三宝是近水楼台,第一个来挑选了2头最肥、最大的仔猪,高高兴兴地拿回家了。接着阿龙和王旦也来选购了。他们东挑西看,觉得这批仔猪虽然肥胖,但皮肤苍白,血色不好,好像不太正常。正在这时,三宝匆匆忙忙抱回一头仔猪,在汪大爷面前一抛。只见这头猪不停地向一个方向打转,不一会倒地不起,但四肢仍不停地在划动。再看看圈内又出现了2头有类似症状的猪,这时三宝老婆又将另一头猪也退回来,说已经死了。这下把汪大爷惊呆了,大爷只得把刚装进口袋里的钱退给三宝,当然阿龙、王旦也不买了,结果12头仔猪在2天内陆陆续续死了8头,另外4头比较弱小的仔猪却存活了下来。

汪大爷又急又气,他想一定是有人投毒,急得直跺脚,这时有人告诉他,说乡里有个卖药的朱经理,能看猪病,人缘也不错,汪大爷立即来请我去看。我一听他对病情的介绍,又看了病猪的表现,并剖检了几头病死猪,发现肠系膜淋巴结明显水肿,胃内充满饲料,胃大弯处增厚,切开流出许多水样的液体。本病我在规模猪场从未见到过,但回忆起过去张师傅常谈起的在农村常可见到的猪水肿病,这些仔猪的症状完全符合猪水肿病的特征。于是我告诉汪大爷这种病目前是没法治的,但可以预防,并和他讲了一些有关水肿病的知识,其病原属于大肠杆菌,但发病诱因是断奶前后的仔猪饲料单纯,特别是饲喂高蛋白质饲料极易引起。对于断奶前后的仔猪,最好饲喂由饲料厂家专门配制的仔猪料,这样既可使仔猪长得快,又可防止本病的发生。汪大爷听后说,今后养猪一定要相信科学。

第 107 节　一帆风顺太自信，一不留神祸来临

　　根据苏经理的介绍，我将阵地转移到六和镇。这一带养猪规模较大，经济条件较好，有利于新产品的销售。我相信近几年来蓝耳病在我国的猪场都存在，养猪人对本病也是无人不晓，我想此时来到此地搞营销，应首推蓝耳病疫苗。我满怀信心，要以蓝耳病疫苗为契机，打响第二炮。经过初步了解，我将首个目标对准了鼎旺猪场，这个猪场的生产母猪虽然不到 500 头，还达不到我公司的大客户标准，可是在这一带也算得上是老大了。场长叫王达，在当地小有名气，据我的同行们反映，这个人很高傲，不好打交道。我想我们是大公司，经营的是进口产品，质量过硬，况且我也曾在大猪场工作过，应该很容易建立起客户群。与王场长打了几次交道之后，他终于接纳了我们公司的蓝耳病疫苗，我高兴得不得了，这是我做销售工作以来，谈成的最大一笔交易。

　　鼎旺猪场使用了我公司的疫苗之后，还不到 1 周时间，王场长就来电话了，他说自从注射了我公司的蓝耳病疫苗，猪群就出现了严重的反应，要我赶快来场处理。我认为我公司的蓝耳病疫苗在一些规模猪场早已使用过了，从未听说过有什么不良反应，我以为王场长大惊小怪，加之当时工作较忙，没有及时前往，拖延了几天之后才去。进了猪场才发现问题的严重性，据场兽医介绍，他们是根据我的建议，对全场猪进行了一次蓝耳病疫苗的普防，可是接种疫苗 2～3 天后，猪群陆续表现食欲下降，精神沉郁，卧地不起，驱赶也不愿走动或出

现跛行,有的哺乳仔猪突然死亡。病猪张嘴流涎,嘴唇、鼻端有明显的水疱,蹄部也有水疱,有的已破溃,地面上血迹斑斑,我一看便知道,这是典型的口蹄疫。

王场长把我叫到他的办公室,严厉地责问我,说我们的疫苗闯了大祸,该怎么解决?我说发生这种事情,我们也不愿看到,我也很痛心,但是可以肯定地说,你场这次暴发的是口蹄疫,与蓝耳病疫苗没有什么直接的关系。王场长听到这句话,顿时火冒三丈,拍着桌子对我说:"你休想推卸责任。"他对猪病也有些了解,列举了几点反驳依据:①即使是口蹄疫,为什么早不发生、晚不发生,偏偏打了疫苗之后发生,说明你们的疫苗带毒。②口蹄疫这个病过去我场也发生过,但是病情没有这么严重,死亡率也没有这次高,说明是你们的疫苗有问题。③我场发病后第一时间就告诉你了,你却拖延到今天才来,说明你心虚,有意躲避。他要我当场承认蓝耳病疫苗有质量问题,赔偿因本病带来的全部损失。

我听完他的话,做了许多说明,讲了很多道理,可他一句也听不进去,后来干脆怒气冲冲地离开了。不久后进来两位身强力壮的打手,他们二话没说,把我拖进一间小房子内,要我写下赔偿全部损失的保证书,否则要将我作为人质扣留在场。经过一夜的折腾和煎熬,我实在支撑不下去了,不得不把情况告诉了公司领导。当然公司也很重视,派柴总监为首,并邀请了猪病专家罗博士和当地兽医站的陆站长一道前来猪场处理此事。柴总监处理这种事很有经验,为了防止猪场劫持我们的车辆,他来猪场不用本公司的车辆,而是借用了兽医站的车。陆站长首先要王场长把我放出来,告诉他私自扣留人质是违法的,有事可以通过协商解决。柴总说了几句客套话之后,罗博士对此事件提出几点看法:①该批蓝耳病疫苗曾在许多猪场使用,至今均未发现任何问题。②据了解近来口蹄疫流行较广,你场周围的几个猪场未注射蓝耳病疫苗也同样发生了口蹄疫,说明你场属于疫区,发病与疫苗接种没有因果关系。③你场还有剩余的蓝耳病疫苗,可以拿几瓶疫苗去权威单位检测,看是否存在质量问题。这时王场长激动地说:"不管是什么理由,我的猪场已经遭受到了重大的损失,我们是一个小猪场,你们是跨国的大公司,必须要赔偿我场的经济损失,不然的话我要上诉到法院去解决。"说完王场长就气愤地扬长而去,眼看谈判无法继下去了,大家不欢而散。

通过法院的调解,双方都不能接受,公司为了维护本身的利益和声誉,决定应诉,紧接着我们就忙于请律师、找证据、写材料,经过多少个日日夜夜的折腾,终于打赢了这场官司。可是我却高兴不起来,每当我想起被扣留的那一夜,总是不寒而栗,对销售工作产生了消极、畏难和恐惧情绪,甚至有了跳槽的念头。公司领导了解到我的情况后,并没有责备我,而是鼓励我,启发我从哪里跌倒还要从哪里站起来。我经过冷静思考,觉得在这次事件中本人也存在一定的错误,年轻人应该学会认识错误,并勇于承担责任。

于是我写了一份检查报告,其主要内容是:①对销售工作急于求成,在一个新的地区不做调查研究,不了解当地疫情就急于推广新的疫苗。②规模猪场首次使用一种新疫苗,应先对局部或少量猪只做安全试用,确认安全才能在全场推广,这次要求该场立即进行全场普防,显然是犯了一个基本的错误。③发现问题后,没有立即前往处理,没有积极解决问题。④虽然打赢了官司,但对鼎旺猪场因口蹄疫所造成的损失表示歉意,并愿意积极配合猪场搞好疫病流行后的恢复和发展工作。此报告一式两份,一份交给公司领导,一份交给鼎旺猪场的王场长。结果得到公司的支持,认为我的态度好,姿态高,公司也免除了鼎旺猪场该批疫苗的全部费用。后来我与王场长也结为了朋友,成了他们猪场的常客,并在该地区打开了营销工作的新局面。

第108节　城郊养猪有特点,泔水喂猪遇阻拦

本市郊区的农户,养猪也不少,但主要饲养商品肉猪,他们利用食堂、饭店的泔水喂猪已有多年历史了。阿拢家就饲养了大小不同的商品肉猪百余头,由于他们不养种猪,所以这些猪场都不属于我们的客户,自然也不是我的服务对象,但这次我们的经销商请我到阿拢家去看猪病,据说一头大肥猪突然不吃食了,养猪人都知道,只要猪不吃食,就表示生病了。

我到了猪场首先察看了猪场的情况,共有10余间简易平房,每间内都饲养了10余头大肥猪,只只都是肥头大耳,身强体壮,大口大口连吞带咽地抢食,唯有一头猪站在一旁,不吃不喝,张嘴流涎。阿拢说刚才喂料时,所有的猪都争着吃食,唯有这头猪吃了几口之后,就自动退出,时而摇头,时而晃脑,似乎很痛苦,口水流了一大堆,其中还带有血丝。我一时也看不出是何病,于是请他们将病猪保定,进行仔细检查。这是一头100多千克的大肥猪,要保定谈何容易!阿拢请了村里4～5个强劳力,才把这头病猪制服。我先测量体温,为38℃,属正常范围,病猪的精神很好,体力强壮,粪便正常,但嘴半张半闭,口腔中还流血,我立即用木棍打开口腔检查(若用猪开口

器那就更方便了),见到该猪上腭红肿、出血,半根竹制牙签插入其中,一目了然,这就是发病的原因了。我小心地用镊子取出牙签之后,该病猪立即跑向饲槽,狼吞虎咽地吃食了。

阿拢见到病猪治好了,高兴得很,竖起大拇指,说我技术高明,于是递烟、倒茶,还要请我吃饭,与我畅谈起来。我对阿拢说,你利用泔水喂猪既节省了饲料成本,猪又长得快,效益一定很好吧!他说我们农民赚点钱也不容易,每天要去一家家饭店、食堂收泔水,这是一件又累又脏的活,不过对于我们农民来讲,苦点累点都无所谓,最担心的还是政府部门(可能是指食品卫生部门)不准我们用泔水养猪,说用泔水喂猪不卫生,是垃圾猪,有害人的健康,是禁止的。阿拢说他用泔水喂了十几年的猪,从没有发生过什么问题,饭店内的泔水都是味道鲜美的菜肴,食堂主要有馒头、米饭,这些都是营养丰富的好饲料,猪为什么不能吃?为什么要禁止?阿拢说,如果我不去拿的话,人家就拿去提炼地沟油了,这才害人呢!他说现在他们白天不敢去饭店运泔水,只能到晚上偷偷摸摸地去,如果被抓到了,还要罚款。他很气愤地问我,政府的这种做法有没有道理!

我听了阿拢的诉说,深表同情,但我只能表明我个人对泔水喂猪的几点看法:

第一,自古以来我国都有利用泔水喂猪的传统习俗,我想并没有什么不妥之处。

第二,所谓泔水,就是人们吃后剩余的菜饭,现在全国有不计其数的饭店,一天的泔水相当可观,不拿去喂猪如何处理?必然污染环境,造成浪费,我想人吃剩的猪为什么不能吃呢?

第三,泔水营养好,适口性强,猪很喜欢吃,这是废物利用,既避免浪费,又环保,一举多得,是件好事,何乐而不为呢?

第四,据我了解,在国外(包括那些发达国家),泔水也可用于喂猪。如果是规模化养猪,受生产流程的限制,无法利用泔水喂猪,但是对于小规模的商品肉猪场还是适合的,我认为泔水喂猪没有什么不妥之处,而且应该受到鼓励和支持。

不过利用泔水喂猪也应注意以下几个问题:一是泔水要新鲜,当天泔水当天饲喂,特别是在炎热季节,泔水放久了容易腐败,应煮沸后再喂。二是泔水适用于中猪以上的肥育猪饲喂,同时还要搭配50%左右的薯类、糠麸、草粉或其他粗饲料,若单纯用蛋白质和脂肪含量过高的泔水喂猪,其脂肪可能会变为黄褐色,肉带腥臭味,肉质受影响,这一点务必注意。三是泔水中常混有杂物如牙签、鱼刺、碎玻璃等,要人工清除后再喂。这次阿拢猪场这头猪得了急病,就是牙签刺入口腔所致。

第109节　销售第一成状元,拿了奖金还升官

一晃又是几个月过去了,我们南方片区又要召开业务会议,按惯例公司领导要总结一年来的工作,布置明年的任务,据说还要评选出销售状元,发放超额奖,所以这次会议大家都很重视,到会的人员也最多。回想起上次参加会议时,我不仅没拿到一分钱的奖金,还挨了批评和警告。但是这一次可不同了,我是充满了信心,因为销售量上去了,在业务上也多次受到我省丁经理的表扬,这次到了公司,柴主任还要我在大会上发言。

大会开始了,首先由公司的销售总监讲话,他讲了一年来

的销售情况并提出今后的任务。柴主任做了全面的总结报告,主要的精神还是鼓舞我们对销售工作的积极性,作为一个青年,要有所作为,要有奋斗目标,要树立信心。他在报告中还举了我的例子,他说我来到本公司不足 3 年,第一年不懂销售业务,工作虽然努力,但是销售量总是上不去,去年在我公司的排名是倒数第一,但是我并没有灰心,也不泄气,而是总结经验,吸取教训,仅仅过了一年时间就成为我们片区销售量排名第一。柴主任接着还宣布,经过公司领导研究决定,由我接替丁经理的工作,提升为××省的销售经理。最后,在一片掌声中,我被拉到台前,要我讲话。但是我紧张得一句话也说不出来,只能结结巴巴地讲了几句客套话,感谢各位领导的鼓励和大家的帮助,使我在营销业务上有了一点进步。同时,在工作中也使我体会到,当前市场竞争是很激烈的,除了产品的质量过硬之外,竞争的焦点一是要讲究营销技巧,要诚信经营。二是要做好客户服务,具体讲,就是要求我们学习一点养猪和猪病防治的业务知识,与客户多沟通,有了共同的语言,才能得到客户的信任。

会议结束后,就按名单的顺序,一个个到公司财务部领取奖金。当然奖金的多少是保密的,因为每个业务员是不相同的,主要是按业绩而定,其实他们各自心中都一本账,相互之间也从不去过问,因为我是销售额第一名,在大会上受到了表扬,无疑拿的奖金是最多的。使我意想不到的是,竟然拿到 6 位数的奖金,我当然十分高兴。同事们都纷纷向我祝贺,说我是双喜临门,不仅发了财,还升了官,当上了“省长”(这是同事们内部的称呼,其实是担任一个省的销售经理)。他们要我请客,我当然也不会吝啬,晚上我们就在一家饭馆里痛痛快快地大吃了一顿。

会议结束后,大家各奔前程,回到自己的岗位。我们也回到××省,首先去拜访了经销商,丁经理把我介绍给他们,并说他要调离本省,今后全省的销售工作要由我来负责。我深感责任重大。当地的经销商对我的工作十分欣赏,表示对明年的销售工作充满信心。不久就要过春节了,明天就开始放假,按公司规定放假 15 天,至于下一年度的工作计划待春节过后再说。

第 110 节　领到首笔销售奖,交给父母造新房

我出生在一个普通农民家庭,大学毕业后在猪场工作了5 年。回忆起这段工作经历,感到有得也有失,失去的是金钱,因为猪场的工资低、待遇差,这些年来在经济上基本没有什么结余。但是得到了兽医临床经验,提高了我在猪场工作的业务水平,锻炼了我艰苦朴素的工作作风。其实得到的要比失去的多,所以 5 年的猪场生涯没有吃亏,是很值得的。

这次得到了大笔奖金,真不知该如何使用,我一夜没有睡好,最后决定今年一定要风风光光地回家过年,要把这笔钱交给父母,给家里造座新房子。第二天我就上街购物去了,说实话,过去我连超市都不敢进,因为嫌那里的东西太贵,常去小商品市场或在地摊上挑些便宜货。这次要好好地给自己"武装"一下,买了羽绒衣、旅游鞋,也给父母买了些礼品,还买几条高档香烟,是给村里的乡亲们分发的,再买一些糖果、土特产之类的食品,高高兴兴地回家了。

父母见我回家过年就已经很高兴了,这次回来如此风光,

还当场给他们十多万元造房子,二老简直不敢相信这是真的,甚至还怀疑这钱来路不明。父亲对我说,现在家里不缺钱,房子旧一点没关系,能住就行了,衣服差一点不要紧,保暖就行了,你这钱的来路要正。父亲还说:"乐生啊,你离开猪场之后,既不当官,又不做老板,哪来这么多的钱?"我对父亲说:"请你们绝对放心,我是在外资企业工作,由于我的工作勤奋、努力,又有猪场工作的经验,所以我的销售量大,这是应得的奖金,请你们放心地用。"我还对父亲说:"这几年来,村里已建了很多新房子,我们家的房子已经很破旧了,这次一定要建座新楼房,质量要好一点。"父亲说在农村造房子比城里便宜多了,十多万元可以造很好的房子了。我提议尽快动工,如果钱不够的话我会设法再寄来的。

春节期间,我们农村的习俗是走亲戚、喝酒、打麻将。我不会打麻将,可以省出许多时间,空闲时就到亲朋好友家去拜拜年、聊聊天。因为我身居大城市,这一年来为了销售,又要到处奔忙,不像以前天天都待在猪场里,对外面世界什么都不知道。现在见多识广,也能说会道了,而且腰包也鼓了,见到小孩、老人我都给一个红包,所以我走到那里,都受到村里人的欢迎。当他们知道我家要造新房子了,都说我对父母有孝心,有出息。记得两年前春节回家时,村里人给我介绍过对象,她叫小梅,后来她知道我在猪场工作,便分手了。这次她也抱了小孩来看望我了,村里人都说她没有眼光,她的父母也后悔之极。

当他们知道我现在仍然单身,尚未有对象,于是本村、邻村的媒人接连不断来我家,我母亲应接不暇,高兴得不亦乐乎,天天催我去相亲,但都被我婉言拒绝了。母亲焦急万分,我也很理解母亲的心情,目前只能安慰她,不必着急,媳妇会有的,并向她保证在明年春节一定带一个漂亮的城里媳妇回来,这才使她放心。

因为首次拿到高额奖金,激发了我对工作的热情,而且我考虑到自己新官才上任,当前的工作任务十分繁重,不能分心,至于找对象要看缘分,顺其自然吧。

第111节　当前抓好三件事,培训服务和销售

春节过后我提早上班了,因为第一次当上了官,而且还是"省长",当然很高兴。以前都是在销售第一线,奔波于各大、小猪场,生活不安定,如今总算有了一个立足之地,还有固定的办公室。过去是被人管,现在我要管6个人了,当然任务也加码了。这几天与经销商欧阳老板进行了沟通,他对今年的销售工作充满了信心,因为自去年下半年以来,我公司产品的销售量明显上升,因此今年他也转变了经营的策略,以经销我公司的产品为主,在各重点县(市)都发展了二级经销商。为了更好地配合我们的工作,欧阳老板还招聘了几位兽医专业的中专生,准备大干一场。

经过基层销售工作的锻炼,对经营业务也有了进一步的认识,虽然官职不大,但也是一省之长,这几天来我反复地进行了思考,认为当前要抓好三件事。

第一,对人员重新分工,两人一组,划分了经营区域,确定了销售任务,要求销售人员勤下猪场,了解各个猪场的生产情况和管理水平,有针对性地为养猪户服务,要与养猪户建立紧密的联系,帮助他们解决困难。我深刻体会到,只要养猪户富

了,就可以打开销路,赢得市场,我们才能赚到钱,并可持续地发展。这样赚到的钱,我们才能心安理得。

第二,要与经销商密切配合,我们只有促销权,没有经营权,产品的销售必须通过经销商。因此,要与经销商及时联系,不断沟通。客户需要的疫苗、药物,经销商应该尽快送货上门。要求经销商讲诚信,守信用,对于那些走歪门邪道、唯利是图、以次充好或搭配伪、劣、假、冒产品的经销商,我们要及时揭发,取消其经销资格。

第三,要定期集中学习,提高销售人员的业务水平。我们这个团队的销售人员,都很年轻,朝气蓬勃,有的是营销专业毕业,经营技巧比我强,我要向他们学习,有部分来自畜牧兽医专业,他们虽有一些专业的理论基础,但缺乏实践经验和营销知识,即使是大专毕业,也需要再学习。我们决定每月两次,回省公司集中进行业务学习一天,学习的内容包括营销经验的交流、猪场管理和猪病防治知识的讲座。

我是学习班的主持人,为此投入了很大的精力。为了取得好题材,我一边深入猪场服务,一边收集有关资料,制成多媒体幻灯片,采取图文并茂的形式,使他们看得见、听得懂、用得上。这些销售人员平日都分散到各地的猪场搞促销工作,他们在实践中也常常遇到一些问题和难题,也可带到会上来,大家一起分析和讨论,并要求各地业务员在集中学习之后,还要带回各地,以村为单位,举办同样的学习班。我还根据当时、当地有关养猪生产的具体情况,自编自印了一些资料,让前来参加学习的人员人手一份。

第112节　员工通过学习班,提高技术做贡献

通过一段时间的学习,我感到手下几位业务员的工作能力都有了显著的提高,表现在能够与养猪户交流防病、治病的技术,敢于进猪场去看猪病。他们还复制了在公司业务学习期间使用的多媒体幻灯片进行授课,先后办过多次猪病防治学习班。这种学习班灵活机动,参加人员少则十几人,多则20～30人,让他们看看有关的幻灯片、讲讲猪病防治的信息,养猪户之间也可以进行交流,开会的地点往往都借用当地的小学或乡、村政府会议室,时间安排在周六或周日,每次只有个把小时,既省钱又不耽误他们的养猪工作。这种形式受到了养猪户的欢迎,当然期间也适当地穿插一点促销宣传。

我的这一举措,花钱不多,不搞吃、喝,只发点实用的学习资料,取得了良好的效果。首先培养了我们与养猪户之间的感情,对他们在猪场管理和防病治病方面有所帮助,同时也提高了我们的工作效率。为了讲好课也迫使我们的销售人员要看书学习,提高业务技术水平,使这些才走上工作岗位的年轻人,看到了自我价值,有了成就感,增强了对工作的信心。这一举措,得了公司领导的肯定和支持,为此还专门拨给我们一笔培训经费。

随着我省销售业务的持续增加,又出现了一些新问题。其一,有的业务员将销售业务扩展到邻省去了,因为从地域上看,在我省西部地区与两个省交界,民间有一步垮三省的说法,说明联系是很紧密的,在南部与××省相连,出现了垮省销售或发生串货现象,虽然这些边界地区是销售工作的弱点

或空白点,但各省之间也产生了一点矛盾。我们向公司要求将这些地区划归我们经营。其二,由于业务量增加了,业务人员的来往也频繁了,交通工具也成了问题,摩托车已经不能适应了,为此我代表××省向公司打了报告,希望公司帮助解决交通工具问题(购置小汽车)。

大概是由于我省近来的业务量不断上升,而且发展前景也看好,公司对我们的销售业绩十分重视,所以我的报告很快就批复下来了。公司同意几个边界县(市)划归给我们经营,扩大了地域,当然也增加了销售任务。而关于购买车辆之事,也有了明确的答复,公司最近有了新规定,销售人员达到一定的销售额之后,公司可以贷款给个人购买小汽车,而且每月还可获得一定的车耗和汽油费的补贴,按目前的销售业绩,我省的6人都已达标了,所以都买了车。从此以后,我们的工作如鱼得水,如虎添翼,使销售工作更上一层楼,每天开着车子在各个大小猪场之间奔跑。

从这两件事情可以说明,外国公司在经营管理上的明智之处,只要能拼命地为公司工作,而且在工作上有业绩,对公司有利,那么什么条件都可以得到满足,这就是互利、双赢。

第113节　休假开车回家乡,新房造得很漂亮

现在学开车并不难,因为到处都有驾校,只要学习相关知识并考试合格就可以拿到驾驶执照了。可是我有了驾驶执照后仍不敢单独上路,只得雇了一位司机,一边给我开车,遇到人、车较少的路段就教我开车,经过一段时间之后我终于敢独立上路了。因为刚学会开车,很感兴趣,天天开车出去,早出

晚归,还常常把疫苗、药物顺便带给养猪户,他们需要办点什么急事,我也会开车帮助他们。自从有了小汽车之后,不仅提高了工作效率,与养猪户的关系也更密切了。

今年中秋节,我开自己的小汽车回家一趟,一则是为了看看家里的房子造得怎样了,同时也要在父母及乡亲们面前显示一下自己的实力。现在的高速公路四通八达,自己开车只要几个小时就到家了。当我将车子开进村时,要不是父母在家门口向我招手,我连自己的家都不认识了。我家的新房子是在原来的宅基地上重建的,共有两层,每层有 3 间房,父母亲都住在一层,中间是客厅,另一间放杂物,后面还有 3 间小平房,分别是厨房、卫生间和存放农具的贮藏室,楼上 3 间房都是空着的,父母说是留给我住的。我粗略估计了一下,我们这幢房子的面积有 200~300 米^2,若是在大城市,至少值几百万元,而在我家只花了十几万元就建成了,不过新房子里还放着旧家具和旧家电。于是第二天我又开车带着父母到县城,购置了一套新家电和部分家具,随后我家为了庆贺新房落成,又请亲朋好友来吃了一顿,席间的中心话题还是说我父母教子有方,夸奖我有出息,但是我发现我的母亲怎么也高兴不起来。散席后,我父母还需要什么,母亲直截了当地说,家里啥都不缺,就是缺个儿媳妇,少个孙子。母亲说我的年纪不小了,近 30 岁连个老婆也没有,钱多了有啥用!我还是安慰他们,女朋友已有了,只因现在带回家不便,春节一定把她带回家,这时才见到父母露出一丝笑容。

中秋节过后,我要赶回去上班了,因为有许多工作在等着我做。我的车子刚开出村口,见到本村何大爷率着孙子在路边行走,我就将车子停下来,问他们去哪?何大爷说要到镇上赶集,我就请他们上车,我一边开车一边与他交谈,很快就到了镇上,下车时何大爷再三感谢。其实我开车下乡时,不仅见到熟人会带上他们,遇到老、弱、病、幼者在行走,我也会主动停车,问他们是否需要帮助?记得有一次我开车下乡,路上遇到一位老大妈,在路边艰难地行走,那时天快黑了,我的车子从她身边奔驰而过,我一边开车一边在想,这位老大妈的年龄看起来比我母亲还大,不知何时才能走到家,觉得应该带她一段。这时我已开出十多千米了,忽然又想起,何必后悔,现在回头也来得及。于是我立即调头,将这位老大妈送到她家,她和她的家人都感动不已,其实我这样做并不图他们的赞扬,而是一种本能,自己会感到心安理得。我觉得自己很幸运,得到了改革开放带来的好处,使我先富起来,美好的生活应该与乡亲们分享。

第114节 公司说我有专长,"省长"提升到"中央"

今天接到柴主任电话通知,要我直接到公司去开会。我想我们当前的业务刚有起色,工作也十分繁忙,不知有何急事,而且我也问了邻省的"省长",他们都未接到开会的通知,只要求我一人前往,感到困惑,但这是顶头上司的命令,只得服从。工作安排妥当之后,我就驱车前往公司总部。

公司张总经理热情地接待我,并请我去他的办公室,说有要事商谈,我感到纳闷,不知是好事还是坏事,规格还是同上次报到时一样,先泡一杯咖啡,后谈话。张总首先肯定我这几年来的业绩,特别是近1～2年来进步很快,并表扬了我,说我既有经营头脑,又精通专业知识,更可贵的是还有创新意识,公司就需要我这样的人才。

接着他直接把话题转到规模猪场,也就是我们公司所说的大客户。他说这是我们公司销售的重点,我们将你从××猪场挖过来的初衷,就是想请你来为这些大客户服务,前两年安排你到基层去搞销售,是委屈你了,但这是公司的规定,在总公司工作之前必须要到各个部门去熟悉一下环境,到基层去锻炼一下销售技能。现在你已出色地完成了基层的销售任务,是时候要将你调回总公司来上班了。

我听到这个消息感到很意外,我想"省长"工作才上任不久,并且我对这一工作充满信心,正干得热火朝天的时候,将我调离,实在有点不愿意,再则我对规模猪场的印象是不好的,特别是那些财大气粗的场长、老板,很难应付,高傲自大,自以为是,业务上似懂非懂,我深感与这些人根本没有共同语言,相反与农村养猪户倒很容易沟通,觉得他们纯朴、勤劳,从内心来讲我愿意为他们服务,而不想与那些大老板打交道。

张总见我有点犹豫,以为我顾虑经济上的问题,他接着说,从经济收入来说,肯定要比以前高得多了,你这个岗位是属于中高层管理人员,工资待遇都要比销售人员高一个档次,这一点请你放心好了。领导已经决定的事,我也无话可说,只能服从,我问什么时候来公司报到,张总说,马上,你的工作我们已决定暂时由你省的夏寒来接替,明天你就回去办理交接手续。

此时天色已晚,柴主任说今晚请我喝酒,我们乘车去了某大酒店,一进包间,见到公司的几位领导早已在座,就留出我们两个的座位。我一看在座的有销售部的孟总监、技术部的蔡总监和人事部的林经理。说到林经理,公司的年轻人都对她另眼看待,她是我公司的大美女,不仅学历高(研究生毕业),还能歌善舞,微笑待人,真是人见人爱,谁都想与她多说几句话,多看她几眼。今晚她就坐在我旁边,我却说不出话来,十分拘谨,根本不敢正面看她。

从在座的人员可以看出,今晚宴请的规格是较高的。席间他们频频向我敬酒,欢迎我来公司大客户部工作,又讲了一些赞扬我的话,特别是林经理也举起酒来,要与我干杯,我不得不回应,连干2杯。这时我觉得全身已飘飘然了,感到很兴奋,话也多了,在这些领导面前,我简要地表了态,说我很荣幸能加盟本公司,如果说这两年我有进步的话,首先要感谢各位领导的培养,也要感谢同事们的帮助,今天张总说,要调我到公司大客户部工作,我深感自己的能力和水平有限,但既然领导决定了,我坚决服从,一定尽力而为。从几位领导的笑容中可知,他们对我的表态很满意。

第115节　回到省里办移交,再到公司去报到

在回去的路上,我越想越后悔,昨晚多喝了几杯酒,一时兴奋,表了态,现在已没有后悔的余地了,只得回去移交工作。在××省我辛辛苦苦打开局面,现在又要到一个新的岗位去从头做起。根据公司的安排,我的工作暂由夏寒来接替。这几天我还要与经销商和一些重点客户告别,此时此刻,我真的感到有点依依不舍,这里的人和事都让我十分留恋。

移交工作结束了,很不情愿地回到总公司,到销售部孟总监处报到,他将我安排在大客户部工作。孟总监带我到各部门去看看,熟悉一下环境和人员,当我们走进销售部办公室,

他指着一张桌子说,这就是你的办公桌。我看到办公室的装饰和设备都十分豪华,大概是外国的大公司,要讲究派头,然后到他的办公室。他向我介绍了大客户部的情况,所谓大客户,是指饲养繁殖母猪数量在 500 头以上的规模猪场。大客户部现有 3 位业务员,承担十几个省(市)的销售工作,由于这一带经济较发达,民间资本雄厚,所以规模猪场较多,有利于我们拓展市场,但是这些猪场都配备兽医人员,因此对我们的技术服务也有更高的要求。

孟总监也知道我对做大客户的销售工作有消极畏难情绪,所以他又进一步对我说:"小朱,据我们分析,做大客户的销售也存在有利的一面,我可以举出以下几点理由。"

第一,猪场的规模越大,说明其经济实力越强,我公司经营的是高档进口产品,质量有保证,他们的接受程度远远超过小客户,因此规模猪场是我们公司的主要市场。

第二,我们对规模猪场是采取直销的形式,不通过中间商,减少了流通环节,可以让利于客户,所以给他们的价格较小客户还要便宜一点。

第三,规模猪场一旦接受我们的产品,一般是不会轻易改变的,这就有利于我们产品的稳定经营,而小客户则不然,今天用了我们的产品,明天可能就更换了。

第四,大客户的销售工作是由公司直接策划的,经常举办各种活动,如请国内外专家做猪病防治讲座,及时发送有关信息和实用的科技资料,组织大客户去国内外参观旅游等,这一切对这些老板们都是有吸引力的。

孟总监还说:"公司对大客户的销售工作是十分重视的,对业务员的技术和素质也有较高的要求,当初我们调你来公司,就是为了大客户部的需要,比起其他业务员,你有很多优势,我们相信你一定能够胜任这个工作的。"听了孟总监的赞扬,我的心情也放松了,于是下定决心,既来之,则安之,努力把工作做好。这时孟总监拿过一叠资料,叫我有空看看。最后他说春节即将来临,销售人员一年到头都在外奔波,也很辛苦,现在他们已经放假回家了,你也可以回家休息几天,至于具体工作的安排,待春节后我们再谈吧。

第116节　天上掉下林妹妹,陪我回家去过年

从此我就在总公司上班了,其实春节将至,坐在办公室里也没有什么公事可办,只能学学电脑、看看资料,了解一点有关的工作情况。这几天公司里人很少,领导和员工都放假回家了,只留下几个家在本市的工作人员值班。

一天早上,我正在大楼食堂吃早餐,突然对面来了一个美女,细看原来是林经理,我与她已是第三次见面了。第一次是来公司报到,我把材料交给她,她只看了我一眼,也没说什么。第二次是张总请我吃饭,她坐在我旁边,我们还敬过酒,碰过杯。现在是第三次了,她面带笑容地问我为什么还不回家?我本想简单应付几句就算了,但我考虑到她是人事部的负责人,是我的上级,她既然如此关心员工,我也应该实话实说,于是就坦率地告诉她,既想回家,又不敢回家。她进一步追问我为什么?我说我的父母一直催促我要找个女朋友,如果今年春节不能将女朋友带回家的话,他们就要在家乡给我找个对象。我不想在家乡找对象,但至今还不知道女朋友在那里,现在都想从网上租个女友带回家,暂时应付一下。林经理听了

哈哈大笑，劝我不必上网租了，那是不可靠的，还是租她吧！我听到她说出这句话，根本不相信这是真的，于是对林经理说，你别开玩笑了，她说不、不，绝对不是，这是真的。我们吃完早饭之后，她说你过一会儿能到我的办公室来一趟吗？我有事要和你谈谈。说完她就走了。我愣在食堂里不知所措，既高兴，又紧张，不知是好事还是坏事，心中忐忑不安。

　　我住在公司附近的宾馆里，早饭后我先回到宾馆，整理一下服装，梳理一下头发，就直奔公司人事部办公室。她早已在等我了，还泡了一杯咖啡放在我面前。我俩坐在一张沙发上，她靠我很近，她身上一阵阵的香水味使我陶醉，因为她是人事部的主管，所以对我的情况早已了解得一清二楚了。但我对她的情况却一无所知。她说，今天请你到这里来，我要向你做自我介绍。她说我叫林丽，在本市一所重点大学的工商管理专业硕士毕业，招聘到本公司工作已有 3 年时间了，单身、未婚，我父亲是市政府××局的局长，母亲是中学教师，他们也十分关心我的个人问题，希望我能早日找到如意的郎君。她叹息道，不知不觉已过了 27 年，如今成了一个"剩女"，并且她也很直率地向我表明，她早已了解我，并对我有好感。我听了她的表白之后，喜出望外，果然是"天上掉下个林妹妹"，真是"踏破铁鞋无觅处，得来全不费工夫"，确实是梦寐以求的好事啊！但是冷静下来一想，感到与她的差距甚远，我应该有自知之明。于是我表态说，我对你不敢奢望，因为是配不上你啊！你是官二代，我是农民之子；你是公认的美女，我的长相平平；你的学历比我高，你的职位也比我高，我真是高不可攀啊！她立即用纤细、柔嫩的手捂住我的嘴让我别再说了，接着给了我轻轻的一吻。平生接触到第一个女友的吻，使我久久不能平静。

第117节 丽丽随我回老家,父母见到乐开花

很快我们就热恋了,埋藏在我们心中多年的爱情,一下子爆发出来了,像一团熊熊的烈火,燃烧起来,势不可挡,我们又遇上了一个恋爱的好时机,巧逢春节放长假,是谈情说爱的好时机,公司里的人很少,不受任何干扰。这些日子我们天天在一起,常常手牵手逛商场,有时开车到郊外,在草地上浪漫嬉闹,玩累了去看电影。在黑暗的影院里,她依偎在我身边,饿了我们就进饭馆,美味佳肴,尽情享受。我们相处才几天,已经无话不说,无事不谈了,做什么事都一拍即合,一切都十分投缘,亲密无间,我们都有相见恨晚的感觉,于是疯狂地热恋着,这是迟到的爱情,我们要加倍地去补偿。

我们商量决定,春节前一起去我家,春节后再去她家。春节临近了,这几天我们主要是上街购物,丽丽很内行,出手也很大方,她家的经济条件很好,她自己的工资也不菲,而我也今非昔比,现在已不缺钱了,付款时总是互不相让,推来推去。丽丽说,今后我们的经济由我来管了,你不能夺权,她这一句话,使我从心底里都感到高兴。丽丽说我穿着太土气,她将我从头到脚都换成了时尚的名牌服装,还给我的父母买了一些礼品和年货,把她车子的后备箱塞得满满的,丽丽的车子比我的车子档次高,她提出要开她的车去我家。我们一切都准备好了,我打电话告诉父母,这次要带漂亮的城里媳妇回家来见你们了,并要他们将楼上的房间清理一下,特别是给她住的那间房要收拾得清爽一点,父母当然照办。

　　我们的车在高速公路上连续开了4~5个小时才到我家，我的父母早在那里等候了。我们一下车，我就对丽丽说，这是我的父亲、母亲，她就爸爸、妈妈喊个不停。到家后她又打开箱子，给父亲穿上羽绒服，给母亲换上羊毛衫，亲热得很，二老见到这个城里媳妇，开心得合不拢嘴。吃晚饭时，丽丽一会儿给母亲夹菜，一会儿又给父亲倒酒，饭后她又执意要抹桌、洗碗，母亲哪里舍得让她做呢？于是她们推来推去，令我感动不已。晚上她与我父母坐在一起看电视、拉家常，问这问那，倍感亲切，可以看出两位老人对这个儿媳妇是非常满意的。

　　第二天我带着丽丽到左邻右舍去拜访，又到亲戚、朋友家去串门，我也很自豪地向他们介绍，这是我的女朋友丽丽，当然丽丽也很大方，有礼有节，见到乡亲们总是点头微笑，向他们问好，见到小孩就给他们发糖果，村里人都用赞赏的眼光看丽丽，年轻人也很羡慕我。我们这次回家只有短短几天，全村人都知道我带回一个漂亮的城里老婆，又增添了我家的光彩。我父母见到这么好的儿媳妇，生怕她跑了，急切地问我们何时结婚，丽丽拉着我母亲的手说："妈妈，我和乐生的年龄都不小了，我爸妈也催我们早日结婚，我们回去首先要买套房子，估计下半年就可以结婚了，以后还要让你们抱孙子呢！"母亲听了这番话，真是吃了一颗定心丸，开心得不得了。我妈又说："你们大城市里的房子很贵，这点钱你们拿去留着以后买房子"。说着将手上的红包塞给丽丽，丽丽哪能收呢？两人推来推去最后丽丽对妈妈说买房子的钱我们已准备好了，请他们放心。妈妈没办法，只得把钱收回。

　　春节过去了，我们也要回公司了，父母亲和乡亲们把我们送到村口，依依不舍地与我们告别。

第118节　假戏真做感意外,还有岳父岳母关

　　元宵节后我们才开始上班,还有1周的时间,当前我的主要任务是去拜见岳父、岳母。我心里感到十分紧张,担心他们能否接受我这个女婿,林丽叫我别怕,她已将我个人和家庭情况向她父母做过详细介绍,进行过沟通,他们并没有表示反对,说明"政审"已基本通过了,但需要面谈。我想这就是面试吧!丽丽嘱咐我一些基本礼节,如何称呼她的父母,站、坐都要讲究姿势,她父母讲话时要细心倾听,回答问题要实事求是,说话要有重心和重点,态度要不卑不亢。那天我穿的是旅游鞋、牛仔裤,上身穿的羊毛衫和薄型的羽绒衣,显得既年轻、精神,又庄重、适时。其实这套行头是丽丽给我选购的,她相信我的水平和能力,一定能通过她父母的面试。

　　按预定时间,我拿着精心挑选的水果和鲜花,提心吊胆地和丽丽一道上她家去了。她家离我们公司不算远,开车只需半小时,在本市一个较高档的小区,她家住3楼,房屋面积约200米^2,非常宽畅。我走进她家之后,丽丽首先把我介绍给她父母,我也赶忙叫他们伯父、伯母好,并把水果和鲜花送给他们。

　　我们坐下之后,她父亲就开始问我了:"据小丽说,你在大学里学的是兽医,这个专业就是给狗、猫看病的吧?"我回答说:"给宠物看病是兽医的一个部分,兽医的主要任务是为家畜、家禽和野生动物防病、治病,其中有些传染病是人兽共患的,所以保护人类的健康也是兽医的重要任务。"这时我想人们对兽医的认识还不全面,有歧视的感觉,于是又进一步说

明。"在人们的日常生活中,离不开肉类和乳品,如何保障这些食品的安全生产,也是兽医的工作内容。这里既有生产上的问题、也有行政执法方面的工作,所以各省(市)的行政部门都有兽医卫生监督所。此外,兽医在科学研究方面与医学的研究非常密切。"

小丽的父亲高兴地说:"听了小朱的介绍,我对兽医有了新的认识,看来兽医这个行业还是很有前途的。"他又接着问:"你们现在给外国公司销售药品,你认为有意义吗?"我说我们这个公司是世界 500 强企业之一,在我国是合法经营的。他们这些产品的质量和疗效都比国内的产品略高一筹,对我国的畜牧业生产有利,也能提高我国企业的质量和竞争意识。况且他们的经营理念和企业管理等方面的经验也值得我们学习。我又说,关于这方面的问题,小丽的体会比我更深刻。小丽接着说:"我可没有你想得那么多、那么远,我是看中这个工作稳定、待遇好。"这时大家都笑了。我又补充了一句,在外国公司工作的条件虽好,但我也有更长远的打算,我今后还要干自己的事业。小丽父亲点头表示支持。

小丽的母亲接着说:"小丽一直都在优越的环境中长大,是我们的掌上明珠,所以她也很任性,今后托付给你,你可不能亏待她。"当我听到小丽母亲的这句话时,很高兴,心想她已同意了! 于是我回答说:"伯母,请您放心吧,我不会的,小丽在我心中是一个很完美的人,这次她到我家去,不仅得到我父母的喜欢,也获得了全村人的好评。他们说小丽天生丽质,气质优雅,却不娇生惯养,她的学历很高,知识丰富,却平易近人。她身居公司要职,手握人事大权,却很善解人意,她是我心中的偶像、女神,我会一辈子好好对她的。"

小丽的父亲说:"不要再夸她了,再夸下去她要翘尾巴了。"小丽在父亲身上轻轻地敲了几下,小丽的母亲说:"我们一起去吃饭吧!"就这样,一场面试结束了。

过了几天我问丽丽,面试是否能通过!她又给了我一个吻,说通过了,并说想不到我的临场发挥还不错,但是她父母说,还需要观察和考验一段时期,如果合格的话,下半年或年底就可以结婚。

第119节 孟总带我下猪场,规模猪场难交往

春节后公司的员工们陆续到齐了。今天我们大客户部的员工开会,由孟总监主持,内容是布置今年的销售任务,商讨当前的销售策略。他最后指着我说,这位是新调来的朱经理,负责猪场的技术服务工作,今后在工作中遇到猪病方面的问题,都可以请他去帮忙解决。我听了孟总监的介绍,感到十分不安,因为我明白,现在规模猪场问题多多,特别是那些老、大、难的疾病,我也无可奈何。但在这个场合我也无法推托,只是站起来表个态,希望各位多关照,有问题大家共同来探讨。

会后业务员们各奔东西,奔赴各自的岗位,孟总监对我说:"明天我们要去兴旺种猪场,这是一个规模较大、生产水平较高的种猪场,是我们公司的大客户,场长是一位知名的企业家,在行业中有较大的影响,这次带你去的目的是为了熟悉情况,开展交流,扩大影响。"

第二天我和孟总监、梁经理(负责当地的销售经理)一起驱车直奔兴旺种猪场。因为事先已有约定,刘场长今天没有

外出,我们进了他的办公室,房间宽畅、明亮,中间有一张很大的老板桌,我们在他对面的沙发上坐下来,泡茶、敬烟、寒暄之后,孟总监将我介绍给刘场长,说我是名牌大学的硕士生,又有多年的猪病临床经验,是我公司引进的猪病防治专家,专为大客户服务的高级兽医人才。

这位财大气粗、见多识广的刘场长,听了孟总监的介绍,对我这个"专家"根本不屑一顾。他毫不留情直率地说,什么专家、教授我们见多了,这些人在大会上讲得头头是道,遇到实际问题就傻了眼,什么问题也解决不了,所以他们不敢进猪场,现在猪病那么复杂,我看谁也没有办法,讲来讲去还是离不开疫苗和药物,都是为你们这些公司来推销产品。上次一位著名的外国兽医专家也来过我们猪场,他看了病猪之后,只能耸耸肩,也说没有办法。刘场长的言下之意,我这个年轻人根本没什么资本。

孟总监一下子被刘场长说愣了,不知如何回答,冷场片刻之后,为了打破这个尴尬局面,我鼓足勇气说,兴旺种猪场我早有耳闻,今天孟总监带我来拜访刘场长,我很珍惜这个宝贵的学习机会。我们进了猪场,眼前见到的一切果然名不虚传,在你们的生活区就见到了优美的环境,良好的文化氛围,与一般猪场的确不一样,说明你场领导有方,管理有序。

这时我看场长的脸色已经阴转晴了,于是接着说,我是养猪业中的新兵,这些年来一直都在猪场与猪打交道,我们养猪人都知道,当前我国的养猪业存在两个风险,一是市场风险,二是疾病风险。前者是无法人为控制的,只能顺其自然,但是猪价有低必有高,养猪贵在坚持。至于疾病问题,虽然很复杂,但罪魁祸首主要还是蓝耳病,这是一个世界性的难题,按目前的科技水平，要消灭这个疾病一时尚有困难，但要减少因病带来的损失是有可能的。反思检查，我们这些年来防治猪病的策略是失败的，已走入了歧途。这时刘场长插话问我失败在何处。

我说过去将猪场防疫的重点放在消灭病原和过分依赖疫苗上，忽视了猪体的健康和自身的抵抗力，如今国内外专家已经开始大声疾呼，疾病的发生是病原和机体相互作用的结果，要将以往单纯消灭病原为目标的防治疫病的观念，转变到增强猪的体质和控制病原并重的认识上来。

刘场长听了我的简要发言，觉得颇有新意，赞同我的观点，值得进一步探讨。他说现在时间不早了，就在我场吃个便饭。孟总监看到场长的态度有所转变，松了一口气。

第120节　场长态度有转变，挽留我再住几天

刘场长带我们走进食堂，已经摆满一桌鸡、鸭、鱼、肉，都是实实惠惠的家常菜，同时还请来猪场的4位兽医和畜牧技术员及几位主要管理人员陪同，这是刘场长在场内宴客的最高规格了。席间敬酒、递烟之后，场长首先讲话，对孟总监的到来表示欢迎，同时又把我吹捧了一通，说我对猪病防治的观点明确，思路新颖，他有同感，并要求场内兽医抓住机会与我好好交流一下。这说明场长对我的信任和对我们公司工作的支持，孟总听了当然也很高兴，他和刘场长坐在一起谈生意场上的事。

我坐在4位技术员之间，我们都是同龄人，虽然不是一个学校毕业，但是专业是相同的，都在猪场工作，所以有共同语

言。我们边吃边谈,交流猪场的工作和生活,诉说猪病防治的困惑,从仔猪黄痢讲到蓝耳病,从免疫接种联系到猪场的消毒卫生,无所不谈。我仔细倾听他们的谈话,有时也插上几句,他们猪场发生的情况,我都经历过,所以十分理解。我把握时机,归纳以下几点见解与他们交流。

第一,当前蓝耳病仍是危害养猪业的主要疾病。本病急性暴发的流行期已经过去,当前处于隐性、非典型性或散发性感染的阶段,病情相对稳定。但由于病毒不断发生变异,今后会发生什么变化,难以预料。这些年来,我们错误地以不变的防治措施(消毒、免疫接种、药物防治)来应对千变万化的病原微生物,所以收效甚微。

第二,过去我们防疫的目标是为了消灭病原微生物,而事实证明,根据现在的科技水平,用传统的防治措施,不仅难以消灭那些不断变异的病原微生物,反而促使病原的变异,我们有意无意地与病原微生物展开了一场持久的"军备竞赛"。有专家指出在相当长的时期内,猪场要与病共存,我们养猪人要与病共舞,这是一个不争的事实,我们要有这种思想准备。

第三,过去我们的防疫观念有误,例如过分地依赖疫苗,千方百计地要消灭病原,盲目地使用抗菌药物防治,而忽略了猪的自身抵抗力和继承免疫力。

同行们都赞同我对当前猪病防治的观点,但使他们感到困惑的是,如何增强猪的自身抵抗力?我举例说,当前规模猪场普遍存在对猪群过度管理的现象,人们往往将自己的主观意志强加于猪,如对新生仔猪剪牙、断尾、频繁的免疫接种、滥用抗菌保健药物,不仅使仔猪疼痛,影响吮乳,而且也伤害了产后母猪的母性,导致母乳质量下降,消耗了场内的经费,辛苦了猪场的员工,受害的是母猪和仔猪,不知不觉地使仔猪的健康水平输在起跑线上。

这时我们的午餐结束了,我们也打算告别离开了。但是几位兽医都觉得我们的谈话未尽,有些问题都有同感,有些事情需要到现场去看看。这时兽医组长袁刚向刘场长提出要求,希望我能暂留几天,刘场长感到十分为难,他说要与孟总监商量、商量再说,其实这正中孟总监的下怀,他的目的就是要将我留下,便于建立更密切的联系。但是孟总监还是故作为难地说,我们的工作实在太忙,时间安排得很紧,许多猪场还等着见我们呢!他犹豫了一下,对刘场长说,你是我们的老朋友了,这点忙我们总是要帮的。同时,孟总监又对我说:"朱经理你就暂时留下来吧!好好地与他们交流交流,我们先走了。"

第121节　重点占领大猪场,我又提出新设想

我从兴旺种猪场回到公司后,每天置身于高楼大厦内,按时上、下班,生活很有规律。其实我的工作除了出差之外,在公司里就是接接电话、看看资料,是十分轻松的。在外企工作,条件十分优越,我从来未享受过这种清闲的生活,但我内心里总是觉得不踏实,感到在虚度年华。幸运的是我交上丽丽这个女朋友,有了她我对人生充满了信心,我感到我是全世界最幸福的人。每天都盼望下班,可以和丽丽在一起,见到她总有说不完的话,谈不尽的事。我们尽情地享受人间最美好的爱情,这种生活我是十分珍惜的。

今天孟总监对我说:"现在兽药市场的竞争十分激烈,竞

争的焦点是技术服务。这次你在兴旺种猪场的技术服务工作做得很成功，就是一个例子，该场的刘场长，与我们的关系更近了。过去是我们求他，这次是他来求我们，这一转变，对我有很大的启发，使我们的工作由被动变主动，今后我们对大客户的营销策略，就是要一个个地建立深层次的互信关系，要以技术服务在前面开路，营销工作后面跟上。为此，公司领导研究决定，成立一个技术服务部，任命你为该部的部长，这样你就可以名正言顺地带领成员开展服务工作了。这是一个新成立的部门，我们也缺乏经验，请你多费心。"同时，他还问我有什么困难、要求和建议。

其实我对公司技术服务部的工作早有设想，今后我们的工作总不能老是去猪场高谈阔论，还要拿出点实际的东西来，我本来准备在适当的时候向领导提出建议，今天趁此机会立即从电脑中将这份材料打印出来，交给孟总监，主要内容如下。

第一，由技术服务部对各大猪场的主管或兽医开展不定期的业务培训，授课老师除了本公司的技术人员外，同时也可邀请国内外有关专家。

第二，定期编写养猪和猪病防治方面的参考资料，免费分发到各大猪场。

第三，积极创造条件，尽快建立一个猪病诊断实验室。

第四，科技服务人员要主动深入猪场，熟悉养猪生产，参与猪病防治，在实践中不断提高自己的业务水平。

孟总监看过之后，完全同意我的想法，并且说这个报告实事求是，是切实可行的。对于建立猪病诊断实验室一事，他还不大了解其作用及所需的设备和经费。若需要费用较大，还要经过公司领导审批,因此要我再补充一个关于建立猪病诊断实验室的报告,主要内容有以下几点。

第一,当前猪的传染病肆虐,凭临床观察难以确诊,建议采用现代高科技的血清学和分子生物学方法,对猪病进行实验室诊断,具有准确、微量、简便、快速的特点,可为大客户开展实实在在的技术服务,同时也体现了我们公司的科技水平,能提高我们公司的知名度。

第二,需要实验室一间,配备专职技术人员 1~2 名,仪器设备若干(名称、型号、数量等购买清单另附),估计所需经费 10 万元左右。

第 122 节　公司建立诊断室,服务猪场更密切

公司领导批准了建立猪病诊断实验室的报告,并责成我负责筹建工作。经费是不成问题了,主要是人才,我们从农业大学招聘了一位兽医硕士,他叫柳林,安排在我们技术部,今后实验室的工作就由他来负责,这些天来,我们忙于实验设计和仪器、试剂的购置工作。

转眼间个把月的时间过去了,今天孟总监召集我们开会,听取实验室工作进展的汇报。我首先说,我们公司建立实验室的目的是为客户(猪场)诊断猪病服务的,当前实验室诊断猪病的新技术发展很快,诊断的方法也很多,我和柳林认为我们的猪病诊断方法,既要具有先进性又要做到实用性和可行性,为此我们决定选用酶联免疫吸附试验和聚合酶链式反应两项诊断技术。

柳林看出在座的几位领导对这两项诊断技术还不很了

解,接着他又进行了简要的补充说明。酶联免疫吸附试验是根据抗原与抗体特异性结合的功能,以酶作标记物,利用酶对底物具有高效催化作用的原理而设计的。它既可用于抗原的诊断,也可进行血清抗体的检测。目前免疫酶技术已经广泛用于传染性疾病的诊断(猪瘟、伪狂犬病、流行性腹泻等)、血清流行病学调查、抗体水平的评价,以及微生物抗原的检测及其在感染细胞内的定位等。

聚合酶链式反应是一种体外核酸扩增技术,其基本原理类似于脱氧核糖核酸(DNA)的天然复制过程,它的特异性依赖于靶序列两端互补的寡核苷酸引物,聚合酶链式反应是生物医学领域中的一项革命性创举,具有里程碑式的意义,它具有特异性强、灵敏度高、简便快速、对标本纯度要求低等优点。当然现代科技进步很快,抗原、抗体的免疫学检测技术也在不断发展,现已进入可对细菌和病毒的基因序列、结构直接进行测定的分子生物学的水平,但这些测定方法对技术和设备要求高,当前可暂缓一步开展。

孟总监听了柳林的介绍之后,还是似懂非懂,但是他相信这一定是高科技,要我们抓紧时间,尽快上马。我说现在已基本筹备就绪,可以开展工作了。我将已经印好的"猪病实验室检测与诊断"的宣传材料拿给孟总,打算分发到各个客户。在材料中介绍了我公司猪病诊断实验室的新设备和新技术,并说明是为客户免费诊断猪病,还详细介绍了如何分离血清、怎样采集病料和注意事项等。

自从开展检测工作以来,各地送检的病料络绎不绝,实验室诊断全由柳林承担,他操作熟练,工作认真负责。但是经过一段时间之后,我们发现送检的客户渐渐减少了,我们都感到因惑,不知问题出在何处,于是公司召开了一个客户座谈会,征求他们对病料检测工作的意见。会上有人说检测虽不收费,但我们专程派车送病料的代价太大了;有人说诊断报告回复不及时,有时长达10余天,这时猪早已死光了;有人说检测报告看不懂,只知道血清的效价有高低之分,抗原的检测有阳性、阴性之别,诊断结果模棱两可,防治措施不切实际。孟总监了解此事后很生气,感到为了建立实验室投入了巨资,得不到应有的回报,对柳林点名批评。其实他也感到很委屈,自己已经尽力了,不知错在哪里。

我对客户的意见十分理解,但对柳林也不能过多指责,责任在于我,其实这些问题都是可以解决的,于是我进行了如下说明。

第一,对于病料不必专程送检,可用泡沫塑料包装(注意防渗漏)用快递寄检,要求在2~3天内到达即可,因为这种检测方法对病料的纯度要求不高。

第二,今后我们保证做到病料随收随检,不受假日或休息日的限制,检测结果由电脑、电话或手机在第一时间及时通报客户。

第三,对检测结果必须进行综合分析,根据每个猪场的具体情况提出相应的防治措施等。

由于柳林刚参加工作不久,缺乏实践经验,孟总监将我也抽调到猪病诊断实验室协助柳林工作。我也将自己的体会告诉柳林,我们科技工作者一定要深入实践,到生产一线去,只有理论和实践相结合才能发挥更大的作用。柳林也发现自己的弱点,表示今后一定要主动争取到猪场去,到生产实践中去。

第123节　南方夏季高热病,危害超过蓝耳病

2006年的金秋10月,秋高气爽,本来是养猪的黄金季节。可是今年的秋天,却给本地区的猪场带来了灾难。这个猪病来势汹汹,比2000年传入的蓝耳病还厉害,规模猪场设置的一道道防线,纷纷被击垮了,闹得各个猪场都是人心惶惶。

在这期间,我也忙得不可开交,一个个猪场都找上门来了,有的送病料、死猪来请我们检测,有的是来咨询或质疑的。当前的养猪形势,对我们销售单位来说,既是机遇也是挑战。这时畜主的心情是可以理解的,常常病急乱投药或乱打疫苗,我们的机遇是销售量上去了,但由于药物、疫苗对本病均无效果,我们的麻烦也接踵而至了。例如,我曾去过的安康猪场,万场长就责问我,前几天请你来我场,你说当时发生的猪病是流感,没有关系,吃点药就会好的。可是自从投服了你推荐的药物之后,猪群的健康状况不仅没有好转,反而越来越严重了,造成这种状况,一是说明你的诊断错误,二是怀疑你们公司的药物有问题。

我又来到发庆猪场,场长对我更是怒气冲天。他说前些日子,猪场曾有个别母猪发生流产,邀请你前来本场看病,你说可能是非典型猪瘟或伪狂犬病,要我们加强免疫接种。我们立即开展猪瘟疫苗的紧急免疫接种,过了2天,病情不仅没有好转,反而更严重了。后来我们又按你们公司专家的意见,再用伪狂犬病疫苗进行紧急免疫接种,从此以后,我们场就有发不完病,死不完的猪。这下子把责任都推到我的身上了,弄得我莫明其妙,心情十分紧张,也感到很委屈。

我们的业务员也曾对一些猪场推荐过蓝耳病疫苗,最近发现接种疫苗不久,被接种的猪都发病了,猪场怀疑是疫苗出了问题,要我们赔偿损失。顿时我也懵了。幸好我公司在全国布有销售网络,在这个信息时代里,各地发生的情况,我们在第一时间内都可知道。信息表明,最近在南方诸省广泛流行一种新的猪病,其特点是传播快、来势凶猛,在流行区域,不论大小猪场,无一能够幸免,我们发现许多与我公司药品、疫苗没有任何瓜葛的猪场,也同样发病,有的更为严重,这些消息大大减轻了我们的压力和责任,让我们松了一口气。

后来我们对本病才逐渐加深认识,该病始于 2006 年夏季,在我国中、南部地区的一些中、小型猪场首先暴发,接着便是村连村、县挨县地流行开了,并不断向北扩散。本病的临床症状是:大、小猪都可能同时发生,体温持续升高(40℃～42℃),皮肤发红,后期臀部皮肤呈紫红色,病猪食欲下降、精神沉郁、眼结膜发炎、眼睑肿胀等。妊娠母猪可能流产或产出生活力不强的仔猪,大多以死亡告终,母猪流产后大部分仍能正常发情、配种和产仔。病死猪剖检可见全身淋巴结水肿,尤以腹股沟淋巴结肿大数倍。这是什么病呢?无论是经验丰富的老兽医,还是知识渊博的洋兽医,都说从未见到过这种病,兽医部门也难下结论,由于本病首先发生于我国南部,当时正值夏日炎炎,病猪的症状以高热为特征。不知那位聪明的兽医,把这个猪病称为"南方夏季高热病",于是这个病名很快在全国范围内传开了。

第124节　原来还是蓝耳病,基因变异高致病

这场突如其来的"南方夏季高热病",随着时间的推移,疫情逐渐向北方扩展,疾病从炎热夏季流行到严寒的冬季以至翌年的春天,也未出现缓和迹象,这个病名显然是名不符实了,于是又出现了高热病、红皮病等病名,甚至有人怀疑是非洲猪瘟等。

本病也引起了有关领导部门与兽医科技工作者的重视,与此同时对本病开展了大量的调查研究。使用了多种方法对病原进行检测,虽然在不同的病料中,检测出多种病原(蓝耳病病毒、圆环病毒、伪狂犬病病毒、猪瘟病毒等),但是蓝耳病病毒是主要的病原,也是原发性的病原,并与以往分离的蓝耳病病毒在基因序列上有所不同,本病毒的分离株在 NsP2 区高变区的序列测定表明,缺失 29 个氨基酸,该毒株经动物回归试验结果表明,具有很高的致病性,所以有关权威部门将 2006 年暴发的这场灾难性的猪病,正式定名为猪高致病性蓝耳病。

由于猪高致病性蓝耳病传播快、流行广、来势猛、危害大,在短期内造成大批猪群病亡,导致全国猪肉市场供应短缺,肉价飙升,直接影响到广大人民的生活,这足以说明本病的严重性。因而养猪业受到举国上下的关注,也引起中央领导的重视。

据报道,2007 年 7 月 25 日温家宝主持召开国务院常务会议。会议指出,由于近几年来猪价过低、饲养成本上升、部分地区发生疫情等因素的影响,我国生猪生产下降。今年 4 月

份以来,生猪及猪肉供应偏紧,价格出现较大幅度上涨,对此国务院高度重视,采取了一系列促进生猪生产,保持市场稳定的措施,当前要抓好以下几项工作。

第一,加大对生猪生产的扶持力度,尽快将中央财政已安排的饲养母猪补贴资金落实到农户和养猪场,积极推进母猪政策性保险,完善生猪良种繁育体系,对推广良种、人工授精技术给予补贴,扶持养猪生产标准化、规模饲养,对规模养殖场(小区)的粪污处理和沼气池等基础建设给予支持,对生猪调出大县(农场)给予奖励,支持信用担保和保险机构为规模养猪场和养猪户提供信用担保和保险服务,解决养猪"贷款难"。

第二,强化生猪防疫,对一类动物疫病和高致病性蓝耳病实行免费强制免疫,对于因防疫需要扑杀生猪的养猪场(户)给予适当补助。

第三,做好猪肉等副食品的供应工作,增加牛、羊肉、禽肉和禽蛋生产,加强产销衔接,健全应急调运机制,保证供应不断档、不脱销。

第四,加强市场监管,严防不合格猪肉进入市场,严厉查处非法经营、囤积居奇、哄抬价格等行为,取缔非法收费,减轻经营企业(户)的不合理负担。

第五,落实"菜篮子"市长负责制,地方政府切实负起发展生猪生产、稳定市场供应的责任,取消各种不合理的生猪禁养、限养规定,保持必要的养猪规模和猪肉自给率。

第六,采取适当提高低保标准、发放临时补贴等措施,确保低收入居民生活水平不降低,稳定学校食堂饭菜价格,对家庭经济困难学生给予必要补助。

一场猪病使我体会到古人所说的"猪粮安天下"的深刻含义,猪肉与人们的生活息息相关,养猪工作也是一项光荣的事业,这更加坚定了我投身养猪事业的信心和决心。

第125节　在职读研已三年,论文答辩到眼前

我读在职研究生已有3年多了,课程早已结束,并且考试成绩全都合格了,但必须要通过毕业论文答辩,才能拿到硕士文凭,其实我的毕业论文素材早已积累了,由于有的数据尚不完整,需要补充,论文需要整理和完善,所以一直拖到现在,论文的题目是"仔猪首免猪瘟活疫苗日龄的探讨"。我将这一论文寄给我的指导老师,最近收到指导老师的来电,得到了肯定,同时约定时间要我回校进行论文答辩。

今天下午有4位同学答辩,我是第一位。答辩有时间限制,每人不能超过30分钟,所以必须将论文内容浓缩,摘要如下。

1. 猪瘟的概述　简要说明猪瘟的危害,疫苗在防治猪瘟中的重要作用,以及我国研制的兔化弱毒疫苗的优缺点,并在国内外的临床实践中得到了证实。但近年来猪瘟疫情有所抬头,分析其原因虽然很多,但本人认为主要原因是猪瘟免疫首免日龄的确定。

2. 当前我国猪瘟流行的特点　主要呈现非典型猪瘟和隐性感染,经抗原检测和抗体测定已得到证实。感染猪临床主要表现是持续高热、其他症状不典型,妊娠母猪发生死胎、流产等。在某些规模猪场,本病的流行较为普遍,损失较大。

3. 非典型猪瘟发生的主要原因　猪场可能存在猪瘟野

毒(种猪带毒),被感染猪因种种原因导致免疫功能下降,猪瘟免疫程序不合理,特别是首免日龄至关重要(本论文着重研究猪瘟活疫苗的仔猪首免日龄),当然有的地区或猪场也存在着疫苗质量或免疫技术问题。

4. 试验方法　采用酶联免疫吸附试验,检测不同时期哺乳仔猪血清中的猪瘟抗体,用聚合酶链式反应测定猪瘟抗原,每组均选 10 头日龄相同或同窝的仔猪进行采血测定,取其平均值。

实验 1:生产母猪的猪瘟抗体与其新生仔猪的母源抗体(分别采取母猪的血清、脐带血清和初乳进行测定)之间的关系。

实验 2:哺乳仔猪猪瘟母源抗体的自然消长曲线的测定(未接种猪瘟活疫苗)。

实验 3:对不同日龄的哺乳仔猪接种猪瘟活疫苗,测定其获得母源抗体的增长曲线。

实验 4:对哺乳仔猪反复或大剂量接种猪瘟活疫苗,研究其对猪瘟母源抗体消长的影响。

实验 5:在产房内给哺乳仔猪接种活疫苗,对疫苗毒污染环境的情况进行测定。

5. 试验结果　①新生仔猪猪瘟母源抗体的高低,与母猪的猪瘟抗体高低呈正比,母猪的血清及其仔猪的脐带血清和初乳中的猪瘟抗体三者基本一致。②新生仔猪血清中,猪瘟的母源抗体逐日上升,至 14 日龄达最高点,以后逐日下降,至 25 日龄(断奶)时尚有少量抗体,30 日龄以后基本消失。③仔猪在哺乳期间接种猪瘟活疫苗,不仅会中和仔猪已获得的母源抗体,而且影响以后主动免疫抗体的产生。④对哺乳仔猪反复或大剂量接种猪瘟活疫苗,不仅无助于抗体的提升,相反还可损害其免疫功能。⑤在产房内接种猪瘟活疫苗,苗毒可污染环境(仔猪接种活疫苗 24 小时后,在仔猪的粪便中检出猪瘟苗毒)。⑥本人先后在 5 个规模猪场进行试验,对猪瘟活疫苗的首免时间,由 21 日龄推迟到 35 日龄,仔猪主动免疫的抗体明显上升,保育仔猪的成活率显著提高。

6. 结论　①母猪的猪瘟抗体越高,仔猪从母乳中获得的母源抗体也越高,维持时间也最长。②仔猪在哺乳期间接种猪瘟活疫苗,不仅能中和仔猪已获得的猪瘟母源抗体,还能导致仔猪免疫功能紊乱,以后即使接种猪瘟活疫苗,抗体也难以上升。③仔猪首免猪瘟活疫苗的最佳日龄为断奶后 1 周,一般为 30～40 日龄,应在保育舍内进行。

评委对我的论文评语是:取材结合生产实际,论文的设计思路清晰,试验方法准确,数据可信,解决了保育仔猪猪瘟抗体不达标的难题,有实用和推广价值。论文获得通过。

第126节　参观文化博物馆,文明养猪感新鲜

最近我有幸参观了一个新颖的博物馆,叫做猪文化博物馆,可能由于职业的原因,我对这个博物馆颇感新奇,饶有兴趣,一定要进去看个究竟。

走进馆内,首先见到的是"善以待猪,宽以待人"八个醒目的大字,使我的心情豁然开朗,无比亲切。猪文化博物馆坐落在上海浦东,这是一幢古色古香的民房建筑,走进之后仿佛置身于江南园林之中,周围的环境优美,一排排平房之间隔着一个个天井,一道道走廊互相联通。在走廊的墙上,挂着各种图片,橱窗里陈列着许多实物,在图片与实物中都加入了现代化

的光电设备,有声有色,活灵活现地反映出远古时代猪是如何从野猪驯养成家猪的。我国农民饲养家猪已有几千年历史了。他们创造并坚持的农家传统养猪方式,保持了良性的生态循环。他们对待猪的观念是"天人合一、物吾与也",体现了农牧结合,人与自然、人与猪、猪与自然和谐相处的原生态饲养方式,人们显然把猪当成了朋友。

但是这也不意味着要把猪当成宠物,不能食用,而是要求我们"养之得法、取之有道"。古人云:"猪粮安天下",猪肉在人们的生活中是不可缺少的一种美味佳肴。我们提倡善以待猪,是要求我们尽量使那些为人类做出贡献和牺牲的动物,享有最基本的权利,传统饲养的家猪,有放牧运动的场地,有拱土觅食的自由,可以享受在阳光下睡觉的舒坦,公、母猪之间有亲昵的机会,大、小猪都有在泥潭里打滚的欢乐。使猪都能自由自在地在和谐、温馨的环境中健康成长。

如今,养猪生产从分散的个体饲养逐渐转变为规模群养,这是科技进步、社会发展的必然结果。规模养猪,大大提高了劳动生产力,有利于猪的品种改良,带来的好处多多。但是在持续发展的过程中,也遇到了一些新问题,例如人们为了便于管理,将猪终身监禁在水泥圈内、关在铁笼之中,让猪失去了自由。猪群之间互相嬉闹或咬斗,这是猪的本性,却激怒了畜主,粗暴地将所有仔猪的牙剪掉,尾巴割掉,抑制了猪的欢乐。养猪人为了预防疫病的发生,小猪一出生,不管有病无病都要打针、服药,人们为了清洁卫生,要求饲养员不停地打扫,冲洗猪圈,使猪无所适从,不得安宁。人们总是按照自己的主观意志和愿望去饲养猪、改造猪,不把猪当猪来饲养,使猪群生活在一个恐惧、痛苦、紧张、抑郁的环境中。如今那些生活在规模猪场内的猪,虽然衣食无忧,但身体虚弱了,抗病力下降了,猪群的健康状况一代不如一代。

此时此刻,使我回忆起许多养猪人总是感叹地说,现在养猪真难啊,猪病流行为何如此猖獗?他们要我们拿出有效的防治措施,其实我们的方法早已用尽了,不外乎是接种疫苗、消毒、隔离和药物防治,但效果总是不能令人满意。这次参观猪文化博物馆给我的启示是,在发展现代化群养进程中,不能以牺牲猪的福利为代价,要给猪创造一个舒适、安宁、温馨、和谐的生存环境。实践告诉我们,如果违背自然规律,将人们的主观意志强加给猪,将会受到大自然的惩罚。

第127节　宽以待人善待猪,猪场和谐猪健康

现在我有机会接触到各种类型的猪场,对我的启发也很深刻,强胜种猪场在养猪行业中有较高的威望,以诚信而闻名,他们的种猪深受市场欢迎,获得了广大用户的好评。由于猪场管理有方,内部员工的凝聚力很强,近几年来猪场得到了迅速发展。这一切我早有耳闻,但从未去过该场,百闻不如一见,这次派我去该场做技术服务,我可以趁此机会多做一些了解,看看有哪些经验值得我们学习。

这是一个拥有1000多头生产母猪的种猪场,进了猪场,从表面上看,觉得与一般规模猪场并没有什么不同之处。场长热情地接待了我,他谦虚地说,你们公司是跨国公司,拥有先进的产品和科技人才,欢迎前来指导。他简要地介绍了该场疫病的流行情况,毫不隐瞒地说,近年来国内外的猪病流行猖獗,大环境如此,我们这个小猪场也不可能例外,蓝耳病、圆

环病毒病、气喘病等新老疫病在本场都发生过,而且现在仍未消灭,并要兽医小许带我进场去看看,嘱咐他要虚心倾听我的意见,并要向他汇报。

场长短短的几句话,给我留下一个良好的印象,觉得这位场长的确与众不同,没有大猪场场长的架子,平易近人,素质很高,胸怀开阔,实事求是,相信科学,尊重人才,能吸收各方所长,充实自己。有了这样的领导,是办好猪场的基础。

我们走进猪场生产区,许兽医按照场长的指示,如实地将猪场的防疫和疫病情况告诉我,也见到了场内的其他兽医,正熟练地处理病例,我们就这些情况进行了一些具体交流。我好奇地向兽医们提出一个问题:"你们来本场工作几年了? 都能安心在此工作吗?"他们说在场工作短的有 3~5 年,长的是从建场开始干到如今,我问你们不想换换环境吗? 他们都说没有这个打算,因为场内的气氛和谐,生活过得很好。我希望他们讲得具体一点,他们就你一言我一语地说开了。有的说场长关心他们的学习,外面有什么专业会议、猪病讲座都会轮流让他们去参加,还鼓励他们去读兽医函授,现在已有两位兽医中专生正在读大学本科。有的说场里的工资、福利都比一般猪场高,场长常说猪场盈利了是大家的功劳,不能由我个人独吞,应该与大家分享。许兽医更是深情地说:"有一次我生病没去上班,场长发现后立即来看望我,并派车将我送到医院住院治疗,一切费用都由场内报销,这件事,对我个人来讲总觉得十分愧疚,所以只有搞好本职工作来报答场长,同时此事也感动了全场员工。"

我又走进猪舍,遇到一位产房的饲养员,他叫贾明,40 多岁,来自四川省的贫困山区。他们夫妻俩都在场内打工。我问他是否想家,他说家里上有老、下有小,怎能不想家呢?原来打算出来打两年工就回家,现在已经3年了,还暂时不想回去,因为场长对他们太好了。这话让我感到莫明其妙,他又做了进一步说明。原来是今年春节,因养猪工作需要,员工们只能轮流休假,他们就主动留下来。场长十分理解和同情他们,春节期间亲自到他们的家乡去,送了礼品和红包,他们全家老小以至全村人都感动至极,父母也来电话要他们好好工作,才能对得起场长。我听到这些,心里深有感触,有这样的场长、这样的员工,还怕养不好猪吗?总结该场的经验,就是猪文化博物馆里的那句话——"善以待猪、宽以待人"。

第128节　这个猪场问题多,人心不安猪受罪

根据工作日程的安排,今天要去××猪场进行技术服务,该场也是我公司的客户,但不算是大客户而是老客户。公司有个规定,客户不论大小,服务都要到位。我曾来过多次,对场内的情况略知一二。该猪场的规模不算大,问题却不少,可说是一个老、大、难的猪场。我们到了猪场,已经是上午10点多钟了,可是猪场大门仍然紧闭,敲了半天也无人开门,给场长室和办公室打了电话,无人接听。我正感到困惑时,忽然来了大批人马,由警车开道,直奔猪场,我们也随之跟进猪场。

进场后,见到场内气氛紧张,饲养员们情绪激动,与来人大吵大闹,公安人员竭力劝阻。原来事情就发生在今早,一位饲养员要辞职回家,在与场长结算工资时,场长要扣除他300元钱。这对月工资不足千元的饲养员来讲,是一笔不小的数目,于是他与场长发生激烈争吵,场长坚持不给,饲养员寸步

不让,从动嘴到动手最后发展到动刀,终于发生了悲剧,场长失手将饲养员刺死了。场长主动向公安局自首,于是出现了前面的一幕。

场长该当何罪,那要由法院来判决,问题是我们从这个案例中应该吸取哪些教训呢?

一个规模化猪场,每年要产出成千上万头猪,同时需要数十以至上百名员工。作为一场之长,不仅要指挥生产,协调工作,还要关心员工生活,注意工作方法,因此要求场长重视学习,提高素质和工作能力,这是搞好猪场生产的先决条件。

有的猪场老板有多个企业,猪场的场长对外招聘,上述案例中的场长就是一位聘用的场长。遗憾的是,这位老板用人唯亲,受聘的场长既无养猪经验,又无工作能力,态度傲慢,随意骂人。猪是靠人来养的,人心不安定,猪场不和谐,怎能把猪养好呢?

作为一场之长,要关心员工生活,饲养工作既脏又累,长期隔离在猪场内,生活艰辛。场长要尽量改善员工们的工作和生活条件,提高员工们的福利待遇,实行人性化管理,发现员工有特殊困难,场长要主动鼎力相助,消除了他们的后顾之忧,才能安心工作。如果猪场盈利了,场长不能忘记员工们的贡献,要与大家共享劳动果实,这样才能得人心,安人心。

场长要注意工作方法,员工们来自五湖四海,他们的文化水平、社会经历、年龄大小都不相同,场长要做好协调工作,办事要公平、公正,制度要合理,奖罚应分明,态度要和蔼。

场长要在工作生活上起表率作用,放下架子与员工交朋友,同甘共苦,这样才能鼓舞员工们的积极性和主动性。规模猪场需要构建良好的设备条件,员工应具备熟练的技术水平,如果猪场不和谐,饲养人员流动性大,猪场新手多,业务不熟悉,怎能养好猪?场长要鼓励员工提出合理化建议,要有改革创新的精神,这样猪场才能持续发展。

我深深体会到一个猪场的领导,如果素质低下、盛气凌人、办事不公,会导致场内正气难抬头,邪气占上风。对于这类猪场,我们兽医的本领再大,也难以施展才能。

第129节 今天得到好消息,女婿考察已合格

接到丽丽来电,她要告诉我一个好消息,叫我猜猜看。我猜她升官了,因为早有传言说林丽要被提升为办公室主任,兼管人事部的工作,她说不是。我又猜她涨工资了,她也说不是。最后她抑制不住心中的喜悦,告诉我她的爸爸妈妈通过大半年的考察,同意接纳我这个女婿,并建议我们可在国庆节结婚。丽丽得到这个消息后,第一时间就告诉了我,她也是第一次催促我早日回公司。因为现在已经9月初了,距国庆节不到1个月了,有许多事情需要筹备。我高兴得一夜未眠,这一天终于到来了。第二天领导同意,我提早返回了。

回到公司,第一件事就是和丽丽一起去她家拜访未来的岳父、岳母。其实我与她的父母也并非初次见面,每次回公司都要去她家,但那是在考验期,身份不同,仅仅是丽丽的男朋友,有时帮她家干点体力活,如搬东西、打扫卫生之类的家务,谈论的话题也局限于我们公司的点点滴滴、国内外的大事和新闻等,从不谈及家庭的事。这一次可不同了,首先要看看岳父、岳母的态度,听听他们对我还有什么意见、要求,因此不免还是有点心情紧张。

　　到了丽丽家，我首先问好，他们也和蔼可亲地招呼我坐下，感觉较平时来她家时客气多了。岳父先问我近来工作忙不忙，是否常去出差，去过哪些地方，我都一一作答，气氛也有所缓和。他接着说，婚姻大事还是应该考虑得慎重一点，我们经过大半年的接触，双方都有了进一步的了解，希望你们今后在工作上要有进取心、责任感，在家庭生活中要做到夫妻恩爱、孝敬父母。这时岳母也过来了，她说，我们尊重小丽的选择，你们的年龄都不小了，既然双方都同意了，可以把婚事早日办了。具体事宜你和小丽好好商量一下，需要我们帮什么忙，我们都会尽力而为的。

　　离开丽丽家，我首先将这个消息告诉我的父母，当他们知道我即将结婚，都十分高兴。春节期间我将丽丽带回家，两位老人真是喜出望外，离家以后几个月来，虽然常通电话，但一直没有我们结婚的消息，他俩总是不放心，害怕到手的媳妇不见了，现在总算给他们吃了一颗定心丸。

　　晚上我和丽丽去看我们的新家，进去之后让我十分惊喜。记得上次我们来时，房子正在装修，屋内杂乱无章，仅仅过了2个月，现在已经焕然一新，各种家具、家电都已配备好了，室内布置既有现代气息，又实用、舒适，使我十分感动，也使我感到愧疚。丽丽说我为了工作，出差在外，不怪我，现在要好好商量一下，如何举办婚礼。因为我们的工作较忙，又无经验，一切委托婚庆公司经办。时间定于10月1日，我们举办了一场既热闹又风光的婚礼，按规定我们有15天的婚假，我们打算趁此机会以度蜜月的名义，出去旅游一趟。

第130节 毕业十年再聚会，我从草根变明星

又收到我班同学刘效来信，为了庆祝毕业10周年纪念，定于今年10月底召开第二次同学会，由于需要安排吃、住等后勤工作，要我们及时回复是否确定参加聚会及同来的人数。这次同学会，恰逢我们新婚燕尔，我希望丽丽也能同往，她欣然同意，使我十分高兴。我想可以趁此机会，让我的爱人在同学们面前亮亮相，我相信同学们都会感到意外的。

我们开着自己的车前往母校，现在的高速公路四通八达，只需半天时间就到了。在路上我和丽丽谈起第一次同学会的情景，也谈到了当时我的自卑感。丽丽听了我的回忆之后，笑着说："你当年的处境我完全能够理解，这种差异是客观存在的，导致了大学生不愿到基层和生产一线去工作，使所学专业学非所用，这也是一种人才的浪费。"丽丽认为，一个人的前途和命运不能用金钱和地位来衡量，同时命运还要靠自己去改变。她接着说："你们学农科专业，自主创业相对较容易，年轻人也不能依赖于一个优越的工作岗位，我们也不能一辈子在外企工作，今后也可创造条件去自主创业。"对于丽丽的这一观点，我是十分支持的。

不知不觉到了母校，我先带丽丽参观了学校，又是5年过去了，我发现学校又扩大了，学生增加了，房子也多了，校园变得更美丽了。按会议通知，我们住进了学校新落成的宾馆。来自全国各地的同学都已陆续到校了，同学相遇还是一见如故，互相问候。有的同学敏感地发现，这次聚会多了一位美女，不知是哪位同学带来的，都十分好奇，因为在农业院校内

是很少见到气质如此优雅的美女。于是我带着丽丽，主动去各个房间向同学们做了介绍。当然丽丽也表现得落落大方，牵着我的手，带着笑容一一问候我的同学。她谈吐有节，善解人意，同学们对丽丽的评价非常高。他们简直不敢相信，5年前我这棵草根，现在成了一匹奔腾的骏马，让同学们惊讶和羡慕。

第二天开会，还是刘效同学主持，他简要地谈了母校近年来的巨大变化，然后说这次聚会的主题是谈谈事业、家庭与生活，同时进行互动。不过他又说据同学们反映，这5年来变化最大的是朱乐生同学，建议请他先讲。刘效的话音未落，已获得一片热烈的掌声。

我是一个不善言谈的人，事先又无准备，这时的心情既激动又紧张，不知讲什么好。同学们起哄让我先说说恋爱的经历。我说自从上次同学会后，我就跳槽到××公司，和林丽在一个公司工作，与她恋爱既是机遇也是缘分。同学们又问我们是谁先主动追求对方的，我实事求是地说，我与丽丽的差距很大，不敢高攀，当然是她主动。同学们听了之后更来劲了，鼓掌请丽丽讲讲，是如何主动追求我的。

丽丽站起来，微笑着说："乐生说得对，是我先向他表白的。我在公司搞人事工作，对公司每个员工的情况都很了解，我是近水楼台先得月嘛！他来我公司时我就看中了他，又经过几年的考验，我认为乐生完全符合我的择偶标准。本来夫妻间是不应该互相吹捧的，但要回答你们的问题，我不得不说，作为一个男人，在工作上要有事业心、上进心，在家庭生活中要有爱心、有责任心，这些乐生都做到了。所以，我能找到他是我的幸运，这是互利共赢。"最后丽丽说："我们新婚还不到1个月,今晚我和乐生请各位同学喝喜酒。"丽丽这番话又博得同学们一阵欢呼和掌声。

第131节　得知丽丽已怀孕,母亲进城忙照顾

这次同学聚会,我突然成了一位明星,同学们都赞扬并羡慕我,夸我娶到一位通情达理、美丽贤惠的老婆,羡慕我有一个稳定、舒适和高收入的工作。

一天丽丽突然告诉我,她可能怀孕了,我急忙驾车送她到医院检查,确诊怀孕之后,我们将这个好消息分别告诉自己的父母,丽丽父母说让我们回到他们家去住,便于照顾。但我和丽丽已经商量好了,决定将我妈接过来,和我们住在一起,照顾丽丽。自从我妈接到丽丽怀孕的消息之后,高兴得不得了,恨不得马上来侍候儿媳妇,我说别着急,待周末我开车来接你。

当我到家时母亲早已将老母鸡及一些农产品准备好了,要带去给丽丽补身体,父亲因田里还有农活,暂时不能来。母亲来到我家后说,从今以后,一切家务由她承包,叫丽丽回家后什么都别动,弄得我们哈哈大笑。丽丽说现在我吃得那么好,又不运动,人会更胖了,对肚子里的宝宝也没有好处。不过我还是对丽丽说,从现在开始,只要我在家,上、下班都由我来开车。我家离公司虽然较远,但自己有车,只要半个小时就到了。就这样,我们每天平平安安上班,快快乐乐下班,回到家里,母亲勤劳、淳朴,妻子贤惠、美丽,家庭和睦,生活富裕,衣食无忧,这样的生活对于我这个出身贫寒的农民子弟来说,应该十分满足了。

然而,对于当前这份工作,我越来越感觉不满意,主要有以下几点原因。其一,营销工作就要推销本公司的产品,虽然我是搞技术服务的,但最终目的还是为销售服务,往往都是违心地推荐自己的产品,有点"王婆卖瓜,自卖自夸"的感觉,至今仍不能适应。其二,近两年来我在公司搞技术服务工作,虽可向客户学到一点饲养管理经验,但是难以发挥自己的专业特长,无法实现自己创业的梦想,除了金钱之外,在工作上没有一点成就感。

在这种优越的生活环境中,我时刻提醒自己,不能沉醉于小家庭的美满,满足于这种小康生活。我牢牢记住丽丽父母对我的教导,作为一个年轻人,要有抱负,有事业心,有上进心。丽丽也不希望我天天坐在办公室里无所事事,因为我是一名兽医技术人员,我的工作岗位是在猪场。每当我回到公司在办公室里闲了几天之后,就待不住了,又想出差去外地,不断奔波于各大、小猪场之间。在不同的猪场里,我学到了一些先进的饲养管理知识和防疫经验,充实了自己,同时也遇到了一些问题,特别是有的规模猪场,观念陈旧,措施落后,存在的问题多多,我虽然搞技术服务工作,但真正能接受我们意见的人少之又少,况且当前养猪业中遇到的都是新问题,我也是在摸着石头过河,因此很希望有一个属于自己的猪场。

卢氏猪场的卢场长,是我在服务过程中认识的一位忘年交,这个猪场规模不算大,条件也不算好。卢场长因种种原因,打算将猪场以优惠的价格转让给我,这使我动了心,拥有一个属于自己的猪场,这是我梦寐以求的事,当得知这个信息后,我的心情久久不能平静。

第三阶段　创业办场

第132节　早想创业办猪场,机遇来临不能放

　　卢氏猪场是我公司的老客户了,我曾多次去该场做技术服务,可以说与卢场长是忘年之交,按年龄来讲,他可算是我的父辈了,不过我们有共同语言,有些观点也比较接近,他对我的技术也是认可的,所以合作得也很愉快。今天他留下我做了一次推心置腹地交谈。他说他考虑了很久,认为这个猪场只有交给我才放心,不知我是否愿意接收? 这使我感到莫名其妙,丈二和尚摸不着头脑。他接着说:"这个猪场有200余亩土地,近千头种猪,近几年来,由于我精力不济,管理不善,加之猪病猖獗,连年亏损。再加上我的儿子在国外工作,要我前往国外定居,因此决定将该猪场转让。"当然,求购猪场的人很多,但是卢场长不信任他们能把猪场办好,如果我有意向购买,他可以以优惠价转让给我。

　　卢场长的一席话,让我动了心,真可谓一石激起千重浪,使我思绪万千,我也向他说出了心里话。我说:"有一个属于自己的猪场,是我的梦想,这是一个绝好的机会。但是我现在已经成了家,并且有一个美满的家庭,这样重大的问题,是需要慎重考虑的,要与家人好好商量,请您给我一些时间好吗?"卢场长表示理解,愿意给我时间考虑。

257

　　从卢氏猪场返回公司后,我的心情是七上八下,忐忑不安,几次想同丽丽商讨此事,话到嘴边还是开不了口,因为丽丽怀孕了,母亲又刚从农村来到城市,一家人和谐相处,享受天伦之乐,而且我们的经济收入也算是高薪阶层了,应该好好珍惜。

　　丽丽是个细心的人,她看出我这次回公司后,精神恍惚,心事重重,提议我们周日到公园去散心。在她的开导下,我终于将打算去办猪场的事一股脑儿地告诉她。我说这是机遇也是挑战,是件大事,至今尚未考虑成熟,所以暂时未告诉你。出乎我意料的是,丽丽听了我的表白之后,紧紧地握着我的双手说:"你这个傻瓜,这有什么大不了的,说出来大家商量一下不就行了嘛。"她紧接着问我的真实想法如何?我坦率地告诉她,我内心是想去办猪场的。丽丽的回答更出乎我意料,她说这是一个好机会,并鼓励我应该去争取一下,若成功的话她也愿意辞掉现在的工作,与我一道去办猪场。这下子反而是我紧张了,办猪场谈何容易,风险之大,生活之艰苦,没有经历过的人是体会不到的。万事开头难,特别是在办场初期,什么问题都可能遇到的,说实在的,我实在不忍心让丽丽与我一道去猪场吃苦,但一时又说服不了她,于是我就说:"算了吧,大家都先别去了,还是保持现状,过我们的小康生活吧!"

　　过了几天丽丽还是不甘心,又提起这件事,并提议我们一道去卢氏猪场考察一下。我说你挺着大肚子怎能经得起长途颠簸呢?但她却说3～4小时的路程没有问题。没办法,我只得在休假日带着丽丽开车前往。到达猪场后,丽丽看到猪场周围山清水秀,环境优美,就喜欢上了,进了猪场看到又白又胖的大、小猪只,十分可爱,高兴得不得了。卢场长见到我的美女老婆也爱上了这个猪场,愿意以最优惠的价格将猪场转让给我。这当然不是一件小事,我们还是不能马上做出决定,一来不知双方父母是否同意,特别是丽丽的父母,起着决定性的作用。二是资金不知如何解决,虽然现在我们的经济条件不错,但要拿出几百万元钱来购置猪场,还是有困难的。在回程的路上我对丽丽说,成功与否尚无把握,对外暂时保密。

第 133 节　辞职办场不容易,两家三方要同意

我要去办猪场,并非一时冲动或头脑发热,而是认为养猪是我的一份事业,是一种使命,但现在我已成家并且有了稳定的工作,就不能随心所欲,也不能那么自由了,因为对家庭我要承担责任。我要远离城市去农村办猪场,是件大事,必须征得两家三方同意,庆幸的是我已获得了丽丽的支持,我估计我父母方面问题也不大。难点在于岳父和岳母,对他们来讲,这肯定是一件翻天覆地的大事,能否去办猪场,决定权就在他们手中,任何一人反对,都可一票否决。为了避免事情发生得太突然,让他们有思想准备,关于办猪场的事,我请丽丽先回家向父母放点风声,看看他们的反应,然后我们再一道去请示。

丽丽办事我是很放心的,其实有关她家的事情,只要得到她的支持,就是成功一半了。几天之后丽丽高兴地告诉我,她父母听到我要去办猪场的信息,并未表现出强烈的反对意思,她父亲反而说我这个小子还有点志气,但也说办企业有风险,要我们慎重行事。我和丽丽分析之后,认为时机已经成熟,可以与岳父、岳母直接面谈。我深知这又是一场重要的面试,将决定我后半生的命运,要么维持现状,过着舒适、平淡的生活。

要么冒点风险，艰苦创业，下乡办猪场。丽丽选了一个星期天，在一个平静、祥和的气氛中，我向岳父、岳母简要地介绍了打算辞职去办猪场的想法，岳父表态，年轻人有理想、有抱负、不安于现状、有开拓和创业精神是应该支持的，但办猪场不是一件容易的事，困难要多考虑一点，准备要充分一点，才能少走弯路，避免失败。同时，岳父提出几个问题要我回答，一是为什么要放弃安稳、舒适的工作去办猪场。二是转让猪场的卢场长我是否了解，猪场产权是否合法，手续是否齐备。三是投资经费需要多少，打算如何解决。

我在回答第一个问题时，说了 3 点理由，一是遇到机会，办猪场需要土地与资金，是件不容易的事，我与卢场长交情甚深，他为人可靠，并可以优惠价转让给我，并主动提出进行公证。二是当前我在外资单位搞技术服务，经济收入虽然不错，但我对经商至今还很不适应。三是规模养猪在我国是一项新兴产业，当前无论是在管理上还是在疾病防治上，问题多多，我的理想是建立一个属于自己的猪场，以便进行改革与创新的尝试。

另外，我又将转让猪场的经费估算以及转让手续等具体问题都一一做了说明。

岳父听了之后沉默不语，好像在考虑什么问题。岳母则提出她的见解，说我要去办猪场，她并不反对，但小丽没有去的必要，因为她对养猪是外行，从小未吃过苦，不能适应这种环境。我很赞同岳母的意见，但丽丽急了。她说她是学工商管理的，而我说过当前我国猪场的管理是一个薄弱环节，她去参与猪场管理，或许能发挥一点作用，也能锻炼自己。岳父支持小丽的观点，并对岳母说，不要把农村看得很可怕，我们当年都是下乡的知青,现在回忆过去,那段生活虽然艰苦,但精神面貌却是充满阳光的。他还说,让我们夫妻分在两地,也不是一个好办法,前途的事由他们自己去决定,还说我们若能将猪场办成功,他们退休后,也可到我们场里来居住。岳母也无话可说了,岳父还说下次抽个时间,我们一道去猪场看看,该县也有几位领导他是熟悉的,可以进一步了解一下情况。听了岳父的一番话,我和丽丽都十分高兴。

第134节　丽丽通情又达理,一道辞职去创业

在回家的路上,我一边开着车,一边对丽丽说,你家的父母都已表态,问题不大了,我家的父母都是农民,我回到农村去他们肯定会支持的。当我将此事告诉我的父母时,出乎我的意料,我妈坚决反对。她说农村生活很苦,你才跳出苦海,又要去自讨苦吃,还要把丽丽也带去受苦,我们不同意。辛亏丽丽在旁边,她对我妈说:"我是自愿去的,况且我的父母也是支持的,我们是去管理猪场,猪是由饲养员来养的,我们养的不是几头猪,而是成千上万头猪,如果能把猪场办好,是很赚钱的。我父母听了丽丽的这番话,也就默认了。

家庭这第一关总算基本过去了,下一步要向公司领导提出辞职申请。这对我们公司来说,是一件爆炸性的新闻,因为我俩在本公司内都小有名气,公司上上下下听到这个消息之后,都为之震动,员工们都认为我俩是公司最美满的一对,人人都眼红。公司领导也好心地劝阻我们,说我俩若要辞职,对公司是一大损失,要我们重新考虑。

业务员小金真心诚意地对我们说:"你们辞职,我们很支

持,但不能去办猪场,凭你们两位的专业特长、工作能力和广泛的人脉关系,应该去开一家兽药经营公司,相信一定能成功,可赚大钱,如果是这样的话,我也愿意辞职加盟到你们的公司来。"他还举出本公司赵达华的例子,他就是从本公司辞职后,自己去创办兽药经营部,现在已做大老板了。

但这一切都没有动摇我们办猪场的决心,同事们都很不理解,老蔡好心地提醒我,他说我天天同猪场打交道,深知养猪的风险太大了,不仅有疾病风险,还有市场风险,有些风险是难以预测和预防的。现在办猪场,没有几家能赚钱。也有人认为,我去办猪场倒无所谓,林丽不该辞职,她肯定不能适应猪场的环境,很多人预言,我去办猪场肯定要失败。反对的呼声很多,流言蜚语不少,不过也有人支持我,公司市场部的方经理赞扬我是一个有志气、有胆量、有作为的年轻人,应抓住大好时光去拼搏一下。我们技术服务一部的小王说:"时代不同了,我们的观念也要转变啦!过去的猪是散养的,养猪的是穷人,现在的猪是规模饲养了,富人才养得起。"业务员大李说:"我去过很多规模猪场,老板都是不懂行的,但是他们胆子大,敢想敢做,把猪场办起来了,而且越办越大。我们这些所谓内行的人,胆子小,前怕狼后怕虎,只会动嘴,不会动手,什么事都办不成。"我听了这些话,心想不管如何,事到如今已不可逆转,只能下定决心,把猪场办好。

接下来就是要筹备资金,首先要忍痛割爱,将刚装修好的新房卖掉,这房子买来还不到2年,现在的房价已经翻一番了,但要用卖房子的钱买下一个猪场,还远远不够,缺口部分只有通过银行贷款、向岳父母和亲友借钱来解决。为此我的父母只能再回到农村老家去居住,这对他俩来说,是无所谓的,因为这几个月来,他们并未适应城市生活。我们暂住在丽丽家。

卢场长是个很重情谊的人,十分理解我们的心情和困境,价格方面做出了最大的优惠。我们的行为也感动了他在美国工作的儿子,当了解到我们的经济状况后,同意我们可以分期付款,这就大大缓解了我们的经济困难。经过无数次的协商和交接,终于签订了转让协议,并通过了公证。接着我们办理了离职手续,离开了高楼大厦,告别了繁华的大城市,与相处多年的同事们依依惜别。由于丽丽即将临产,暂时留在父母家里。我一人开着车奔赴远方,在那里有一个属于我们自己的猪场。

第135节　我赴猪场做场长,雄心壮志干一场

从现在开始我就是这个猪场的主人了。我深知这个一场之主,责任重大,我从拥有一个富裕的小康之家,一下子变成了负债累累的穷光蛋,这一举措极为冒险,但也并非一时的冲动,促成我接收这个猪场有3方面因素,一是机遇,二是对养猪事业的执着,三是得到家人的支持,特别是获得了丽丽在智慧和经济上的帮助,三者缺一不可。不过这究竟是一件好事还是坏事,现在还难下结论,现在才刚开始,今后任重而道远。

我曾自己反思过,参加工作10余年来,都在与猪及猪场打交道,除了担任猪场的兽医工作外,对猪场的经营管理,也略知一二。办养猪场对我来讲,既是挑战也是机遇。为此,我来猪场之前,早已进行了周密的思考和充分的准备,拟订了本猪场近期、中期和远期的规划,并提出了当前的具

体工作方案。

我进驻猪场后,首先是摸底,深入每栋猪舍,调查猪群情况,了解生产水平,与饲养员面对面地进行互动、交流,征求他们对猪场的意见和要求。员工们对我这位新场长议论纷纷,有的说我年纪轻轻就能买下一个猪场,此人不简单,一定有后台。有的饲养员说,这位场长没有架子,还会看猪病,能动手,对养猪也很在行,看来此人不一般。因为他们不了解我的情况,也难怪会产生各种各样的议论。

今天我召开了一次全场员工大会,在会上我首先做了自我介绍,谈了我的经历和理想,我说我并无后台,只是与前任卢场长是忘年之交,这次是倾家荡产,还欠了一身债,才勉强收购到这个猪场。如今这是我的猪场,也是你们的猪场,欢迎各位献计献策,共同把猪场办好。这番话说完,一下子拉近了我与员工们的距离。

接着我又宣布我们猪场的名称由原来的"卢氏猪场"改为"乐生种猪场",并简要地谈了猪场的发展规划。今后要从商品猪场转变成种猪场,因此猪场的规模、设备、技术力量、种猪的数量等方面都要所发展,同时经济效益也将会进一步提高。我进场以来,看到全场员工们辛勤劳动,增强了我办好猪场的信心和决心。我深刻体会到,猪是要靠人来养的,我要求员工们善意待猪,同时我也要做到以诚待人。今后如果猪场盈利了,这是大家的功劳,一定会和大家分享,望大家对于如何办好猪场,多提意见,多出主意。

我的讲话得到了员工们热烈的掌声。但后来我也听到有的员工反映,说我吹大牛、说大话,他们说现在办猪场,不亏本就算好了,过去的老场长都没有赚过钱,你这个新来的小场长还想发财,做梦去吧!

第136节 猪场经营遇困境,资金缺乏是主因

　　在猪场辛辛苦苦地干了大半年,才发现猪场的问题多多,困难重重,至今毫无起色。由于工作繁忙,离不开猪场,每当想到丽丽生孩子时,我都没有在她身边,内心里就十分愧疚,还好有我的父、母亲照顾。上次回家见到白白胖胖的儿子,十分高兴,觉得自己再苦再累也是心甘情愿的。丽丽产后就想来猪场,但由于猪场环境条件较差,家人不同意,最后大家都让一步,待儿子百天过后再回猪场,当然我的母亲也跟随她来带孙子,我在早些时候已经在镇上租了一套房子,供我们一家使用。这个小镇距猪场也不远,只有5～6千米路程,绕过一座小山便到了,我们自己开车,来往也很方便。

　　对于丽丽的到来,我是既高兴又害怕,高兴的心情就不必说了,那么害怕什么呢?因为现在这个猪场是个烂摊子,如何向她交代?丽丽来后,按照事先的规划,她负责财务和人事管理工作。她一进猪场就查账目,找员工交谈,我知道她对场内的困境已有所了解。她又发现我总是忧心忡忡,闷闷不乐,她坦诚地对我说:"把场内的问题统统谈出来,困难不能让你一个人去扛,我们可以共同来承担。"

　　我想事到如今,已不能再隐瞒了,于是对她说:"想当初,我怀着雄心壮志来办猪场,但是对困难估计不足,想法过于幼稚,进了猪场之后,才发现存在不少问题。"

　　第一,许多猪舍破烂不堪,不得不拿出一大笔修缮资金。

　　第二,虽然场内有近千头种猪,但经仔细检查,发现有2/3

的种猪属于老、弱、病、残,必须淘汰,若要补充后备母猪,又需一大笔资金。

第三,猪是每天要吃饲料的,饲料款已拖欠2～3个月了。

第四,员工的工资不能及时发放,改善员工生活条件的工作因缺乏经费而被搁置。

第五,近期以来,猪价还是不断下滑,而饲料价格却在上涨,导致猪场的经济雪上加霜。

丽丽听了猪场的情况介绍之后,总结了一句话,当前猪场的根本问题,就是缺少资金。我说没错,现在的困难,就是缺少流动资金和必要的修缮猪舍的资金。说到这里,我十分内疚地对丽丽说:"都怪我当初头脑发热,对困难估计不足,现在真是后悔莫及。"

但丽丽却不这样认为,她认为天无绝人之路。她分析目前猪价低迷是暂时的,我们还有200亩土地,这是一笔宝贵的财富。我们虽然购进才1年多的时间,但土地价格已经翻了一番,而且还在继续上涨,曾有几位房地产老板都想与我们合作。

听丽丽这么一说,我顿时茅塞顿开,责怪自己过去整天想的是猪,忘掉了还有一片地产。丽丽接着说当然我们也不是来炒地皮的,归根结底还是要把猪场搞好。她要我尽快地写一个猪场发展的规划和可行性的报告,提出经费的预算和收益的预测。她说解决资金不足的办法很多,除了申请贷款之外,还可请有实力的企业来投资、融资和合资,她打算回城一趟,找几位老总商量一下,是否可与我们合作。或许这是我们猪场的唯一出路。我听了非常高兴,有了柳暗花明的感觉,于是连夜加班,第二天就将报告写了出来。

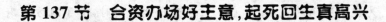

第 137 节　合资办场好主意,起死回生真高兴

　　为了挽救猪场,合资是唯一的出路。根据丽丽的思路,我连夜加班赶写发展猪场规模的可行性报告,主要内容是:①猪场的现状,包括地域、土地和基建的面积,猪的数量,工作人员等。②当前存在的困难,如流动资金不足,猪舍破旧需要维修费用等。③本场今后发展的方向和规模,由商品肉猪场提升为种猪场,引进 1 000 头优良纯种猪,新建各类猪舍 20 余栋,招聘员工及技术人员 20～30 名。④所需资金和预算。⑤投资效益回报(1 年后开始收益,包括经济和社会效益的估算)。

　　对于这个报告,丽丽看后基本满意,仅在个别文句上进行了一些修改,打印之后,复印数份,第二天我和丽丽一起驱车前往××市,找有关老板商谈。在生意场上谈工作、签合同,首先要在饭桌上进行沟通,这是商界的潜规则。丽丽对这一套规则颇有经验,她早已看准两位有投资诚意的老板,一位是××房地产公司的倪总,另一位是××集团的万董事长。我们约定在××大饭店由我们设宴款待他们。当然他们心中也有数,开始先说了一些闲话,开了几句玩笑,之后就转到正题上。凡是老板都是要赚钱的,要他们投资,总要有回报,凭一份报告或是一顿饭的时间是说不清的,何况他们对农村、对养猪业的情况都不了解,只能先谈合作意向,关键还是要邀请他们到猪场实地考察,才能确定具体投资方案,来场考察时间由他们决定,我们回场等待。

　　回场后我们又进行了精心准备,打扫环境卫生,准备酒菜,并与当地乡镇领导进一步沟通,届时请他们也能参加,因为我们猪场的发展,对地方上也有好处。同时,有了地方政府的支持,又可使投资者更加放心。

这一天终于来到了,倪总和万董事长带领着相关人员,浩浩荡荡,开了4辆名牌车到我场来考察了。这种盛况在我们这个小镇上是空前的。我和丽丽早已在大门口等候,首先带他们走进猪场的生活区,会议室已布置一新,我抱歉地对他们说因防疫关系,只能请几位主要领导人进猪场看看。然后大家穿上白大褂、胶靴通过消毒池进入生产区。几位老板都是见多识广的生意人,但是对于眼前的一切却感到很新鲜,他们从未见到过那么多的猪。倪老板是搞房地产的,他看中了这片土地,当我告诉他面积和购进的价格时,他连说便宜、便宜。我说这片土地当然不能开发房地产,但可以盖猪舍养猪,我又将猪价的行情告诉他们,现在是低迷阶段,说明高峰即将到来,现在我们若有资金,购进一批种猪,1年以后肯定能得到丰厚的回报,这是市场规律,他们都能理解。

回到会议室他们又看了相关的资料,用不着我们多讲,万董事长就说,看了猪场扩大了我们的眼界,投资养猪业是我们产业转向的重点,既有工业又有农业,工农结合,两全其美。倪总说投资乐生猪场我信心十足,理由有以下几点:一是我相信林丽的为人,她是一位有才华、稳重可靠的好姑娘。二是我今天才发现小朱是一位有知识、懂技术、有经验的年轻场长,我相信他俩能把猪场办好。三是见到了这片土地,我很放心,这是一笔宝贵的财富啊!我不怕猪场倒闭,跑得了和尚跑不了庙。这话说得大家哈哈大笑,笑过之后,我们顺利地签下合同。

第138节　注入资金增活力,建设猪场快步伐

　　我当场长以来,经历了许多事情,猪价行情时高时低,猪场疾病从未间断,但是最大的困难还是资金不足。如果保持现状,不求发展,那么不进则退,肯定要被市场淘汰。若要谋求发展,那么资金从何而来? 没有钱是寸步难行的。我现在才体会到,资金是办企业的基本条件,资金是不会从天上掉下来的,办企业要懂得引资的办法和渠道,这些知识我都非常缺乏,幸好丽丽很内行,解决了大问题。下一步就要看我的了,必须把猪场办好,不能失败。

　　今天我和丽丽、老郑三个人坐下来开了一个猪场领导班子的小会,商讨资金的使用。老郑很不好意思地说,我就不必来参加了,你们决定之后我就照办。我说你是副场长,也是场里的总管,你若不来参加,这个猪场就成了夫妻店了,那不行! 你一定要参加。于是他也就不再推辞。老郑名叫郑远,有50多岁了,是前猪场的副场长,主管后勤工作,员工们都叫他郑总管。他是本地人,对当地情况很熟悉,办事有经验。现在他还是副场长,这次猪场要扩建,他的任务是很重的。

　　首先由丽丽将这次与两位老板商谈的情况做了简要说明。她说两位老板来场实地视察后,对于投资猪场都很有信心,并抱有很大的期望,投资的经费也不成问题,我们需要多少,他们都能满足,经过协商达成了合资办场的共识,我们占52%的股份,他俩各占24%。我方以现有的土地、猪舍、猪群及技术入股,他们以现金入股。具体细节还要逐步完善,他们承诺资金不日即可到位,所以我们要赶快行动,拿出猪场的发展规划,落实任务,分工负责。

我接着说,规划早已有了,但是目前的情况有了变化,因为资金充实了,所以规划必须重新修订,猪场的规模要再扩大一些,科技含量要增加一些,基建的速度还要加快一些,具体方案近日就可出台。今天开会就是要成立3个工作组,任务如下。

基建组:任务是建造20余栋不同类型和规格的猪舍,维修、改建猪舍10余栋,还要扩建蓄粪池、饲料厂,修建道路,改造生活区和员工宿舍等,由郑远负责。

种猪采购组:要购进一大批优良种猪,任务很重,因为种猪的好坏关系到我场今后的发展前途和命运,一定要保质、保量、保健康,该组由我负责。

资金管理及人才招聘工作组:资金到位后由林丽统一管理,经费的使用和报销都必须经林丽签字。需要增加的人员,向林丽提出申请,经她审核或招聘。

会上我们又谈了一些具体问题,并且决定从今以后每周召开一次沟通会。

第139节　重猪轻人观念旧,丽丽批评我接受

这天丽丽告诉我资金已经到位了,听到这个消息我心里更踏实了。当前建造猪舍是头等大事,因为没有猪舍,猪就进不来,没有猪一切都无从谈起。我对猪舍的设计和建造是外行,但在规模猪场工作过程中,感到现有的各类猪舍存在许多缺陷,例如限制了猪群自由,影响猪群福利,损害猪群健康等,我在猪场工作期间,曾提出过改造猪舍结构的设

想,但未被场长接受,当时我就想,如果自己是场长,我一定要进行改革创新的尝试,这也是我千方百计要买下这个猪场的初衷。

自从做了场长之后,原打算新建猪舍自己设计,边试验边改进,但由于当时经费不足,无法实现。而现在虽然筹到了这笔资金,但因为急需发展猪场,时间十分紧迫,也不允许我慢慢尝试,只有暂时放弃改革猪舍的设想,仍然请相关单位进行设计,按规模猪场传统的猪舍结构进行建造,同时向养猪设备厂家购买猪舍内的各种设备,这样一来,新猪舍建造的速度就快得多了。

我对猪场的布局和设计也不在行,但对设计单位提出几点要求:①新建一个1000头母猪的种猪场,包括产房、保育舍、配种舍、种公猪舍、妊娠母猪舍、后备猪舍和肥育猪舍、隔离猪舍等。②产房和保育舍要有先进的增温、保温设施,妊娠母猪舍、种公猪舍要安装通风、降温设备。③猪舍内的笼、栏及饲槽、饮水等设备,已向生产厂家订购,但要求与猪舍结构配套。④要求设计方案尽快出台,既要使用新材料、新工艺,又要节省经费,还要便于施工,有利于快速建成投产。⑤提出基建所需的经费预算。

我又向老郑交代了几项任务,如有几栋旧猪舍需要维修和改造,扩建饲料加工厂和饲料原料贮藏仓库。种猪展示厅等简易平房不用设计单位设计,找当地的工程队就能建造。至于向有关领导部门报批手续,老郑很内行,不必我担心。但是我要求他做一个工程预算,交给林丽审批。

我们一心扑在扩建、改建猪舍上,忙得不亦乐乎,好容易把经费的预算方案搞定,交给林丽,想不到遭到她严厉的批评。她说在你们心里只有猪,没有考虑到人,猪是要人去养的,人的工作积极性没有发挥出来,猪舍的条件再好,也是徒劳的,办企业不能忽略"以人为本"这个原则。因此,她提议在发展种猪,建造猪舍的同时,要考虑到环境保护,改善员工的居住和生活条件。她要我们估算一下,今后需要多少员工,对于他们的宿舍、食堂、娱乐场所也同样需要规划和安排。

我对丽丽说,这些事我并非没有考虑,但是现在我们的头等大事是建猪舍、购种猪,至于员工的生活问题,是否可以暂缓一下,待以后猪场盈利了,再去改善也不迟啊。但丽丽却认为,猪场要发展,员工的福利也要关注,而且必须同步进行。我内心虽还有些不服气,但也无可奈何,只能按她的要求去办。这是我和丽丽第一次发生争执。

第140节　引种猪场有条件,选种按照合同办

当前,引进种猪是一件头等重要的工作,种猪的好坏是关系到我们猪场今后生死存亡的大问题,因此由我负责,同时指定畜牧组的孔凡和兽医崔建平参加,我们三人组成一个采购组。曾有人建议我们到国外去引种,但被我否定了,并非我们财力不足,而是时间问题,因为到国外购买种猪手续繁多,耗时较久,另一方面从种猪的健康分析也没有好处,从国外引进的种猪,要有一个适应的过程。所以,还是决定从国内采购。

引种之前,我们引种小组开了一个会,提出了任务,明确了目标,交代了底线,统一了思想,讨论了具体的实施方案,归纳起来有以下几点。

1. 引种的任务　根据我场的生产模式和生产规模,确定我场为瘦肉型良种猪繁育场,今后的目标是每年要向市场提供万头二元杂交种用母猪及若干纯种种猪和商品肉猪。这次需要引进纯种大约克夏、长白和部分杜洛克3个品种的种猪,共计1 000头左右(原有各类纯种猪500头左右)。

2. 选择引种猪场　由于我国种猪场尚未建立疫病检测与信息发布体系,种猪流通缺少诚信制约,因此选择引种猪场必须谨慎。目前我国的种猪场数量也不少,那么到何处去采购呢? 我们提出几个先决条件:①有适度的规模,有足够的提供种猪的能力。②具备种猪场的资质,要有省级以上主管部门发给的种猪经营许可证。③畜牧兽医方面的技术力量较强,水平较高,种猪系谱请楚,猪群的饲养管理和健康状况良好,有售后服务的能力。④引种猪场必须讲诚信、守信誉,并要签订种猪的供销合同。⑤在同样条件下,要求择近不择远,以减少运输途中的应激。⑥按防疫要求,应从一个猪场引进,避免交叉感染。但由于时间紧迫,引种数量又多,一个猪场无法满足,必然要从多个种猪场引种,这一举措可能增加了疾病的风险,要有思想准备。

3. 抓紧时间搞好基建　根据我场目前的具体情况和特殊条件,猪舍正在建设之中,而种猪又必须尽早引进,解决这一矛盾的办法是首先建造肥育猪舍和种猪销售的展示厅猪舍,因这类猪舍内部设施较为简单,建筑速度较快,可先作为隔离猪舍使用,这样至少可提早半年投产,以解决燃眉之急。

4. 分期分批引种　根据以上要求,经过调查研究和对比,最后我们确定了4家引种猪场,在今后半年内,需引进各

273

类种猪 1000 余头,每次间隔约 2 个月引进一批种猪,每批 250 头左右。按合同规定,种猪为 4～5 月龄,体重在 70 千克左右。

在签订购猪合同中,我们对种猪的价格并不过于计较,相反还高于其他种猪场,但对种猪的质量则有较高的要求,在引进猪前我场派出 2 位技术人员,进驻该场进行选择,并要求引种猪场给予配合。

第 141 节　选择种猪有标准,体型性能都重要

我们规定选购种猪有两个主要指标,一是健康状况,二是体型和生产性能,只要其中某一项不合格,就不能入选,但这些标准如何判断,没有数据可依,也没有仪器测定,全凭经验和感觉。我场技术人员都是年轻人,这次又要一次性采购大量种猪,为了弥补这个缺陷,必须制订种猪选购细则,供经办人参考,主要内容摘要如下。

第一,对种猪健康状况的要求。选购前要求供种场家允许我场兽医进入该猪场,了解近期内有无重大疫情、接种疫苗的种类、主要疫病抗体检测的有关资料(我们并不忌讳或排斥曾发生过蓝耳病等重大疫病的猪场,但现在应处于稳定期)等,因此选购时要对每头种猪逐一检疫。我给了小崔一份有关猪病临床检疫的书面资料,这是 10 多年前我初进猪场时张师傅传给我的宝贵经验,至今尚有重要的参考价值。

第二,考查种猪的生产性能指标,其实就是评定种猪的外貌和体型。这可以说是种猪选择中最古老的方法,但仍不失为现代种猪选育的重要手段,这是因为作为统一的有机体,猪

的外貌是猪的体质、功能、健康和生产性能的表征。通过对体型进行评分选育，可以间接提高种猪的体质、使用寿命，提高种猪体型的整齐度。为此，我也编写了一份资料，供承担此项任务的孔凡技术员参考。

头型、耳型：是表现品种或类型特征的部位，具有很强的遗传性，由于头部骨多肉少，肉质又差，因此不宜过大。耳型有垂耳和立耳两种类型，耳型大小因品种而异，若耳根软弱是体质较差的表现。

背和腰：背和腰应宽广，即双脊背，是背最长肌发达的表现，它是最受青睐的肉块之一，是猪生长快的标志。但其长度与脊椎数量有关，这也是品种特征之一。

胸和腹：胸部要宽大而深，肋骨开张，表示健康，并有旺盛的代谢功能。胸宽可从两前肢之间的距离来判断。胸部的要求对种用公猪的选择更为重要，它既是雄性的体征，也是功能旺盛、体质强健的表现。

四肢：腿长则重心高，是晚熟的表征，腿长的猪屠宰率低，但体型修长，双脊背匀称；四肢短而正直、间距开张、重心低者，屠宰率高。种公猪的四肢应特别结实，尤其是后肢配种时负重很大，更应结实有力。

乳房和乳头：乳头数是品种的主要特征之一，具有中等的遗传力，因此公、母猪都要选择乳头，除数量外还要注意其位置和形状，要求排列整齐，间距均匀，乳头的粗细、长短要适中，没有瞎乳头。

外生殖器：种公猪的睾丸应大且两侧匀称，阴囊紧附于体壁。单睾和隐睾都不宜作种用。母猪的外阴发育应丰满后挺，与年龄和体重相对应，发育过小者不宜作种用。

毛色:毛色是品种特征的重要标志之一,对确定杂交组合、品种纯度和亲缘关系以及评价产品质量等方面具有一定用途,因此毛色在种猪选育中备受关注。

第三,特别要提醒的是选购种猪并非选美,虽要注意外貌,但外貌不是唯一的考量标准。体质和健康才是最重要的,况且外貌评定需要比较才能确别,要求选种人员经常深入猪群,全面观察,逐只对比,根据各个不同品种的特征和选种的要求,选购人在3~5米的距离外,从被选择种猪的侧面、前、后面,从整体到部位加以评定。然后观察其走动时的动作、步态及是否有其他遗传疾患。

第142节 丽丽提出新举措,舍得关系要摆正

为了改善员工生活设施的问题,前几天我与丽丽发生了一次争论,后来我冷静下来反省之后,也意识到自己的错误。现在当了场长,权力大了,处处都为自己着想,由于立场、观点变了,与员工的距离拉大了,丽丽的提醒很及时,我十分感谢她。

这阶段以来,猪场的经费支出很大,造猪舍、修道路、添设备、购种猪等,处处都要花钱,丽丽是财务总管,一笔笔经费都要经过她的严格审核,她说,该花的钱就得花,毫不吝啬,但可以节省的钱,一分也不能浪费,我们要对投资者负责。

她来猪场之后,首先进行调查研究,找员工们谈心,了解他们的需求,倾听他们的意见,她根据员工们的反映情况和我场实际存在的问题,向我提出当前要做好以下几件事。

第一,整修员工宿舍,确保夫妻两人一间宿舍,其他单身

员工2～4人一间,在员工宿舍区要有公共卫生间、盥洗室和洗澡间。

第二,整修现有的员工食堂,搞好食堂环境卫生,在食堂里,要使每位员工吃饭时有桌子、有座位。免费猪肉补贴由每人每月3斤增加到5斤。

第三,将员工生活区内的一间仓库,改建为员工活动室,添置乒乓球桌、跑步机等活动器材,配备电视机和卡拉OK,图书和报刊,特别要增加有关养猪方面的科普读物。

第四,现有的这辆采购用的小面包车,增加一项任务,凡本场员工不论因私或因公都允许他们乘坐该车到山仑镇(该镇距本场5千米)。

第五,在员工宿舍区再建几间员工招待所,供本场员工的夫妻、子女或亲属来场探亲时使用。

第六,增加休息天数,由原来每月1天改为2天,也可以累计后集中休息,若放弃休息可以补发双倍工资。此外,凡国家规定的各项医疗保险、养老保险等,一律由猪场承担。丽丽常对我说,作为一个企业领导应该了解"有舍才有得"。

我的猪场我做主,我们的思想统一了,事情就好办了。首先我们召开了一个班组长会议,丽丽着重讲了改善员工生活和环境条件的方案,征求大家的意见。他们听了都很高兴,有的员工还补充了一些意见,如环境的绿化美化、伙食的改进,建立一个小卖部,方便员工购买生活小用品等(因猪场远离市场)。这些意见我们都认为很好,而且是切实可行的,都可以接受,并决定今后设一个固定的意见箱,欢迎大家随时提出意见和建议。

会议之后,各个班组都进行了传达,这些信息成了员工们谈论的中心议题。有的饲养员说这位场长不简单，不仅年轻有学问，养猪和猪病都很精通。也有人讲老板娘更有本领，老板都听她的，不仅人长得漂亮，讲话有道理，使人心服口服，而且处处都为我们着想，这种领导我们信得过。员工们都亲身体验到，猪场日益在发展，生活不断地提高，人权得到了尊重，老饲养员阿庆说，现在我感到自己也成了猪场的主人，全身都有使不完的劲儿。

第143节　与病共存属无奈，减少应激避风险

按合同约定，在近期内我场就可以引进种猪了，可是小崔突然回场向我汇报紧急情况，他说根据他的调查和观察，发现4个签约的引种猪场，都存在不同程度的疫情，表现在以下几方面：一是近几年来，先后都曾暴发过蓝耳病，并造成了重大的经济损失。二是当前的疫情虽趋于缓和，但仍可见到散发病例和死猪。三是从检测报告中发现，这4个猪场都曾查出过蓝耳病病毒、圆环病毒、伪狂犬病病毒及肺炎支原体、副猪嗜血杆菌等。他很担心引种时可能将这些疫病带进来，建议我另找引种猪场。

我对小崔说，从无病猪场引进种猪当然很好，但是当前在国内已经很难找到一个绝对无病的猪场。况且这些疫病在我场原有的猪群中也存在，实事求是地讲，这些猪病可以说已成为我国猪场的常见病和多发病了。退一步讲，即使是无特定病原体的种猪，在被客户引进后，因毫无抗病力，反而更容易发病。现在我国养猪业的大环境如此，一个地区或猪场要实现无病化，是不现实的。

　　为了使小崔放心,我又进一步对他说:"国内外专家都认为,按现在的科技水平,有许多传染病(如蓝耳病、流感等)在短期内是难以消灭的。所以,养猪场与病共存,养猪人与病共舞的状况可能要持续相当长的一个时期,这是无奈的选择,我们兽医工作者必须有这样的思想准备。当前我们虽不能消灭这些疫病,但是控制其危害或将损失降至最低限度是可以做到的。现在你的主要的任务是引进种猪,我们只要求引种猪场在近期内没有暴发重大疾病,经逐头检疫,当时没有临床症状的种猪都可引进。"

　　我认为,当前我国猪病的难点和重点仍是蓝耳病,并对该病提出几点见解:一是当前蓝耳病在我国规模猪场中普遍存在,当然我场也不例外,蓝耳病至今还是一个神秘的疾病,病毒变化莫测,自从传入我国十几年来,由大面积暴发,转变为近期表现隐性或非典型性感染,这是一个难以消灭的猪病。二是应激是诱发蓝耳病爆发的主要因素,所以在挑选种猪、合群和运输过程中,要千方百计地减少或避免应激。三是我认为从4个不同的种猪场引进种猪,不可避免存在隐性带毒猪,可能引起交叉感染,有相互传播的风险,这是无奈的选择(因为1~2个猪场不能满足供应),在这种情况下,唯一的办法是增强种猪的体质(自身抵抗力),所以我们在购猪合同中提出要求选购体重在70千克以上的种猪,因为该年龄段的猪体质较强壮,有利于到场后的风土驯化,其实这也属于一种自家疫苗的免疫方式。

　　当然引种对于猪场的防疫是存在风险的,必须慎重对待,我已安排兽医老章负责引进种猪的检疫工作,并提出几点具体措施:①按引进种猪的来源和地区分别进行关养,隔离观察1个月。②目前正逢深秋季节,昼夜温差较大,要注意夜间保暖(关好门窗)。③保持猪舍内的安静,使猪睡得好,不要大声喧哗和吵闹,不要随意骚扰猪(每天打扫猪圈1次,每3天出粪1次,不准带猪冲圈)。④要使猪吃得好、吃得饱,确保优质可口的饲料,给每头猪每天提供1~2千克本场种植的青绿饲料。⑤猪群关养的密度要适当,种公猪每圈饲养1头,种母猪每圈饲养5~10头(平均每头猪占用2~3米²)。⑥兽医每天上、下午各巡查1次,发现异常猪及时涂上记号,证实患病后要及时隔离检疫,每天填写猪群检查记录。⑦对于病猪要详细检查,发现体温升高或疑似患有严重传染病的,要立即报告场长。⑧引进的种猪,隔离观察1个月后,若未发现异常,可根据猪的品种和日龄大小,分别关养到指定猪舍。⑨引进的种猪在解除隔离后,要根据本场的免疫程序,先后接种蓝耳病、猪瘟、口蹄疫、流行性乙型脑炎、细小病毒、伪狂犬病等的疫苗。⑩注意观察每头母猪的发情表现,并做好记录,一般在第二个情期时,即可进行配种。

第144节　人的因素是第一,破旧立新搞改革

现在我深刻地体会到,丽丽对企业管理和人事工作既有理论根据,又有适合时代潮流的工作方法。猪场的人事管理是许多猪场普遍存在的薄弱环节,而丽丽说一个成功的企业,经济是基础,人才是关键。在经济上,在猪场最困难的时候,是她引进了资金,现在又为用好这笔资金把关。在人事管理上,她根据我们猪场的实际情况,做了许多改善员工生活环境和工作条件方面的工作。记得她刚进猪场时,就对猪场的各

个部门进行调查研究,与每位员工进行交流,倾听他们的反映、意见和要求,件件都写在本子里,记在心上。如今几个月过去了,员工们都亲身体验到过去的承诺现在都一一兑现了,件件好事都惠及到每位员工的身上,居住环境舒适了,伙食质量提高了,业余文化生活丰富了,不仅天天都能看到电视,丽丽还常常教员工们唱歌、跳舞,特别是年轻员工,下班之后在活动室里玩得特别开心,老饲养员们都感到,现在员工与员工、员工与领导之间的隔阂消失了,在猪场内人与人、人与猪都能和谐相处。

我们在人性化管理的思想主导下,还大胆地废除了一些不合理的规章制度,例如允许假期里(暑假、寒假)让饲养员子女来场探亲,经消毒后可以进入生产区与父母一起参加猪场的生产劳动,场内提供学习的条件,还组织这些小孩到附近参观游览。员工休息日到镇上休闲、购物有场车接送,场内开设平价的小卖部,日常生活用品,如烟、酒杂货之类都有供应。这些举措一出台,就受到员工们的欢迎,饲养员程耕夫妇原来早已决定年底离场返乡,现在向我们要回辞职报告,他们说这样好的猪场,我们还想再干几年。阿根在本场养猪多年了,前几年跳槽到另一个猪场,这次特地来场找我们,要求重返本场工作。当员工们知道我场需要招收一批饲养员的消息之后,纷纷打电话告诉家乡的亲朋好友,动员他们来本场工作,要不是我们及时劝阻,可能要人满为患了。

不仅饲养员如此,技术人员也有主动加盟来我场的。××公司的销售员洪海是大学生,因业务关系与我场有来往,前些日子他对我们说,要求加盟我场来做兽医工作。大学生从公司辞职到猪场工作的现象是极为罕见的,当然我们也接收了他。不过对于技术员,林丽更主张直接到相关的大专院校招聘应届毕业生进行培养。

人才是关系到一个企业能否持续发展的根本大计。我们不仅要引进人才,还要培养人才,用好人才,留住人才。林丽对这方面的工作十分重视,为骨干人员在经济上、生活上制订了一些优惠政策。当然一个单位的员工,只进不出并非好事,有进有出也属正常,林丽对于离开我场的员工,不论出于何种原因,都是以礼相待,来者欢迎,去者欢送,员工们都感到无论去留,人人心情都很舒畅。

第 145 节　种猪分娩达高峰,产房紧张不够用

采购种猪的任务早已经完成,现在我的工作重点要转移到猪场的内部管理和疾病防治工作上来。近来饲养员们普遍反映,产房早已满员,待产母猪与日俱增,个别妊娠母猪迫不及待地在妊娠母猪舍内就分娩了,导致损失了一些仔猪,急得大家团团转,不知如何是好。这是我们工作上的失误,由于经验不足,计划不周,一次购进同龄的种猪过多,见到发情就配种,造成了现在的困境。

当前又逢初春季节,气候寒冷,如何解决产房不足的矛盾呢?因为产房需要增温、保暖,母猪要有护仔栏,这是其他猪舍无法代替的。为了解决这个问题,我想尽了各种办法,正当我一筹莫展时,兽医老章告诉我新 4 栋产房的老饲养员朱大毛提出了一个产房两段饲养法的建议,即第一段是 15 日龄以内的仔猪同母猪一起生活在原产房内,15 日龄以后即将母仔都迁出产房,移至后备猪舍饲养,让母仔在此再生活 15 天左

右,即到断奶日龄,将仔猪转入保育舍。

我听了这个建议,觉得很好。我们估算了一下,妊娠母猪上产床至仔猪断奶,至少要在产房逗留35~40天(妊娠母猪产前4~5天上产床,哺乳期25天,断奶后母猪迁出,仔猪仍要逗留5~6天),而运用产房两段饲养法,可减少母猪和仔猪在产房内生活的一半时间,等于增加1倍的产房,基本可解决目前产房不足的困境,于是说干就干,将空余的后备猪舍临时隔成6米^{2}的小间,铺上稻草,增加保温措施等。

原本认为产房两段饲养法是一种万不得已的权宜之计,是一种临时性的应急措施。后来我们意外地发现这种饲养法给母猪和仔猪都带来了不少好处。首先是仔猪的健康状况有了明显提高,为此我们还做了一个对比试验,结果表明,实行产房两段饲养法,每窝仔猪的成活数平均增加0.5头,每头仔猪的体重平均增加250克。断奶后仔猪体质强壮,疾病减少。母猪的体质也有明显的增强,产后发情、配种都很正常。

我们分析哺乳仔猪分两阶段生活,是合理的、可行的,不仅使产房的利用率提高了1倍,降低了建造产房的费用,还带来了多方面的好处。一是前15天,母仔仍待在高床分娩栏中,其好处是便于接产、易增温、保温、防压等。二是后15天转至平地栏圈,母仔都有活动余地,可以灵活跑动,不怕母猪压到仔猪了,而且母仔可以亲密地接触,能发挥母猪拱草、衔草做窝的天性。改善了母仔福利,必然使母猪食欲大增,提高了母乳质量,增强了仔猪体质。于是我考虑首先拿出1栋产房进行改造,一半保留高床分娩栏,一半改为平地圈养,进行对比试验,此项工作由畜牧技术员小高设计并制订进一步对比试验方案,经我们和饲养员共同评定后,确定是否需要全面推广。

第146节 投资股东分红利,员工也要有一份

员工们都叫林丽为老板娘,大家都很尊重她,她在我们猪场内有较高的威信,这不仅因为她天生丽质,气质高雅,能歌善舞,一点没有老板娘的架子,更重要的是,她常对员工们说,我不懂养猪,也不会养猪,我来猪场是给你们做后勤工作的。林丽很关心员工们的生活,对于每个员工的家庭情况她都了如指掌。这几年来,在她的争取和坚持下,员工们的生活环境、福利待遇都有了显著提高,这是有目共睹的,员工们也都忘不了老板娘的恩情。现在我可以自豪地说,我们猪场的员工与领导之间、员工与员工之间的关系变得更和谐了,人们的精神面貌大为改观,积极性也发挥出来了,这样必然对养猪生产也起到极大的推动作用。

其实林丽放弃城市优越的工作环境,来到偏僻、艰苦的猪场工作,其目的远不止这一点,她有更远大的抱负。她在企业管理方面有很高的造诣,很早以前就想在自己的专业方面发挥一点作用。在外资企业工作期间,虽也学到了一些国外企业管理的先进理念,但苦于没有发挥作用的机会,所以这也是她全力支持我收购这个猪场的初衷。她曾告诉我,下一步她打算在人事管理上和骨干人才培养上做一些工作,对员工的工资、福利、奖金分配、盈利共享等方面都要订出改革与实施方案。

前几天她曾邀请了两位投资的老总来场开会,一则向他

们汇报工作,二则商谈投资的分配方案。在会上林丽说,我们这个猪场扩建、改建已有 3 个年头了,在两位老总的鼎力帮助下,发展总算顺利,第一年主要搞基建,支出大于收入,没有盈利。第二年边建设边生产,种猪都处于妊娠或哺乳阶段,盈利有限,所以也没有分红。今年是一个丰收年,上市的种猪、商品肉猪多,猪价又高,所以获得较好的盈利,现将猪场的收支账目给你们人手一份,请审查,并提出意见。

两位老总看了之后,都很满意,账目一清二楚,对林丽的工作表示放心,并高兴地说,想不到养猪也有这么高的利润,对养猪业都很感兴趣,并说现在他们也不缺钱,表示还要追加投资。我听了精明老总的赞扬,当然很高兴,但是也有难处,于是向他们做了几点说明:一是猪场现在已经满负荷生产,因场地有限,无法继续扩展了,只能在现有的基础上,提高生产水平。二是今年猪价飙升,使我们获得较高的利润,这是难得的机遇,也是暂时的,猪价是呈波浪式的变化,养猪仍然存在着市场风险。三是养猪生产还有一个疾病的风险,这两年来虽未发生重大病亡,但是疾病仍然存在,与病共存的状况估计还要维持相当长的时期,有的疾病更是无法预测,防不胜防。当然两位老总也能理解。

林丽接着又提出一个问题,即红利的分配问题,合同条款里只针对投资者约定了分配方法,但她认为这个合同需要进行修改,因为当时只考虑到投资人的利益,忽略了劳动者的贡献,她建议员工们也应分享一部分红利,这个建议得到投资老总的支持,并由林丽负责经办。

第 147 节 不与病原搞竞赛,增强体质转观念

在一次猪病防治研讨会上,听了罗教授的专题讲座,感到颇有新意,受益匪浅,他开始就说,最近曾去一些猪场诊治疾病,听到饲养员们流传一组顺口溜,"消不完的毒,打不完的(防疫)针,服不完的(抗菌)药,发不完的病,死不停的猪"。反映了当前规模猪场的一些现实情况。罗教授说,根据我的理解,这是饲养员们对猪场防疫工作的批评和讽刺。作为兽医科技工作者,我们要痛定思痛,反省过去我们的防疫观念是落后的,防疫的策略是有缺陷的,主要表现在两个方面:一是将消灭病原微生物作为猪场防疫工作的重点,二是过分地依赖疫苗。在这种错误方针的指导下,我们频繁地对猪场进行消毒,不断地使用抗菌、抗病毒药物,连续地对猪群进行免疫接种,结果事与愿违,病原微生物不仅没有被消灭掉,反而迫使病菌产生了耐药性,成了超级细菌,病毒发生了变异,变得更加狡猾难以对付了。由于使用了大量的抗生素等药物,残留在胴体内,危及人类的健康,已引起有关部门的重视,今后将要受到严格的限制。同样,不合理地接种疫苗,可导致免疫耐受、免疫麻痹和免疫抑制等不良后果。随着科技的发展,新的抗菌药物和疫苗层出不穷,于是产生了"道高一尺,魔高一丈"无止境的斗争的局面,人们与病原微生物之间不知不觉地卷入了一场旷日持久的"军备竞赛"。

罗教授说:"兽医科技人员都应该知道,传染病的发生是机体与病原微生物相互作用的结果,过去我们只考虑到病原微生物的危害,忽略了机体的自身抵抗力。有的猪场为了消

灭病原微生物,甚至不惜牺牲猪的健康,以削弱猪的自身抵抗力为代价,今天养猪人终于尝到了自己花钱买来的苦果。"罗教授着重指出,今后我们的防疫策略要从盲目地加强消毒、长期地滥用抗菌药物和过度地依赖疫苗的防疫观念,转变到重视增强猪的体质,提高猪的自身抵抗力与传统的防疫措施并重的防疫观念上来。

　　罗教授的观点我很认同,拓展了我的改革思路,回到猪场后,立即召开全场员工大会,反思了过去我场防疫工作中存在的误区,强调增强猪的体质,提高机体自身抵抗力在防疫中的重要性,要求员工们解放思想,开动脑筋,甩开条条框框的限制,打破传统观念的束缚,根据我场的具体情况,提出建议和整改措施。不必顾虑想法是否正确或有效,因为都要通过试验来证实,我们本着实践是检验真理的唯一标准这条基本原则,今后对于这项工作我们要作为一项日常工作来抓。经过几天的讨论,我们初步归纳了以下几个方面的问题,供我们在改革时参考。

　　第一,不给新生仔猪做猪瘟的乳前(超前)免疫,猪瘟活疫苗的首免日龄必须安排在断奶后进行。不给哺乳仔猪剪牙断尾,不随意给仔猪注射保健针、服抗菌药物。

　　第二,避免应激。产房要保持安静,禁止生人进出,避免吵闹和噪声,创造一个舒适、安宁、温馨、和谐的环境。仔猪去势、打耳号或进行必要的免疫接种和治疗时,应将仔猪装入筐内,到圈外进行,避免影响母猪。要注意小猪怕冷、大猪怕热、所有猪都怕潮湿的养猪要点,不准带猪冲圈,保持猪圈干燥。

　　第三,补充营养。现在的猪群,并不缺乏生长发育所需的营养,但缺乏抗病需要的营养物质,当前要重视补充青绿饲料

（天然植物中含有抗病所需的营养物质）。严禁使用霉变饲料，慎用防霉剂和真菌毒素吸附剂。

第四，改造舍圈。产房两段饲养法效果很好，母仔间可享受天伦之乐，有益于猪的心身健康，要加速产房的新建和改建。试建保育仔猪舍的大运动场，增加仔猪的运动量。改造1栋妊娠猪舍，将双列定位栏改为单列，多出空间让妊娠母猪有自由活动的余地。肥育猪舍开辟小运动场，目的是让肥育猪在运动场上饮水和排便，保持圈内清洁干燥。

第五，重视环境。猪舍四周栽树（落叶速生树木），猪场空闲地上种满蔬菜、花草，使猪群的生活环境尽可能地贴近大自然。要求达到"清晨闻啼鸟，夜听虫蛙鸣，阵阵青草香，飔飔风雨声"，使终生被禁锢在笼、圈内的猪群也能愉快地体验和分享到贴近大自然的乐趣。

第六，改革作息时间。为了使猪休息好，确保充分的睡眠时间，根据不同的季节，饲养员要执行不同的作息制度，减少打扫猪圈的次数。

第148节　销售人员来猪场，以礼相待都舒畅

自从我场扩建之后，种猪和存栏猪的数量大大增加了，我场从未做任何广告和宣传，种猪也还未上市，可是省内外许多有关的厂家和公司的销售人员，已开始络绎不绝地前来我场推荐他们的产品，包括饲料、兽药、疫苗、器械、养猪设备等，其中有国内厂家，也有外国企业，来场销售的人员中，有刚从学校毕业的年轻学生，也有生意场上的老手，甚至还有大公司的总监和专家。

　　由于本人也有5年销售工作的经历,对于这一行业的酸、甜、苦、辣有深刻的体会,这些业务人员的工作我是十分理解的。现在我的地位变了,但是心态不能变,我对办公室人员提出要求,各地业务人员来场推销产品,不论他们的口才好坏,职位高低,也不管厂家或公司的规模大小,来者都是客,都要一视同仁,以礼相待。只要我人在猪场,都会抽出时间亲自接待他们,平等地与他们对话,坦诚地和他们交流。但也并不意味着对他们的产品全都接受,我场需要什么产品是根据计划安排的,对于大部分上门的业务人员,我们也无法全部满足他们的要求,但是我们都会向他们说明原因和情况,当然这些业务人员也是能理解的。我认为销售人员来场是件好事,一则我们可以了解当前猪病防治方面的新产品,同时他们也传递了各地的有关信息,这是一个相互学习的好机会。

　　我场是由一个商品肉猪场改建扩建而来的种猪场,规模不算大,条件也不好,知名度更不高,至今尚未在有关的刊物上做过任何的宣传广告,使人感到惊奇的是,我场自从开始供应种猪以来,种猪的销售业务很兴旺,可说是门庭若市,应接不暇,分析其原因,固然与近期猪价上扬、种猪行情看好有关,但有的客户是从远道慕名而来,这使我有些不解,名从何而来?经过与客户交流,才使我恍然大悟,原来是那些曾经来过我场的销售人员,起到了重要的媒介和传播作用。

　　今天我遇到了××公司的销售员小明,他曾多次来过我的猪场,有些业务往来,我们之间已很熟悉了,当我问及此事时,他说出了许多业务人员的心里话。他说我们每天都在各个猪场之间奔波,对于各个猪场的生产情况、经营管理水平以及主要领导人的工作能力、文化素质和爱好等都很清楚,背后也都有所议论,在向各地猪场推销自己产品的过程中,可能有意无意地会将各个猪场的信息透露出去。但是我们说的都是实事求是的,并无恶意,据我所知,多数业务人员对你场的评价是猪场管理有创新,领导待人很诚意,买卖经营讲诚信,所以好人必然有好报,你场生意兴隆是必然的。

我听了小明的话后,心里非常感动,为了不辜负这帮小兄弟们的期望,我必须将猪场办好,要办成一个健康的种猪场,品牌的种猪场。下一步我场要成立一个售后服务组,不仅要出售优质的种猪,还要向客户传授技术,要帮助农户多养猪、养好猪。我坚信只有客户养猪致富了,我们的种猪场才能持续发展。

第149节　客户反映猪流感,听到流感就色变

根据反馈的信息,某客户在1周前从我场购进百余头种猪,运回场后陆续发病,至今已发现30余头病猪了,主要表现为体温升高(40℃～42℃),精神沉郁,食欲下降,鼻流清液,当地兽医诊断为猪流感。本来这是一件平常的事情,可是现在不同了,因为最近以来,各大报刊每天都以显著的标题报道有关猪流感的信息。据说墨西哥某猪场暴发了甲型H1N1猪流感,不仅大批猪死亡,人也被感染了,并有较高的病死率。同时,在我国的某些地区,也发现了人感染猪流感的病例。这几天来,人们谈猪色变,有人甚至连猪肉也不敢吃了,闹得人心惶惶。

我考虑到猪流感若能传播给人,事关重大,必须引起高度重视,客户购进的种猪发生本病,是不是由我场带过去的呢?

我们立即检查了本场的猪群,但并未发现任何流感的疫情,周围猪场也未听说过感染本病,这使我们紧张的心情稍微放松了一些。同时,我和兽医崔建平一起,立即赶往客户的猪场,经临床检查,该场在1周前购进百余头种猪,共发病30余头,发病率约30%,至今没有死亡的病例,有的病猪已逐渐康复,亦未见新病例出现。我又询问了饲养人员和周围的人,近期内也未发现类似流感的病人。因此,我认为这是一起由于种猪在运输过程中,受到雨淋和寒风袭击所引起的普通感冒(运输路途中曾遇阵雨),并非流行性感冒。为了慎重起见,我们又用事先准备好的消毒棉签,从每头病猪的鼻腔中,蘸取鼻液装入小瓶,以备送检。

由于我们售后服务及时,获得信息后立即前往处理,并且猪的病情也不很严重,所以客户较为满意,同时还要求我们与该场兽医技术人员开了一个座谈会,进行互动。

他们首先提出普通感冒和流行性感冒有何区别,这个问题回答起来比较简单。这两种疾病在临床症状上是有共同点的,如发病突然,病猪都表现咳嗽、流鼻液、眼发红、流泪等呼吸道症状,由于体温升高(40℃~42℃),也可带来一系列的全身症状,如精神沉郁、食欲下降等,发病率都较高,病死率却很低。但在流行病学上是有区别的,感冒是普通病,受气候骤变、阴雨、潮湿、寒冷等应激因素影响,易诱发本病,其发病率相对较低,呈散发性。而流行性感冒是由流感病毒引起的一种急性、热性、高度接触性传染病,往往呈季节性流行,春末、秋初是流感的高发季节,由于本病传播速度很快,在几天内可引起同圈、同舍或全场大、小猪都发病,病死率也不高,若有并发感染(气喘病、大叶性肺炎、肠炎等)或体温升高持续不退,则可能导致死亡。

猪流行性感冒其实并不是一个新病,过去认为本病是由C型流感病毒引起,只感染猪,而且病死率也不高,损失不大,所以并未引起人们的注意。可是近年来在世界各地从流感病猪体内分离到的甲型 H1N1 及其他型的流感病毒,对猪、禽及人的致病力都很强,并有较高的病死率,同时病毒还在不断变异,故而引起世界卫生组织的重视。

他们又问何谓"H1N1 流感病毒"? 我说这个问题不是三言两语就能解答的,简单地说,流行性感冒病毒属正黏病毒,它表面有两种抗原,即血凝素(HA)和神经氨酸酶(NA),我们取其前面一个字母作代表,即 H 和 N,而每种表面抗原又有许多亚型,如 H1、H2、H3,N1、N2、N3,两者合起来就可以组成上千个亚型,当前已知 H1N1 和 H5N1 等型对人类的危害较大。

可是随着时间的推移,本病无论在猪还是在人都没有进一步地发展,相反疫情还慢慢地平息了,人们也渐渐淡忘了对本病的恐惧。但是流感病毒仍然存在,变异还在继续,对人、猪的威胁尚未消除,我们务必提高警惕,丝毫不能麻痹。

第150节　同学会上谈理想,知识给了我力量

时间过得真快,大学毕业已有 15 年时间了,最近又收到刘效同学的通知,要召开第三次同学聚会。我和丽丽商量之后,决定带她和儿子朱炜前往参加。朱炜已经 4 岁了,活泼大方,能说会唱,特别像他的母亲。当他得知要带他到外地游玩时,高兴得不得了。这几年来,我们忙于创业,根本没有时间

和精力带孩子出去玩。自今年以来,我们猪场的经济状况得到了根本好转,生产也日趋稳定,改革的愿望逐步得到实现,所以也应该借此机会,带着丽丽和朱炜,一道出来休闲放松一下。

开会的第一天,同学们欢聚一堂,边吃、边喝、边聊天,大家都很放松,也很随意。会议还是由我们的原班长刘效同学主持,他讲了开场白之后,就把话题转到了我的身上,他说他代表学校和我们班的同学,感谢我们夫妇捐赠给学校的 10 万元助学金,同时还给我们班的同学会赞助 1 万元会议经费。

在同学们的热烈掌声之后,刘效接着说:"朱乐生同学不甘于现状,艰苦创业,勇于改革创新,不断地改变人生。他毕业之后,传奇般的经历深深感动了每一位同学。朱乐生同学是母校的骄傲,我们也为有这样的同学而感到自豪。他的业绩既平凡又感人,大家都已知道了,现在我们可以借此机会与朱乐生同学交流一下。"

同学们你一言、我一语地问开了,我也是有问必答。其中最受同学们关注的问题是我俩为什么要放弃高薪收入和稳定的工作,冒着风险去办猪场,问我是不是为了想做老板能赚更多的钱?

我回答说,毕业时我选择去猪场工作,那时我对养猪业一无所知,是为了找工作、谋职业。现在我辞职去办猪场,是因为爱上了养猪业,认为养猪工作是我的一份事业、一种使命,是不能用金钱来衡量的。当然,办猪场如果不赚钱,那就不能发展,而且还要被淘汰;一个亏损的猪场,肯定有一个无能的场长。不过我办猪场的目的,不单纯是想发财,而是为了实现我酝酿已久的改革梦。现在我国的规模养猪可说是一个新兴行业,这也是今后养猪业发展的方向,但是业内人士都知道,当前许多规模猪场在猪群饲养管理方面,存在很多问题,在疫病防治工作中,遇到重重困难。要解决这些问题,方法有千条万条,我认为改革和创新是第一条。这些年来,我在猪场的工作中深刻体会到,作为一个打工者,在猪场的改革、创新中是难有作为的,因此我萌发了要做场长的决心。此外,在工作过程中,我也发现许多猪场的场长(或老板),都不是行家出身,当初他们也并不是腰缠万贯的有钱人,而是普通的农民,但是他们有远见、有胆量、能吃苦、敢于承担风险,办起了养猪场,由小逐步扩大,用不了几年时间,终于办成了规模猪场。这些实例增加了我办猪场的信心和勇气,这不是野心,而是一种责任心。机遇总是不负有心人,我做场长的愿望终于实现了。显然场长不是我的最终目的,猪场改革与创新才是我的愿望,我也明白改革创新是一件任重而道远的事,需要各方面人士的支持和帮助。在此我衷心地欢迎老师和同学们有时间到我场去指导,也欢迎毕业生来我场实习和工作。

陆海同学听了感叹地说,想当年,毕业时我们都不愿去猪场工作,怕艰苦,图安逸,如今荒废了学业,虚度了年华,现在想想真是后悔莫及。高又新同学已是一位企业的老总,他说现在生意很难做,也想转行养猪,希望我能多多帮助。我当然是义不容辞,表示一定积极支持,并欢迎更多的同学回归到我们这一行业中来。

散会后,我校兽医学院的李院长非常热情地挽留我,希望请我给毕业班的同学们做个报告,我问院长希望我讲点什么内容,李院长说让我谈谈毕业后的经历。他说:"今天我听了你的讲话,觉得这番话对师生们都是一次深刻的教育,知识给了你力量,理想使你产生了希望,信念坚强了你的意志,这一切都是难能可贵、值得发扬的。我相信你这种不怕艰苦,勇于实践,敢于创新和创业的精神,对我们的毕业生,对你的学弟、学兄和老师们都有很大的启发和帮助。"

后　记

　　"猪场兽医记事"一书已经出版了,可是猪场兽医的记事却没有停止。书中的主人公朱乐生说,他的创业梦想还在起步阶段,精彩的人生还在后面!事实也是如此,本书仅写了一段朱乐生大学毕业后的就业和创业过程,正当他的工作蒸蒸日上、事业有成的时候,我们的"记事"也暂告一段落,因此这册"记事"成了抛砖引玉的作品,笔者深信,今后会有更多、更好的"记事"续集问世。

　　回忆我们编写本书的初衷,本来是打算编写一本实用的猪病临床防治手册,在写作方法上,希望有所创新,力求不抄书、不道听途说,写亲眼见到的、亲手操作过的、亲身体验会到的临床病例。由于猪病是要人去防治的,我们在写作时的不经意间,勾画出了"朱乐生"这样一个人物,于是就顺水推舟,按他的人生轨迹写下去,因此"记事"除了写猪病防治之外,也围绕这个主人公,添加了几个小故事。

　　我们是无意中刻画了"朱乐生"这个人物,其实他也并不十分完美,在养猪行业中,他既算不上什么杰出人才,也算不上是富翁,但他在猪场工作期间,虚心好学,勇于实践,敢于创新,是一名合格的兽医。在公司担任营销业务时,由于深入到基层,服务于猪场,受到养猪人的信任,又获得了"销售状元"的嘉奖。为了实现自己的创业梦想,他不贪恋安逸的生活,倾家荡产开办猪场,终于成为一名深受员工们喜爱的好场长。

我们想这一切,对于一个青年人来讲,是难能可贵的,至少可以给即将毕业的大学生增加一点正能量。

规模养猪在我国是一项新兴产业,近年来获得了迅速发展,当前规模猪场最紧缺的就是像朱乐生这样的专业人才,许多场长都感慨地说,现在猪场的技术人员是"一人难求"。可是实际情况又是如何呢?我们常遇到许多相关专业的大学毕业生,甚至是硕士、博士,他们在毕业前夕为找到一个适合的工作而四处奔波,为自己的前途而担忧。为什么不去猪场工作呢?我们分析其中最主要的原因是对规模猪场缺乏了解,甚至误解,当然也有人是怕艰苦、轻视实践。

民间有"猪粮安天下"的说法,可见养猪业在国计民生中占有重要的地位。当前我国的养猪业,存在的问题很多,如品种的培育、疫病的防治、猪场的管理等方面,待研究的课题不少,生产任务也很重,需要我们去改革和创新。我们认为,青年科技人员在那里是大有作为的,朱乐生就是其中一个绝佳的例子,他能做到的,当代学子们都能做到,只要能放下架子,脚踏实地到基层参与实践,我们相信,大家可以做得比朱乐生更好,心中的梦想也都会实现。

编著者

金盾版图书，科学实用，
通俗易懂，物美价廉，欢迎选购

猪饲养员培训教材	9.00	核桃标准化生产技术	12.00
奶牛饲养员培训教材	8.00	香蕉标准化生产技术	9.00
肉羊饲养员培训教材	9.00	甜瓜标准化生产技术	10.00
羊防疫员培训教材	9.00	香菇标准化生产技术	10.00
家兔饲养员培训教材	9.00	金针菇标准化生产技术	7.00
家兔防疫员培训教材	9.00	滑菇标准化生产技术	6.00
淡水鱼苗种培育工培		平菇标准化生产技术	7.00
训教材	9.00	黑木耳标准化生产技术	9.00
池塘成鱼养殖工培训		绞股蓝标准化生产技术	7.00
教材	9.00	天麻标准化生产技术	10.00
家禽防疫员培训教材	7.00	当归标准化生产技术	10.00
家禽孵化工培训教材	8.00	北五味子标准化生产技术	6.00
蛋鸡饲养员培训教材	7.00	金银花标准化生产技术	10.00
肉鸡饲养员培训教材	8.00	小粒咖啡标准化生产技术	10.00
蛋鸭饲养员培训教材	7.00	烤烟标准化生产技术	15.00
肉鸭饲养员培训教材	8.00	猪标准化生产技术	9.00
养蜂工培训教材	9.00	奶牛标准化生产技术	10.00
小麦标准化生产技术	10.00	肉羊标准化生产技术	18.00
玉米标准化生产技术	10.00	獭兔标准化生产技术	13.00
大豆标准化生产技术	6.00	长毛兔标准化生产技术	15.00
花生标准化生产技术	10.00	肉兔标准化生产技术	11.00
花椰菜标准化生产技术	8.00	蛋鸡标准化生产技术	9.00
萝卜标准化生产技术	7.00	肉鸡标准化生产技术	12.00
黄瓜标准化生产技术	10.00	肉鸭标准化生产技术	16.00
茄子标准化生产技术	9.50	肉狗标准化生产技术	16.00
番茄标准化生产技术	12.00	狐标准化生产技术	9.00
辣椒标准化生产技术	12.00	貉标准化生产技术	10.00
韭菜标准化生产技术	9.00	菜田化学除草技术问答	11.00
大蒜标准化生产技术	14.00	蔬菜茬口安排技术问答	10.00
猕猴桃标准化生产技术	12.00	食用菌优质高产栽培技术	

提高大白菜商品性栽培技术问答　10.00

提高甘蓝商品性栽培技术问答　10.00

提高萝卜商品性栽培技术问答　10.00

提高胡萝卜商品性栽培技术问答　6.00

提高马铃薯商品性栽培技术问答　11.00

提高黄瓜商品性栽培技术问答　11.00

提高水果型黄瓜商品性栽培技术问答　8.00

提高西葫芦商品性栽培技术问答　7.00

提高茄子商品性栽培技术问答　10.00

提高番茄商品性栽培技术问答　11.00

提高辣椒商品性栽培技术问答　9.00

提高彩色甜椒商品性栽培技术问答　12.00

提高韭菜商品性栽培技术问答　10.00

提高豆类蔬菜商品性栽培

技术问答　10.00

提高苹果商品性栽培技术问答　10.00

提高梨商品性栽培技术问答　12.00

提高桃商品性栽培技术问答　14.00

提高中华猕猴桃商品性栽培技术问答　10.00

提高樱桃商品性栽培技术问答　10.00

提高杏和李商品性栽培技术问答　9.00

提高枣商品性栽培技术问答　10.00

提高石榴商品性栽培技术问答　13.00

提高板栗商品性栽培技术问答　12.00

提高葡萄商品性栽培技术问答　8.00

提高草莓商品性栽培技术问答　12.00

提高西瓜商品性栽培技术问答　11.00

图说蔬菜嫁接育苗技术　14.00

图说棉花基质育苗移栽　12.00

以上图书由全国各地新华书店经销。凡向本社邮购图书或音像制品，可通过邮局汇款，在汇单"附言"栏填写所购书目，邮购图书均可享受9折优惠。购书30元(按打折后实款计算)以上的免收邮挂费，购书不足30元的按邮局资费标准收取3元挂号费，邮寄费由我社承担。邮购地址：北京市丰台区晓月中路29号，邮政编码：100072，联系人：金友，电话：(010)83210681、83210682、83219215、83219217(传真)。